乏信息理论与滚动轴承性能评估系列图书

乏信息可靠性分析

夏新涛 著

本书相关内容得到河南省自然科学基金（162300410065）和
国家自然科学基金（51475144）资助

U0287087

科 学 出 版 社
北 京

内 容 简 介

　　本书主要论述乏信息可靠性评估与预测方法，主要内容包括：乏信息可靠性分析的基本概念、二参数 Weibull 分布可靠性评估、三参数 Weibull 分布可靠性评估与假设检验、失效数据的可靠性模型评估、无失效数据的可靠性预测、制造过程的可靠性评估、机械产品的品质实现可靠性评估、性能数据驱动的可靠性演变过程预测等。

　　本书可供高等院校相关专业教师、研究生以及从事可靠性与信息分析等工作的研究、实验与测量人员使用。

图书在版编目（CIP）数据

乏信息可靠性分析 / 夏新涛著. —北京：科学出版社，2017.10

（乏信息理论与滚动轴承性能评估系列图书）

ISBN 978-7-03-054996-9

Ⅰ. ①乏⋯　Ⅱ. ①夏⋯　Ⅲ. ①滚动轴承-可靠性-分析　Ⅳ. ①TH133.33

中国版本图书馆 CIP 数据核字（2017）第 262197 号

责任编辑：裴　育　纪四稳 / 责任校对：郭瑞芝
责任印制：吴兆东 / 封面设计：蓝　正

科学出版社 出版

北京东黄城根北街 16 号
邮政编码：100717
http://www.sciencep.com

北京中石油彩色印刷有限责任公司印刷

科学出版社发行　各地新华书店经销

＊

2017 年 10 月第　一　版　　开本：720×1000 B5
2022 年 1 月第二次印刷　　印张：21 1/4
字数：412 000

定价：150.00 元

（如有印装质量问题，我社负责调换）

作 者 简 介

夏新涛，男，1957 年 1 月出生于河南省新乡县。1981 年 12 月于洛阳农机学院（即洛阳工学院，现为河南科技大学）本科毕业后留校；1985 年 9 月至 1987 年 1 月于哈尔滨工程大学学习硕士研究生主要课程；2007 年 12 月于上海大学博士毕业。现任河南科技大学教授，教学名师，博士生导师（河南科技大学和西北工业大学），中国轴承工业科技专家，河南省师德先进个人，洛阳市轴承及机械基础件专家技术委员会委员，洛阳市优秀教师和劳动模范。主要从事滚动轴承设计与制造理论、精密制造中的测量理论以及乏信息系统理论等教学与研究工作。主持和参与完成国家与省部级科研项目 22 项，获得省部级教育教学、自然科学与科学技术奖 7 项，著书 15 部，授权发明专利 9 项，发表学术论文 200 余篇。

E-mail: xiaxt1957@163.com; xiaxt@haust.edu.cn。

前　　言

本书的研究内容属于乏信息系统理论范畴。乏信息是指信息缺乏或严重缺乏。在许多信息科学与系统科学研究的理论中，乏信息系统被描述为信息不完备的不确定性系统，有时还有数据残缺等。例如，小样本数据、未知概率分布和未知趋势等信息分析问题，均是乏信息的表现形式。

在乏信息条件下，如何进行可靠性分析是信息理论与可靠性理论研究中的一个难题。

对于乏信息失效数据可靠性的静态评估，在小样本失效数据条件下，若寿命概率分布已知，则难点在于如何获取可靠性函数中参数的概率分布，以实施可靠性函数的置信区间估计；若寿命概率分布未知，则难点在于如何获取可靠性函数，以实施可靠性函数的真值估计与可靠性函数的置信区间估计。同时，在小样本失效数据条件下，无论寿命概率分布是否已知，问题的焦点均在于如何保证可靠性评估结果的准确性。上述问题目前尚缺乏有效的理论支持，这成为可靠性理论认知上的第一个困境。

对于乏信息无失效数据可靠性的静态预测，无失效数据问题不同于失效数据问题。根据统计学，作为一个事先的假设，失效数据通常被看作一个服从某种概率分布的随机变量。然而，无失效数据通常属于一个未知的和不确定的概率分布，即基于这样的事实：无失效数据不是来自任何随机变量，而是来自人为地主观拟定的一个实验方案与程序。在寿命概率分布未知的条件下，仅凭少量无失效数据实施可靠性预测，尤其是实施可靠性置信区间预测，目前尚缺乏有效的理论支持，这成为可靠性理论认知上的第二个困境。

对于乏信息时间序列可靠性的动态预测，一个呈现出前沿性的、具有重大理论意义与实用价值的研究主题是，在时间序列正常运行期间，即单元正常服役期间，在缺乏概率分布、缺乏趋势与随机过程函数的条件下，仅凭当前获取的单元性能时间序列的无失效数据，实施未来时间序列的失效数据和无失效数据的可靠性预测，目前尚缺乏有效的理论支持，这成为可靠性理论认知上的第三个困境。

本书围绕以上三个关键问题进行乏信息可靠性分析，探讨乏信息条件下失效数据、无失效数据与时间序列的可靠性的静态评估、静态预测与动态预测方法，并提出三个关于可靠性的新概念——品质实现可靠性、性能数据驱动可靠性以及性能/精度保持可靠性，以致力于提升机械产品与基础零部件制造过程中的品质控制水平以及服役过程中的最佳性能/精度保持水平，为可靠性理论研究与发展探索一些新思路。

在本书研究中，将涉及机械产品、材料、制造过程、服役过程等，其中以滚动轴承性能可靠性分析为主要研究案例。

本书内容是作者及其指导的研究生近年来在乏信息可靠性评估与预测方面的部分成果总结，主要内容及其研究思路与方法已经申请公示和获得授权中国发明专利，并在《机械工程学报》、《中国机械工程》、《兵工学报》、《振动与冲击》、*Measurement Science and Technology*、*Measurement*、*Quality and Reliability Engineering International*、*Mathematical Problems in Engineering*、*Journal of Testing and Evaluation*、*Journal of Zhejiang University—Science C* (*Computers & Electronics*) 以及 *Journal of Failure Analysis and Prevention* 等国内外学术期刊与国际学术会议上发表。

本书的研究工作得到了河南省自然科学基金（162300410065）和国家自然科学基金（51475144）的资助。

本书由河南科技大学夏新涛撰写。作者指导的硕士研究生尚艳涛、金银平、孟艳艳、秦园园、白阳、陈士忠、董淑静、朱文换、叶亮、常振、李云飞、刘斌、陈向峰、程立、时保吉、栗永非、徐相东等，以及博士研究生陈龙、南翔、徐永智、李燕等参与了本书出版过程中的辅助工作。

作　者
2017 年夏

目　　录

第三篇　性能可靠性演变过程的动态预测

第一篇　失效数据与无失效数据的可靠性分析

第1章　乏信息可靠性分析的基本概念

本章在介绍可靠性的含义与表征、寿命测度、数据类型、可靠性估计方法等基本概念后，提出可靠性分析中的具体问题，然后介绍乏信息及其特征与乏信息融合原理等基本概念，为后续章节的乏信息可靠性分析奠定基础。

1.1　可靠性的基本概念

1.1.1　可靠性的含义与表征

可靠性是指单元在给定的环境、条件与时间内完成规定功能的能力。这种能力可以用一个可靠性函数量化表征，可靠性函数的具体取值称为可靠度或无失效概率，属于概率论范畴。

单元是一个广义概念，泛指观察的对象，如元件、产品、系统、过程、活动等，都可以作为单元的具体表征。时间也可以从广义上理解，如活动的长度和次数等。单元运行到失效的时间称为寿命。

设单元的运行时间为 $t \in [0, \infty)$，若单元运行到失效的时间为 T，则可靠性函数为

$$R(t) = P(T > t) \tag{1-1}$$

式中，$P(T > t)$ 为单元在时间 t 时的无失效概率，T 为单元的失效时间。

积累分布函数即失效概率函数为

$$F(t) = 1 - R(t) \tag{1-2}$$

概率密度函数为

$$f(t) = \frac{\mathrm{d}F(t)}{\mathrm{d}t} \qquad\qquad （1\text{-}3）$$

失效率即风险率为

$$h(t) = \frac{f(t)}{R(t)} \qquad\qquad （1\text{-}4）$$

在概率论中，失效时间 T 被看作一个随机变量。若已知单元失效时间 T 的概率密度函数为 $f(t)$，则有

$$F(t) = \int_0^t f(t)\mathrm{d}t \qquad\qquad （1\text{-}5）$$

$$R(t) = \int_t^\infty f(t)\mathrm{d}t \qquad\qquad （1\text{-}6）$$

$$h(t) = \frac{f(t)}{\int_t^\infty f(t)\mathrm{d}t} \qquad\qquad （1\text{-}7）$$

1.1.2　寿命测度

单元寿命测度可以用寿命均值、寿命方差（或标准差）与剩余寿命评估[1]。寿命均值即数学期望为

$$L_\mathrm{m} = \int_0^\infty t f(t)\mathrm{d}t \qquad\qquad （1\text{-}8）$$

寿命方差为

$$V = \int_0^\infty (t - L_\mathrm{m})^2 f(t)\mathrm{d}t \qquad\qquad （1\text{-}9）$$

寿命标准差为

$$\sigma = \sqrt{V} \qquad\qquad （1\text{-}10）$$

若单元运行到时间 t 时尚未失效，则其剩余寿命为

$$L_\mathrm{r}(t) = T - t \qquad\qquad （1\text{-}11）$$

剩余寿命被看作一个随机变量，其数学期望即平均剩余寿命为

$$L_\mathrm{r0}(t) = \frac{1}{R(t)} \int_t^\infty t f(t)\mathrm{d}t - t \qquad\qquad （1\text{-}12）$$

1.1.3　数据类型

涉及可靠性分析的数据主要有失效数据、无失效数据和混合数据三种类型。失效数据是指观测单元一直运行到失效时所记录的时间数据，无失效数据是指观

测单元无失效运行到某个时刻所记录的时间数据，混合数据是指所记录的时间数据中同时包含失效数据和无失效数据。

数据类型也可分为完整数据和不完整数据。完整数据是指所记录的数据中或者完全是失效数据（称为完整失效数据），或者完全是无失效数据（称为完整无失效数据）。不完整数据是指所记录的数据是混合数据。

1.1.4　可靠性估计方法

可靠性估计即可靠性模型估计是可靠性分析的主要内容之一。可靠性估计有非参数估计和参数估计两种情形。

1. 非参数估计

非参数估计通常基于数据，对无参数可靠性函数或可靠度进行估计，常用的方法有经验可靠度法[1]和最大熵法等。

1）经验可靠度法

假设通过观测获得一组寿命数据，用向量表示为

$$\boldsymbol{T} = (t_1, t_2, \cdots, t_i, \cdots, t_n), \quad t_1 \leqslant t_2 \leqslant \cdots \leqslant t_i \cdots \leqslant t_n; i = 1, 2, \cdots, n \qquad (1\text{-}13)$$

式中，$\boldsymbol{T}$ 为寿命数据组成的向量，i 为数据序号，t_i 为第 i 个数据，n 为数据个数。

可以用 Johnson[2]方法对寿命数据的可靠度中位秩进行非参数估计，或者用 Nelson[3]方法对寿命数据的可靠度期望值进行非参数估计，所得到的估计值统称为经验可靠度，可以用一个向量表示为

$$\boldsymbol{R} = (r(t_1), r(t_2), \cdots, r(t_i), \cdots, r(t_n)), \quad i = 1, 2, \cdots, n \qquad (1\text{-}14)$$

式中，$\boldsymbol{R}$ 表示由经验可靠度组成的向量，$r(t_i)$ 为经验可靠度（又称可靠性经验值）。

若经验可靠度用可靠度中位秩计算，则其公式为

$$r(t_i) = 1 - \frac{i - 0.3}{n + 0.4}, \quad i = 1, 2, \cdots, n \qquad (1\text{-}15)$$

式中，$r(t_i)$ 为经验可靠度，i 为数据序号，n 为数据个数。

若经验可靠度用可靠度期望值计算，则其公式为

$$r(t_i) = 1 - \frac{i}{n + 1}, \quad i = 1, 2, \cdots, n \qquad (1\text{-}16)$$

式中，$r(t_i)$ 为经验可靠度，i 为数据序号，n 为数据个数。

经验可靠度是寿命数据的另一种表现形式，可以等价为可靠性的实验值。

若寿命数据中包含无失效数据，可将式（1-15）和式（1-16）中的 i 变为第 i 个失效数据的失效序号 r_i，并用 Johnson[2]或 Kaplan[4]的非完整数据的非参数估计方法计算 r_i 与 $r(t_i)$。

在 Johnson 方法中，设有 n 个数据，其中有 m 个无失效数据，$n-m$ 个失效数据。对 n 个数据从小到大排序，得到编号序列向量 $\boldsymbol{J}$：

$$\boldsymbol{J} = (1, 2, \cdots, j, \cdots, n) \tag{1-17}$$

再对失效数据从小到大排序，得到编号序列向量 $\boldsymbol{I}$：

$$\boldsymbol{I} = (1, 2, \cdots, i, \cdots, n-m) \tag{1-18}$$

根据 Johnson 方法，第 i 个失效数据的失效序号为

$$r_i = r_{i-1} + \frac{n+1-r_{i-1}}{n+2-j} \tag{1-19}$$

式中，$r_0=0$。

在 Kaplan 方法中，设有 n 个数据，对 n 个数据从小到大排序。若时间 t_j 是失效数据，则记 t_j 时的失效数据个数为 d_j；若时间 t_j 是无失效数据，则记 $d_j=0$。设 n_j 是包括 t_j 及其之后的全部数据，则有

$$n_j = n - j + 1 \tag{1-20}$$

对于 $t_j < t \leqslant t_{j+1}$，经验可靠度为

$$r(t_i) = \prod_{i=1}^{j} \left(\frac{n_i - d_i}{n_i} \right) \tag{1-21}$$

2）最大熵法

最大熵法是根据信息分析中的最大熵原理，用有限个寿命数据 t_i 构建一个使信息熵为最大的寿命概率密度函数 $f(t)$：

$$f(t) = \exp\left(\lambda_0 + \sum_{m=1}^{M} \lambda_m t^m \right) \tag{1-22}$$

式中，M 为原点矩的最高阶数；$\lambda_0, \lambda_1, \cdots, \lambda_M$ 为 $M+1$ 个拉格朗日乘子，均为常数；t 为描述寿命的时间变量。

在式（1-22）中，首个拉格朗日乘子 λ_0 为

$$\lambda_0 = -\ln\left[\int_R \exp\left(\sum_{m=1}^{M} \lambda_m t^m \right) \mathrm{d}t \right] \tag{1-23}$$

其他拉格朗日乘子的求解方程为

$$M_m = \frac{\int_R t^m \exp\left(\sum_{m=1}^{M} \lambda_m t^m\right) \mathrm{d}t}{\int_R \exp\left(\sum_{m=1}^{M} \lambda_m t^m\right) \mathrm{d}t}, \quad m = 1, 2, \cdots, M \tag{1-24}$$

式中，R 为时间变量 t 的积分空间，M_m 为第 m 阶样本原点矩，m 为样本原点矩序号，M 为原点矩的最高阶数。

第 m 阶样本原点矩 M_m 由所观测到的寿命数据求出：

$$M_m = \frac{1}{n} \sum_{i=1}^{n} t_i^m \tag{1-25}$$

式中，t_i 为第 i 个寿命数据，n 为寿命数据个数，m 为样本原点矩序号。

2. 参数估计

参数估计通常基于数据，对可靠性函数中的参数进行估计。常用的参数估计方法有矩法、极大似然法和最小二乘法等。

1）矩法

矩法是用失效数据的各阶样本矩估计总体矩，进而求解概率密度函数中的各个参数，求解方程为

$$\frac{1}{n} \sum_{i=1}^{n} t_i^k = \int_0^{\infty} t^k f(t; \boldsymbol{\Theta}) \mathrm{d}t, \quad k = 1, 2, \cdots, K \tag{1-26}$$

式中，t_i 是第 i 个寿命数据，n 是寿命数据个数，$f(t; \boldsymbol{\Theta})$ 是变量为 t 和参数向量为 $\boldsymbol{\Theta} = (\theta_1, \theta_2, \cdots, \theta_k, \cdots, \theta_K)$ 的概率密度函数，t 是描述寿命的时间变量，K 是概率密度函数的参数个数，θ_k 是第 k 个参数，k 是参数序号。

2）极大似然法

极大似然法基于失效数据和无失效数据构建出似然函数 $L(\boldsymbol{\Theta})$，所求参数向量 $\boldsymbol{\Theta} = (\theta_1, \theta_2, \cdots, \theta_k, \cdots, \theta_K)$ 应使似然函数 $L(\boldsymbol{\Theta})$ 为最大：

$$L(\boldsymbol{\Theta}) = \prod_{i \in F} f(t_i; \boldsymbol{\Theta}) \prod_{i \in C} R(t_i; \boldsymbol{\Theta}) \rightarrow \max, \quad k = 1, 2, \cdots, K \tag{1-27}$$

式中，t_i 是第 i 个数据，F 是失效数据的序号集合，C 是无失效数据的序号集合，$f(t_i; \boldsymbol{\Theta})$ 是时间变量 $t = t_i$ 时关于参数向量 $\boldsymbol{\Theta} = (\theta_1, \theta_2, \cdots, \theta_k, \cdots, \theta_K)$ 的概率密度函数，$R(t_i; \boldsymbol{\Theta})$ 是时间变量 $t = t_i$ 时关于参数向量 $\boldsymbol{\Theta} = (\theta_1, \theta_2, \cdots, \theta_k, \cdots, \theta_K)$ 的可靠性函数，K 是参数个数，θ_k 是第 k 个参数，k 是参数序号。

3）最小二乘法

最小二乘法基于经验可靠度和可靠度函数构建误差函数 $Q(\boldsymbol{\Theta})$，所求参数向

量 $\boldsymbol{\Theta} = (\theta_1, \theta_2, \cdots, \theta_k, \cdots, \theta_K)$ 应使误差函数 $Q(\boldsymbol{\Theta})$ 最小:

$$Q(\boldsymbol{\Theta}) = \sum_{i=1}^{n} (R(t;\boldsymbol{\Theta}) - r(t_i))^2 \to \min, \quad k = 1, 2, \cdots, K \qquad (1\text{-}28)$$

式中, t_i 是第 i 个寿命数据, $r(t_i)$ 是经验可靠度, $R(t;\boldsymbol{\Theta})$ 是时间变量 $t=t_i$ 时关于参数向量 $\boldsymbol{\Theta} = (\theta_1, \theta_2, \cdots, \theta_k, \cdots, \theta_K)$ 的可靠性函数, K 是参数个数, θ_k 是第 k 个参数, k 是参数序号。

1.2　可靠性分析中的问题

可靠性理论的发展历史可以追溯到 20 世纪 30 年代初期, 当时的工业产品质量控制已经开始涉及可靠性问题, 并采用了统计方法[1]。

统计方法是应用最广泛的信息处理方法之一。早在 17 世纪, 费尔玛等就提出了数学期望的概念。18 世纪, 统计理论已经得到关注。1794 年, 德国数学家、测量学家和天文学家高斯首先阐述了最著名的最小二乘法的基本原理[5,6]。而统计理论的具体技术应用可以追溯到 19 世纪初, 当时, 美国人口普查局用统计方法对人口死亡率进行过报道[7], 加拿大多伦多采矿局的年鉴包含了安大略湖采矿工业的统计信息[8]。但最著名的应用是 1805 年法国数学家勒让德在《计算彗星轨道的新方法》和 1809 年高斯在《天体沿圆锥截面围绕太阳运动的理论》中对天文理论与观测数据的最小二乘处理。法国天文学家和数学家拉普拉斯 1812 年在分析概率论中最早给出了概率的定义, 并设计了观测误差理论, 提到了最小二乘法, 给出了二项分布极限为正态分布这一定理的证明。高斯和勒让德的主要贡献包括误差分析、正态分布和最小二乘法[5,6,9]等。到 19 世纪中期, 据美国国家技术情报局报道, 有关统计学应用的案例已数以千万计, 内容已延伸到社会学、渔业、医学、光学、军事和工业等领域[5,10-14]。从 19 世纪末到 20 世纪上半叶, 皮尔逊、费希尔和奈曼等数学家的杰出工作创立了经典统计学[9,15]。从此, 经典统计学的理论和方法在社会科学和自然科技领域里得到广泛应用。多年来, 统计学的持续应用也持续地推进着统计理论的发展, 而统计学本身的某些缺陷也逐渐暴露出来[5,9,15,16]。

统计学的最重要的理论基础是大数定律和中心极限定理。

大数定律论述了算术平均值的稳定性和频率的稳定性问题。频率的稳定性是指随着独立重复实验次数的增加, 事件发生的频率逐渐收敛于事件的概率, 当独立重复实验次数很大时, 可以用频率代替概率; 算术平均值的稳定性是指当相互独立的随机变量的个数无限增大时, 它们的算术平均值几乎变成一个常数。

中心极限定理认为, 许多随机变量是由大量的相互独立的随机因素综合影响形成的, 其中每一个因素在总的影响中所起的作用很微小, 当这种随机变量的个数增加时，其和的分布趋于正态分布。

统计推断就是以此为基本依据的。但大数定律和中心极限定理实际上隐含着很多假设，因此统计推断是有条件限制的。

事实上，在现代可靠性理论研究中，尤其是在基于可靠性理论的寿命评估与预测中，仍然存在着许多经典统计学难以完善解决的问题，如小样本问题、未知概率密度函数问题、未知趋势问题、无失效数据问题以及无先验信息的时间序列问题[15-24]。这些问题属于乏信息系统理论范畴。

1.3　乏信息的基本概念

1.3.1　乏信息及其特征

1. 乏信息

乏信息也称为贫信息，是指信息缺乏或严重缺乏。灰色系统理论、模糊集合理论、粗集理论、混沌理论、信息熵原理与自助法等都可以归属于乏信息系统理论[19-23]。

在机械系统的信息分析中，系统总体的概率分布未知或概率分布很复杂，同时（或）仅有小子样数据可供参考，就属于乏信息问题；无系统总体的任何概率分布信息，而仅有极少个数据的评估，属于严重乏信息问题。乏信息也包括趋势项的先验资料问题，无趋势项的任何规律性先验信息的评估也属于乏信息范畴。

2. 乏信息的各种表现

乏信息主要表现在以下 11 个方面[5,20-39]：

（1）大量生产实践已经证明概率分布被确知，但对特定的研究对象的实验数据很少；

（2）参考同类产品或实验，假设概率分布的先验信息已知，但实验数据很少；

（3）无任何概率分布的先验信息或确知的信息，但可以获取大量的实验数据；

（4）无任何概率分布的先验信息或确知的信息，也无法获取大量的实验数据即数据很少；

（5）实验数据的样本个数很多，但每个样本的信息含量很少；

（6）实验数据的样本很少，但每个样本的信息含量很多；

（7）具有复杂的概率分布，实验数据很少；

（8）大量生产实践已经证明趋势项被确知，但对特定的研究对象的实验数据很少；

（9）趋势项的过去、当前和未来状态是未确知的、未知的或不确定的；

（10）可能有意外的瞬间干扰；

（11）变化未知的随机函数。

3. 乏信息系统理论的特征

乏信息系统理论的特征主要体现在以下 6 个方面：

（1）乏信息系统理论的数学基础主要来自灰色系统理论、模糊集合理论、信息熵原理、贝叶斯理论、混沌理论、范数理论、粗集理论、自助法等，其中也必然隐含着经典统计学的某些思想。

（2）乏信息系统理论的研究对象是信息不完备的不确定性系统，即乏信息系统，如"部分信息已知，部分信息未知"的"小样本"、"贫"信息不确定系统。

（3）乏信息系统理论的核心是解决无先验信息的信息评估问题，如只有几个数据、再无其他任何信息的问题。

（4）乏信息系统理论的精髓是对研究对象事先不做出任何概率分布上的假设，即适合任何已知的和未知的概率分布。

（5）乏信息系统理论的最典型表现是小样本个数、小样本含量、概率分布未知以及变化趋势未知。

（6）乏信息系统理论解决问题的主要方法是融合各种数学思想，扬长避短，灵活多样。

1.3.2　乏信息融合原理

乏信息系统理论研究乏信息现象的主要方法是乏信息融合。下面介绍直接解法、定性融合、定量融合和本征融合等四种乏信息融合的基本方法[19-23]。

1. 直接解法

直接解法是用一种或多种数学方法求出乏信息问题的解，直接解属于乏信息系统解集的一个特殊子集。

2. 定性融合

定性融合是指在给定的论域 U 中，已知解集：

$$\boldsymbol{F} = (\boldsymbol{f}_1, \boldsymbol{f}_2, \cdots, \boldsymbol{f}_i, \cdots, \boldsymbol{f}_m) \tag{1-29}$$

且有

$$\boldsymbol{f}_i = (f_{i1}, f_{i2}, \cdots, f_{ij}, \cdots, f_{in}) \tag{1-30}$$

记"属性一致性于"为符号"$\subseteq$"，在解集 $\boldsymbol{F}$ 中，总存在且至少存在一个来自 $\boldsymbol{F}$ 的元素的集合，是满足准则 $\boldsymbol{\Theta}$ 的最终解 $\boldsymbol{f}_0$，表示为

$$f_0 | \boldsymbol{\Theta} | \text{From } \boldsymbol{F} \subseteq \boldsymbol{F}_0 \tag{1-31}$$

式中，$\boldsymbol{F}_0$ 为系统属性的真值集合即白箱问题；$|\boldsymbol{\Theta}$ 表示在准则 $\boldsymbol{\Theta}$ 下；$|\text{From } \boldsymbol{F}$ 表示来自解集 $\boldsymbol{F}$ 元素。

由于系统信息或数据的不完备性，用不同的数学方法进行分析，将得出不同的结果 f_i，甚至有些结果可能是相互矛盾的。若将这些结果看成一个个解的集合即解集 $\boldsymbol{F}$，则定性融合是指在某种准则下，从这些解集中提取具有某种一致性元素的子集，并将这个子集作为系统的最终解 f_0。

定性融合有两个方面的含义：一是融合，即综合考虑各个解集；二是定性，即不再进行复杂的数学计算，只是寻求某种一致性，而且，最终解中的元素全部来自解集 $\boldsymbol{F}$，没有更新的信息出现。

3. 定量融合

定量融合是指在式（1-29）和式（1-30）中，记"属性一致性于"为符号"$\subseteq$"，在解集 $\boldsymbol{F}$ 中，总存在且至少存在一个与 $\boldsymbol{F}$ 的元素有关联的集合，是满足准则 $\boldsymbol{\Theta}$ 的最终解 f_0，表示为

$$f_0 | \boldsymbol{\Theta} | \text{Fusion } \boldsymbol{F} \subseteq \boldsymbol{F}_0 \tag{1-32}$$

式中，$\boldsymbol{F}_0$ 为系统属性的真值集合即白箱问题；$|\boldsymbol{\Theta}$ 表示在准则 $\boldsymbol{\Theta}$ 下；$|\text{Fusion } \boldsymbol{F}$ 表示关联解集 $\boldsymbol{F}$ 元素即融合解集 $\boldsymbol{F}$ 元素。

实际上，定量融合是对解集 $\boldsymbol{F}$ 进行复杂的数学上的融合处理，直接得出一个最终解 f_0。这里定量的含义是在一定的准则下，建立融合模型，考虑一定的权重，对 f_i 按指标进行数学处理，得出最终解 f_0，一般地，最终解 f_0 中的数据和解集 $\boldsymbol{F}$ 有某种联系，但具体数值可能不同。

4. 本征融合

本征融合是一种特殊的直接解法。

本征融合是指在给定的论域 $\boldsymbol{U}$ 中，设知识集为

$$\boldsymbol{F} = (f_1, f_2, \cdots, f_i, \cdots, f_m) \tag{1-33}$$

知识集的本征信息子集为

$$f_i = (f_{i1}, f_{i2}, \cdots, f_{il}, \cdots, f_{iw}) \tag{1-34}$$

非空的乏信息集为

$$\boldsymbol{\Pi} = (\boldsymbol{\pi}_1, \boldsymbol{\pi}_2, \cdots, \boldsymbol{\pi}_j, \cdots, \boldsymbol{\pi}_n) \neq \varnothing \tag{1-35}$$

问题集为

$$\boldsymbol{Q} = (q_1, q_2, \cdots, q_k, \cdots, q_h)$$

记"属性一致性于"为符号"$\subseteq$"，在知识集 F 中，存在且至少存在两个与问题集 Q 的元素有某种映射关系的集合，是满足非空信息集 Π 的最终解 f_0，表示为

$$f_0 \mid \Pi \mid \text{Com\_Fusion } F \text{ AND } Q \mid f_{il} \subseteq F_0 \qquad (1\text{-}36)$$

式中，F_0 为系统属性的真值集合即白箱问题；$\mid \Pi$ 表示在非空的乏信息集 Π 下；$\mid \text{Com\_Fusion } F$ 表示与 F 有某种属性联合关系的融合；$\text{AND } Q$ 为且包含问题集 Q；f_{il} 为知识元素；$\mid f_{il}$ 表示依托于 f_{il}。

一个乏信息系统的发展经历了多个重要阶段，各个相邻阶段的过渡状态称为通道。通道是系统发展的关键环节，因此又称关节。由于信息的缺乏或严重缺乏，通道被堵塞，几乎没有信息流动。仅用一种数学工具难以打通所有通道，必须根据不同的通道状态和特征，采用不同的数学工具予以打通。实际上，乏信息的本征融合是指将两种及两种以上数学理论有机地结合起来，取长补短，形成一种新的方法，对系统进行分析，直接得出最终解。与单一数学方法的解相比，本征融合的最终解一般具有更好的效果。本征融合会出现重要的新信息。

1.4　主要研究内容

本书共分三篇，各篇内容如下：

第一篇为失效数据与无失效数据的可靠性分析，由第 1～5 章构成，主要涉及乏信息可靠性分析的基本概念、二参数 Weibull 分布可靠性评估、三参数 Weibull 分布可靠性评估与假设检验、失效数据的可靠性模型评估，以及无失效数据的可靠性预测等内容。

第二篇为品质实现可靠性评估，由第 6 和 7 章构成，主要涉及制造过程的可靠性评估、机械产品的品质实现可靠性评估等内容。

第三篇为性能可靠性演变过程的动态预测，由第 8～10 章构成，主要涉及性能数据驱动的可靠性演变过程预测、性能保持可靠性演变过程预测、超精密滚动轴承服役精度保持可靠性动态预测等内容。

第2章 二参数 Weibull 分布可靠性评估

本章针对实验数据的概率分布已知但事先缺乏参数概率分布的先验信息，概率分布已知但获得的实验数据很少这两个乏信息问题，提出小样本定时截尾下二参数 Weibull 分布可靠性的自助最大熵评估方法，以解决大样本和小样本完整数据以及小样本非完整数据的可靠性评估问题。

2.1 概　　述

在可靠性理论与实验研究中，对可靠性真值与可靠性置信区间进行有效的评估，是一个重要议题。

例如，在基于二参数 Weibull 分布单元寿命小样本定时截尾实验时，需要可靠性的置信区间评估。这就必须获取 Weibull 分布参数的概率密度函数。由于实验数据很少和先验知识缺乏，常用方法如矩法、极大似然法和最大熵法，难以解决问题。为此，本章基于乏信息系统理论，提出自助最大熵法。首先对自助法、极大似然法和最大熵法进行理论融合，将小样本寿命实验数据生成为大样本参数模拟数据，以获取参数的概率密度函数；然后估计形状参数和尺度参数以及它们的置信区间，计算寿命和可靠性以及它们的置信区间；最后进行大样本和小样本完整数据实验以及小样本非完整数据实验，以检验自助最大熵法的有效性。研究表明，自助最大熵法无需 Weibull 分布参数的任何先验信息，即可有效评估可靠性置信区间，且对寿命的估计效果优于常用方法[19,40]。

2.2 小样本定时截尾下二参数 Weibull 分布可靠性置信区间的自助最大熵评估

2.2.1 基本思路

二参数 Weibull 分布是单元寿命及其可靠性分析的一个重要函数，为了评估寿命及其可靠性的置信区间，不仅要合理地估计 Weibull 分布的形状参数 β 和尺度参数 η，更重要的是必须获得这两个参数的概率密度函数。

经典统计学认为，对于给定的 Weibull 分布，β 和 η 都是唯一确定的常数。但贝叶斯统计学将这两个参数看成相互独立的随机变量。这样，β 和 η 被认为具有各自的概率密度函数 $\gamma(\beta)$ 和 $\varepsilon(\eta)$。为了获得 $\gamma(\beta)$ 和 $\varepsilon(\eta)$，需要大量的参数数据 β_j 和 η_j 或者参数估计值 $\hat{\beta}_j$ 和 $\hat{\eta}_j$，$j=1, 2, \cdots$。

考虑到自助法和最大熵法的特点，本节以乏信息系统理论为基础，提出小样本定时截尾下单元寿命及其可靠性置信区间评估的自助最大熵法，基本思路如下：

（1）对于给定的小样本数据，用自助法生成大量的数据 $t_{ji}(i=1, 2, \cdots, n;$ $j=1, 2, \cdots, B$。其中，t 表示时间，n 是数据个数；B 是一个很大的数）。

（2）以 t_{ji} 为基础，用极大似然法计算出大量的 $\hat{\beta}_j$ 和 $\hat{\eta}_j$。

（3）用最大熵法分别处理 $\hat{\beta}_j$ 和 $\hat{\eta}_j$，获得 $\gamma(\beta)$ 和 $\varepsilon(\eta)$。

（4）由 $\gamma(\beta)$ 和 $\varepsilon(\eta)$ 分别获得 β 和 η 的估计值。

（5）给定置信水平 P，由 $\gamma(\beta)$ 获得 β 的估计区间$[\beta_L, \beta_U]$，由 $\varepsilon(\eta)$ 获得 η 的估计区间$[\eta_L, \eta_U]$。

（6）给定失效概率 q，用 β 和 η 的估计值计算轴承的寿命 L 及其可靠性函数 $R(t)$。

（7）在给定的 P 和 q 下，由$[\beta_L, \beta_U]$和$[\eta_L, \eta_U]$计算 L 和 $R(t)$的置信区间。

2.2.2　极大似然法

设某单元某精度或性能寿命 T 服从随机变量为 t 的二参数 Weibull 分布，其概率密度函数为

$$f(t) = \beta\eta^{-\beta}t^{\beta-1}\exp[-(t/\eta)^{\beta}] \tag{2-1}$$

概率分布函数为

$$F(t) = 1 - \exp[-(t/\eta)^{\beta}] \tag{2-2}$$

式中，β 是形状参数，η 是尺度参数。

随机选取 n 个产品单元进行定时截尾实验，设有 $r(0<r\leqslant n)$个产品单元失效，失效时间用向量表示为

$$\boldsymbol{T}_{\mathrm{F}}=(t_1, t_2,\cdots, t_r),\quad t_1\leqslant t_2\leqslant\cdots\leqslant t_r \tag{2-3}$$

其他 $s=n-r$ 个产品单元截尾，截尾时间用向量表示为

$$\boldsymbol{T}_{\mathrm{C}} = (t_{r+1}, t_{r+2}, \cdots, t_n) = \underbrace{(t_{\mathrm{C}}, t_{\mathrm{C}}, \cdots, t_{\mathrm{C}})}_{\text{共计}s=n-r\text{个}} \tag{2-4}$$

对 β 和 η 进行极大似然估计，有

$$\frac{1}{\hat{\beta}} + \frac{\sum\limits_{i=1}^{r} \ln t_i}{r} - \frac{\sum\limits_{i=1}^{n} t_i^{\hat{\beta}} \ln t_i}{\sum\limits_{i=1}^{n} t_i^{\hat{\beta}}} = 0 \tag{2-5}$$

$$\hat{\eta} = \left(\sum_{i=1}^{n} \frac{t_i^{\hat{\beta}}}{r} \right)^{1/\hat{\beta}} \tag{2-6}$$

由式（2-5）和式（2-6）可以分别得到 β 和 η 的极大似然估计值 $\hat{\beta}$ 和 $\hat{\eta}$。

2.2.3　自助最大熵法

为方便叙述，用符号 θ 统一表示 β 和 η，用符号 $\xi(\theta)$ 统一表示 $\gamma(\beta)$ 和 $\varepsilon(\eta)$。使用自助法的目的是，通过多次自助抽样，分别生成大量的极大似然估计值 θ；使用最大熵法的目的是用自助法生成的数据建立参数 θ 的概率密度函数 $\xi(\theta)$。

假设进行到了第 j 步自助抽样。从式（2-1）失效时间数据中等概率可放回地抽样一次，获得一个抽样数据 t_{j1}，如此抽样 r 次，得到 r 个关于失效时间的抽样数据。考虑到式（2-4）中 $s=n-r$ 个产品单元截尾，则第 j 个定时截尾非完整数据的自助样本用向量表示为

$$\boldsymbol{T}_j = (t_{j1}, t_{j2}, \cdots, t_{ji}, \cdots, t_{jr}, t_{j,r+1}, t_{j,r+2}, \cdots, t_{jn}), \quad j = 1, 2, \cdots, B \tag{2-7}$$

式中，B 为自助抽样的总步数，即自助样本个数。

在式（2-7）中，截尾时间为

$$(t_{j,r+1}, t_{j,r+2}, \cdots, t_{jn}) = (t_{r+1}, t_{r+2}, \cdots, t_n) \tag{2-8}$$

将式（2-7）数据代入式（2-5）和式（2-6），得到 B 个极大似然估计结果。因 B 可以是一个很大的数，故能生成大量的关于参数 θ 的数据。这样，所得到的 B 个极大似然估计结果用向量表示为

$$\boldsymbol{\Theta} = (\theta_1, \theta_2, \cdots, \theta_j, \cdots, \theta_B) \tag{2-9}$$

这为 $\gamma(\beta)$ 和 $\varepsilon(\eta)$ 的最大熵法构建奠定了大数据量基础。

根据最大熵法，最无主观偏见的概率密度函数应满足熵最大，即

$$H = -\int_{\Omega} \xi(\theta) \ln \xi(\theta) \mathrm{d}\theta \to \max \tag{2-10}$$

式中，H 为信息熵，$\Omega \in [\Omega_{\min}, \Omega_{\max}]$ 为随机变量 θ 的可行域，$\xi(\theta)$ 为 θ 的概率密度函数。

式（2-10）的约束条件为

$$\int_{\Omega} \theta^k \xi(\theta) \mathrm{d}\theta = m_k, \quad k = 0, 1, \cdots, m; m_0 = 1 \tag{2-11}$$

式中，k 为原点矩数，m_k 为第 k 阶原点矩，m 为最高原点矩的阶次。

在约束条件下调节 $\xi(\theta)$ 可使熵最大。这是一个约束优化问题，用拉格朗日乘子法可以求出 $\xi(\theta)$ 的表达式：

$$\xi(\theta) = \exp\left(\sum_{k=0}^{m} \lambda_k \theta^k\right) \tag{2-12}$$

式（2-12）就是参数 θ 的概率密度函数 $\xi(\theta)$ 的自助最大熵估计。在式（2-12）中，λ_k 为第 k 个拉格朗日乘子，$k=0, 1, \cdots, m$，共有 $m+1$ 个。第 1 个乘子为

$$\lambda_0 = -\ln\left[\int_{\Omega} \exp\left(\sum_{k=1}^{m} \lambda_k \theta^k\right) \mathrm{d}x\right] \tag{2-13}$$

其他 m 个乘子应满足条件：

$$1 - \frac{\int_{\Omega} \theta^k \exp\left(\sum_{j=1}^{m} \lambda_j \theta^j\right) \mathrm{d}\theta}{m_k \int_{\Omega} \exp(\lambda_k \lambda^k) \mathrm{d}\theta} = 0, \quad k = 1, 2, \cdots, m \tag{2-14}$$

由统计学，将 θ_j 从小到大排序并分成 $Z–2$ 组，画出直方图，得到第 z 组的组中值 θ_z 和频率 $\varXi_z$，$z=2, 3, \cdots, Z–1$。再将直方图扩展成 Z 组，即 $z=1, 2, \cdots, Z$，并令 $\varXi_1 = \varXi_z = 0$。于是，第 k 阶原点矩 m_k 的值为

$$m_k = \sum_{z=1}^{Z} \theta_z^k \varXi_z, \quad k = 0, 1, \cdots, m; m_0 = 1 \tag{2-15}$$

设显著性水平为 $\alpha \in [0,1]$，则置信水平为

$$P = (1-\alpha) \times 100\% \tag{2-16}$$

在置信水平 P 下，设参数 θ 的自助最大熵估计区间为

$$[\theta_{\mathrm{L}}, \theta_{\mathrm{U}}] = [\theta_{\alpha/2}, \theta_{1-\alpha/2}] \tag{2-17}$$

式中，θ_{L} 和 θ_{U} 分别是 θ 的自助最大熵下界值和上界值，且有

$$\frac{\alpha}{2} = \int_{\Omega_{\min}}^{\theta_{\alpha/2}} \xi(\theta) \mathrm{d}\theta \tag{2-18}$$

$$1 - \frac{\alpha}{2} = \int_{\Omega_{\min}}^{\theta_{1-\alpha/2}} \xi(\theta) \mathrm{d}\theta \tag{2-19}$$

定义参数 θ 的自助最大熵期望 θ_{mean} 为

$$\theta_{\text{mean}} = \int_{\Omega} \theta \xi(\theta) \mathrm{d}\theta \qquad (2\text{-}20)$$

参数 θ 的自助最大熵中值估计 $\theta_{0.5}$ 用式（2-21）求出：

$$0.5 = \int_{\Omega_{\min}}^{\theta_{0.5}} \xi(\theta) \mathrm{d}\theta \qquad (2\text{-}21)$$

2.2.4 寿命及其可靠性的自助最大熵评估

设单元的失效概率为 q，由统计学可得百分数概率寿命 L_q：

$$L_q = \eta[-\ln(1-q)]^{1/\beta} \qquad (2\text{-}22)$$

可靠性函数 $R(t)$ 为

$$R(t) = \exp[-(t/\eta)^{\beta}] \qquad (2\text{-}23)$$

基于自助最大熵法，依照式（2-22）定义期望寿命 $L_{\text{mean}q}$ 为

$$L_{\text{mean}q} = \eta_{\text{mean}}[-\ln(1-q)]^{1/\beta_{\text{mean}}} \qquad (2\text{-}24)$$

寿命区间为 $[L_{\text{L}q}, L_{\text{U}q}]$，且下界值 $L_{\text{L}q}$ 为

$$L_{\text{L}q} = \eta_{\text{L}}[-\ln(1-q)]^{1/\beta_{\text{L}}} \qquad (2\text{-}25)$$

上界值 $L_{\text{U}q}$ 为

$$L_{\text{U}q} = \eta_{\text{U}}[-\ln(1-q)]^{1/\beta_{\text{U}}} \qquad (2\text{-}26)$$

式中，β_{mean} 和 η_{mean} 分别是 β 和 η 的自助最大熵期望值，β_{L} 和 η_{L} 分别是 β 和 η 的下界值，β_{U} 和 η_{U} 分别是 β 和 η 的上界值。

定义中值寿命 L_{mq} 为

$$L_{mq} = \eta_{0.5}[-\ln(1-q)]^{1/\beta_{0.5}} \qquad (2\text{-}27)$$

式中，$\beta_{0.5}$ 和 $\eta_{0.5}$ 分别是 β 和 η 的自助最大熵中值估计。

依照式（2-23），定义自助最大熵期望可靠性函数 $R_{\text{mean}}(t)$ 为

$$R_{\text{mean}}(t) = \exp[-(t/\eta_{\text{mean}})^{\beta_{\text{mean}}}] \qquad (2\text{-}28)$$

定义置信水平 P 下的可靠性区间为 $[R_{\text{L}}(t), R_{\text{U}}(t)]$，且下界值 $R_{\text{L}}(t)$ 为

$$R_{\text{L}}(t) = \max\{\exp[-(t/\eta_{\text{L}})^{\beta_{\text{L}}}], \exp[-(t/\eta_{\text{L}})^{\beta_{\text{U}}}], \exp[-(t/\eta_{\text{U}})^{\beta_{\text{L}}}], \exp[-(t/\eta_{\text{U}})^{\beta_{\text{U}}}]\}$$

$$(2\text{-}29)$$

上界值 $R_{\text{U}}(t)$ 为

$$R_{\mathrm{U}}(t) = \max\{\exp[-(t/\eta_{\mathrm{L}})^{\beta_{\mathrm{L}}}], \exp[-(t/\eta_{\mathrm{L}})^{\beta_{\mathrm{U}}}], \exp[-(t/\eta_{\mathrm{U}})^{\beta_{\mathrm{L}}}], \exp[-(t/\eta_{\mathrm{U}})^{\beta_{\mathrm{U}}}]\}$$

（2-30）

定义自助最大熵中值可靠性函数 $R_{\mathrm{m}}(t)$ 为

$$R_{\mathrm{m}}(t) = \exp[-(t/\eta_{0.5})^{\beta_{0.5}}]$$

（2-31）

2.2.5　实验研究与讨论

为了检验自助最大熵法的正确性并与现有常用方法进行效果对比，下面进行三种不同类型的实验研究。

1. 较大样本完整数据案例（案例 1）

较大样本完整数据案例是一个较大样本的完整数据的评估案例，以检验自助最大熵法的参数估计效果，并与矩法、极大似然法[41]进行对比。考虑 Weibull 分布，取 $n=r=50$，设定参数真值分别为 $\beta=2.5$ 和 $\eta=200$，用统计仿真法得到失效数据[1]：

40 49 59 70 85 93 96 99 105 111 115 116 116 118 123 128 130 131 132 135 136 139 146 154 157 162 169 170 188 191 199 205 207 210 215 222 234 253 264 279 281 287 316 319 319 321 326 344 386 392

有关参数的计算结果如表 2-1 所示。可以看出，自助最大熵法、极大似然法和矩法对 η 估计的相对误差不超过 5%，效果都很好；对 β 的估计效果，自助最大熵法的相对误差小于 10%，而极大似然法和矩法的相对误差大于 10%。

表 2-1　案例 1 Weibull 分布参数的计算结果对比

项目	矩法		极大似然法		自助最大熵法(B=10000)	
	β	η	β	η	β	η
期望值	2.161	208.716	2.198	209.487	2.306	209.893
期望值对真值的相对误差/%	13.56	4.36	12.08	4.74	7.76	4.95
中值	—	—	—	—	2.293	209.531
中值对真值的相对误差/%	—	—	—	—	8.28	4.77
90%置信水平的估计区间	—	—	—	—	[2.003, 2.642]	[187.517, 232.816]

有关寿命的计算结果如表 2-2 所示。可以看出，3 种方法计算出的寿命值均低于寿命真值，偏于保守。但相对而言，自助最大熵法对寿命的估计误差最小，效果最好；极大似然法次之，矩法最差。

表 2-2   案例 1 寿命的计算结果对比（*q*=10%）

项目	矩法	极大似然法	自助最大熵法	备注
寿命的估计值	73.6718	75.2516	79.1008	寿命真值：81.3020
相对误差/%	9.3850	7.4419	2.7074	

如图 2-1 和表 2-1 所示，自助最大熵法还可以获得参数的概率密度函数估计，因而可以实施中值估计和区间估计。显然，自助最大熵法比极大似然法和矩法的估计效果更优、更完善。

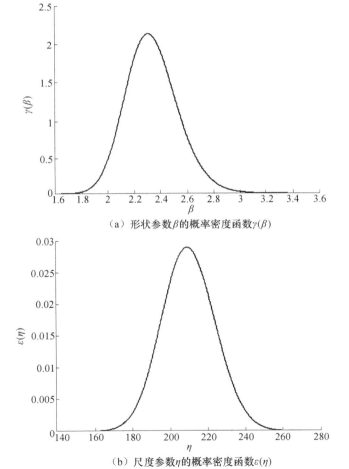

（a）形状参数 *β* 的概率密度函数 *γ*(*β*)

（b）尺度参数 *η* 的概率密度函数 *ε*(*η*)

图 2-1   案例 1 Weibull 分布参数的概率密度函数估计（自助最大熵法）

2. 小样本完整数据案例（案例 2）

小样本完整数据案例是一个小样本完整数据的评估案例。在进行小样本滚动轴承寿命实验评估时，最常用的方法是极大似然法。为便于对比分析，本案例引用 Harris[41]的小样本失效数据（$n=r=10$）：

14.01　15.38　20.94　29.44　31.15　36.72　40.32　48.61　56.42　56.97

图 2-2 是自助最大熵法获取的关于参数 β 和 η 的概率密度函数。自助最大熵法和极大似然法的有关计算结果如表 2-3 和表 2-4 所示。

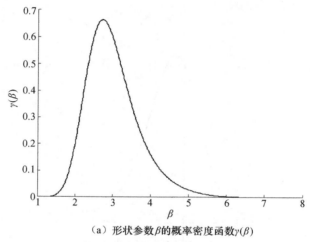

（a）形状参数 β 的概率密度函数 $\gamma(\beta)$

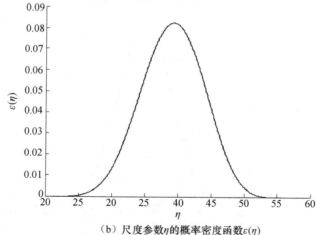

（b）尺度参数 η 的概率密度函数 $\varepsilon(\eta)$

图 2-2　案例 2 Weibull 分布参数的概率密度函数估计（自助最大熵法）

表 2-3　案例 2 Weibull 分布参数的有关计算结果（P=90%）

项目	极大似然法		自助最大熵法（B=10000）	
	β	η	β	η
中值估计	2.15	—	2.9204	39.3103
期望值	2.5835	39.5578	3.0285	39.2979
区间估计	[1.41, 3.51]	—	[2.0875, 4.3290]	[31.4256, 46.8431]

表 2-4　案例 2 寿命的有关计算结果（P=90%，q=10%）

项目	极大似然法	自助最大熵法
中值寿命估计	15.3	18.1908
期望寿命估计	16.5553	18.6922
寿命区间估计	[7.25, 23.3]	[10.6931, 27.8538]
寿命的可靠度 R/%	90	90
中值寿命的可靠性区间/%（置信水平为 90%）	—	[72.66, 98.35]
期望寿命的可靠性区间/%（置信水平为 90%）	—	[71.31, 98.14]

可以看出，自助最大熵法和极大似然法对参数 β 和 η 的估计值不同，因此对轴承寿命中值和期望值的估计结果必然有差异。如前所述，由于极大似然法采用极大似然法估计参数，其估计效果过于保守，不如自助最大熵法好。

必须指出，极大似然法不能获取参数 η 的中值估计和区间估计，也不能获取参数 β 和 η 的概率分布函数，因此难以合理地评估轴承寿命及其可靠性的置信水平和置信区间。这对可靠性要求极为严格的轴承寿命评估是十分重要的。在此意义上，自助最大熵法比极大似然法更有优势。

3. 小样本非完整数据案例（案例 3）

小样本非完整数据案例是一个小样本非完整数据的评估案例。对某型陀螺电机转子轴承小样本精度寿命进行定时截尾实验，截尾时间为 4000h。共投入 8 个轴承单元，其中 5 个单元失效，3 个单元截尾。失效时间（单位：h）为[42]

1313　2288　2472　2506　3382

自助最大熵法的有关计算结果如图 2-3、图 2-4 和表 2-5 所示。陀螺生产厂家又用 10 套该型轴承装配 5 个某型高速陀螺电机，进行通电寿命检验，结果每个陀螺电机累计通电工作时间达到 1023h，且均满足性能要求[42]。这样，由表 2-5 和图 2-4 可以推断，该型轴承期望寿命的可靠度至少为 $R_{mean}(1023)$=96.8%，且在置信水平 P=96.8% 下的可靠性区间为 $[R_L(1023), R_U(1023)]$=[90.08, 99.20]。因此，该型轴承精度寿命的最低可靠度高于 90%。

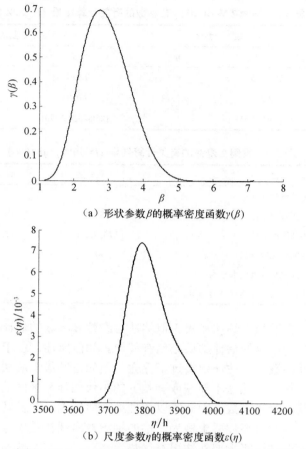

（a）形状参数β的概率密度函数$\gamma(\beta)$

（b）尺度参数η的概率密度函数$\varepsilon(\eta)$

图 2-3　案例 3 Weibull 分布参数的概率密度函数估计(自助最大熵法)

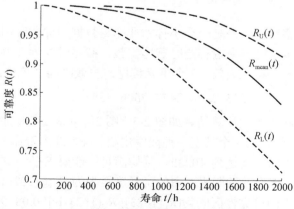

图 2-4　轴承寿命的可靠性评估和预测（自助最大熵法）

表 2-5　案例 3 的自助最大熵法计算结果（B=10000）

项目	置信水平 P		
	90%	95%	99%
失效率 q/%	10	5	1
形状参数期望值 β_{mean}	2.5976	2.5976	2.5976
尺度参数期望值 η_{mean}/h	3823.7	3823.7	3823.7
形状参数区间[β_L, β_U]	[1.7419, 3.5825]	[1.6212, 3.7736]	[1.4099, 4.1759]
尺度参数区间[η_L, η_U]/h	[3739.3, 3931.9]	[3726.5, 3950.1]	[3701.9, 3977.9]
期望寿命 L_{meanq}/h	1607.8	1218.7	650.70
寿命区间[L_{Lq}, L_{Uq}]/h	[1027.4, 2.098.0]	[596.53, 1797.9]	[141.72, 1322.0]
期望寿命的可靠度 $R_{mean}(L_{meanq})$/%	90	95	99
期望寿命的可靠度区间 [$R_L(L_{meanq})$, $R_U(L_{meanq})$]/%	[79.46, 96.02]	[84.93, 98.82]	[91.74, 99.95]

2.3　本 章 小 结

　　基于乏信息系统理论，本章对自助法、极大似然法和最大熵法进行理论融合，提出自助最大熵法，可以有效解决单元寿命定时截尾下，二参数 Weibull 分布参数概率密度函数的小样本评估问题。以此为基础，获得参数的中值、期望值和区间估计，进而提出寿命及其可靠性置信区间的评估方法。

　　自助最大熵法的特点是，在评估寿命及其可靠性置信区间时，仅仅借助小样本实验数据，无需 Weibull 分布参数的任何先验信息。

　　与矩法、极大似然法相比，自助最大熵法不仅对参数和寿命的估计误差最小，而且能估计参数的概率密度函数、中值和区间。因此，自助最大熵法比矩法、极大似然法的估计效果更优、更完善。

　　自助最大熵法能评估轴承寿命及其可靠性的置信区间，因此在可靠性评估方面，自助最大熵法比矩法、极大似然法更有优势。

第3章 三参数 Weibull 分布可靠性评估与假设检验

本章针对三参数 Weibull 分布可靠性模型，提出最小加权相对熵范数法，以实施三参数 Weibull 分布的参数估计及假设检验。参数估计主要包括真值估计及真值的最优置信区间估计，并通过方法对比及实验研究，确定最小加权相对熵范数法在可靠性估计中的优越性。

3.1 概　　述

从不确定性理论的观点出发，可靠性实验的结果往往包含不确定性，事实上有许多复杂可变的因素出现在寿命实验中，并且可能由此使结果失真，导致潜在危害。因此，对于可靠性评估结果的假设检验成为新的问题。

假设检验是确定被观测偶然事件出现的概率的一种方法。从统计学的观点来看，应该通过假设检验来保证可靠性实验结果，但习惯认为在仅仅一次实验中就确认的结果是正确的。在实验中，首先会假设原假设为真。根据统计理论，如果对这个原假设没有进行检验，那么就可能会接受一个错误的陈述，所以在可靠性评估中考虑假设检验是至关重要的。

本章针对三参数 Weibull 分布可靠性模型，提出最小加权相对熵范数法，以实施三参数 Weibull 分布的参数估计及假设检验，为可靠性评估提出新的研究方法[19,43-45]。

3.2 三参数 Weibull 分布可靠性评估

3.2.1 参数真值及其置信区间估计

参数估计主要包括参数真值估计和参数最优置信区间估计，通过参数评估可以得到可靠性真值函数及最优置信区间函数。目前参数评估只关注参数的真值估计，很少涉及参数优化评估。任何实验的参数评估由于因素复杂，评估出的结果往往都伴有不确定性，所以对可靠性进行优化评估显得十分重要。因此，本章提出最小加权相对熵范数法来评估可靠性参数真值及最优置信区间。

1. 可靠性理论值向量和经验值向量

三参数 Weibull 分布的概率密度函数为

$$f(t;\eta,\beta,\tau)=\frac{\beta}{\eta}\left(\frac{t-\tau}{\eta}\right)^{\beta-1}\exp\left[-\left(\frac{t-\tau}{\eta}\right)^{\beta}\right],\quad t\geqslant\tau>0;\beta>0;\eta>0 \qquad（3-1）$$

式中，$f(t;\eta,\beta,\tau)$为三参数 Weibull 分布的概率密度函数；t 为寿命的随机变量；η、β、τ 为 Weibull 分布的 3 个参数，η 为尺度参数，β 为形状参数，τ 为位置参数。

三参数 Weibull 分布可靠性函数表达式为

$$R(t;\eta,\beta,\tau)=1-\int_{\tau}^{\infty}f(t;\eta,\beta,\tau)\mathrm{d}t=\exp\left[-\left(\frac{t-\tau}{\eta}\right)^{\beta}\right] \qquad（3-2）$$

式中，$R(t;\eta,\beta,\tau)$为三参数 Weibull 分布的可靠性函数。

在工程实践中，许多产品的 Weibull 参数值是未知的并且需要实验评估找到。为此，必须进行寿命实验。通过实验获得的产品寿命数据，用向量表示为

$$\boldsymbol{T}=(t_{1},\ t_{2},\cdots,\ t_{i},\cdots,\ t_{n}),\quad t_{1}\leqslant t_{2}\leqslant\cdots\leqslant t_{i}\leqslant\cdots\leqslant t_{n};i=1,2,\cdots,n \qquad（3-3）$$

式中，$\boldsymbol{T}$ 为寿命数据向量；t_{i} 为 $\boldsymbol{T}$ 中第 i 个寿命数据；i 为寿命数据 t_{i} 的序号；n 为 $\boldsymbol{T}$ 的寿命数据个数。

将 $\boldsymbol{T}$ 中的寿命数据代入式（3-2），可以计算可靠性理论值：

$$\boldsymbol{R}_{0}=(R(t_{1};\eta,\beta,\tau),R(t_{2};\eta,\beta,\tau),\cdots,R(t_{i};\eta,\beta,\tau),\cdots,R(t_{n};\eta,\beta,\tau)) \qquad（3-4）$$

式中，$R(t_{i};\eta,\beta,\tau)$为可靠性理论值；$\boldsymbol{R}_{0}$ 为由可靠性理论值组成的向量。

在 Weibull 参数未知的情况下，对寿命数据的可靠性期望经验值进行非参数估计，如下所示：

$$\boldsymbol{R}_{1}=(r(t_{1}),r(t_{2}),\cdots,r(t_{i}),\cdots,r(t_{n})),\quad i=1,2,\cdots,n \qquad（3-5）$$

式中，$r(t_{i})$为第 i 个可靠性经验值；$\boldsymbol{R}_{1}$ 为由可靠性经验值组成的向量。

在可靠性估计中，对于完整数据和不完整数据，非参数估计的方法是不同的。

对于完整数据的可靠性估计，设有一列完整的数据共 n 个，以增序排列，则可靠性的估计值可用以下公式计算。

根据 Johnson 方法，将可靠性经验值表示为期望，即

$$r(t_{i})=1-\frac{i}{n+1},\quad i=1,2,\cdots,n \qquad（3-6）$$

根据 Nelson 方法，将可靠性经验值表示为中位秩，如下：

$$r(t_{i})=1-\frac{i-0.3}{n+0.4} \qquad（3-7）$$

对于不完整数据的可靠性估计，当数据列包含截尾数据时，其可靠性估计要比对于完整数据的可靠性估计复杂。

一般地，设数组含有 n 个数据，其中有 m 个右截尾的数据，$n-m$ 个失效的数

据，并以增序排列，对所有 n 个数据，按从小到大的顺序编号为 1 到 n，记这列编号为 j。然后只对失效数据编号，从小到大记为 1 到 $n-m$，记这列编号为 i。则第 i 个失效数据的失效顺序号用式（3-8）计算：

$$r_i = r_{i-1} + (n+1-r_{i-1})/(n+2-j) \tag{3-8}$$

同时定义 $r_0 = 0$。然后以 r_i 代替式（3-6）和式（3-7）中的 i，就可以求得对应于每一个失效数据所对应的可靠性经验值。

在可靠性评估中，R_1 中的经验值 $r(t_i)$ 可以作为可靠性经验值，因为它的值与 T 中的寿命数据 t_i 一致并且取决于 T 中的寿命数据 t_i，所以 R_1 称为可靠性经验值向量。

根据现有研究[3,41,46]，如果 $n>8$，通过 Johnson 方法以及 Nelson 方法获得的结果的差异性是非常小的。

将获得的 R_0 与 R_1，分别称为理论值向量和经验值向量。在所给出的准则中，可以用加权相对熵范数法来估计 3 个 Weibull 参数以及置信区间。

2. 加权相对熵范数的定义与性质

定义 3-1　R_1 与 R_0 的相对差异信息为

$$
\begin{aligned}
L &= L(R_0, R_1) \\
&= \left(r(t_1) \left| \ln \frac{r(t_1)}{R(t_1; \eta, \beta, \tau)} \right|, r(t_2) \left| \ln \frac{r(t_2)}{R(t_2; \eta, \beta, \tau)} \right|, \cdots, \right. \\
&\quad \left. r(t_i) \left| \ln \frac{r(t_i)}{R(t_i; \eta, \beta, \tau)} \right|, \cdots, r(t_n) \left| \ln \frac{r(t_n)}{R(t_n; \eta, \beta, \tau)} \right| \right)
\end{aligned}
\tag{3-9}
$$

式中，$r(t_i)$ 与 $R(t_i; \eta, \beta, \tau)$ 分别来自 R_1 和 R_0。

实际上，相对差异信息 L 是 R_1 与 R_0 的相对熵向量。根据相对熵理论，R_1 和 R_0 之间相对差异信息越小，L 的范数就越小。

定义 3-2　权重向量为

$$
\begin{aligned}
\omega &= \omega(R_0, R_1) \\
&= \frac{(R(t_1; \eta, \beta, \tau)r(t_1), R(t_2; \eta, \beta, \tau)r(t_2), \cdots, R(t_i; \eta, \beta, \tau)r(t_i), \cdots, R(t_n; \eta, \beta, \tau)r(t_n))}{\| R_0 \|_2 \| R_1 \|_2}
\end{aligned}
$$

$$\tag{3-10}$$

实际上，权重向量 ω 是 $R(t_i; \eta, \beta, \tau)$ 与 $r(t_i)$ 之间的余弦夹角。根据向量原理，R_1 和 R_0 对应元素之间的方向差异与权重大小相关，差异越小，权重越大。

如果 R_1 和 R_0 权重相等，则 ω 为 n 维单位向量。

定义 3-3　加权相对熵范数为

$$N(\eta, \beta, \tau) = \|\boldsymbol{\omega}\boldsymbol{L}\|_p \qquad (3\text{-}11)$$

式中，$p = 1, 2, \cdots, \infty$ 分别表示 1-范数、2-范数、$\cdots$、∞-范数。

从式（3-9）～式（3-11）可以看出，$\boldsymbol{R}_1$ 和 $\boldsymbol{R}_0$ 对应元素之间的方向差异越小，则权重越大。因此，加权相对熵范数 $N(\eta, \beta, \tau)$ 越小，表示 $\boldsymbol{R}_1$ 和 $\boldsymbol{R}_0$ 之间的相对差异信息越小。据此可以推出下面的加权相对熵范数的两个性质。

性质 3-1　从定义 3-1～定义 3-3 可得，$N(\eta, \beta, \tau)$ 的值越小，$\boldsymbol{R}_1$ 和 $\boldsymbol{R}_0$ 之间的相对差异信息就越小。

性质 3-2　从定义 3-1～定义 3-3 可得，如果 $\boldsymbol{R}_1$ 接近 $\boldsymbol{R}_0$，那么 $N(\eta, \beta, \tau)$ 的值趋近于 0。

3. 最小加权相对熵范数的定理与证明

定理 3-1　已知 $t_i(i=1, 2, \cdots, n)$ 组成的向量 $\boldsymbol{R}_1$，通过 $N(\eta, \beta, \tau)$ 用连续变量 t 组成的理论函数向量 $\boldsymbol{R}_0 = \boldsymbol{R}_1$，然后可得使 $N(\eta, \beta, \tau)$ 最小的 (η, β, τ) 最优估计值 $(\eta_{\mathrm{opt}}, \beta_{\mathrm{opt}}, \tau_{\mathrm{opt}})$。这就是最小加权相对熵范数定理，可以表示为

$$N_{\mathrm{opt}}(\eta_{\mathrm{opt}}, \beta_{\mathrm{opt}}, \tau_{\mathrm{opt}}) = \min_{(\eta, \beta, \tau)} \|\boldsymbol{\omega}\boldsymbol{L}\|_p \qquad (3\text{-}12)$$

证明　令 $\boldsymbol{R}_0 = \{R(t; \eta, \beta, \tau)\}$，有 $(\eta, \beta, \tau) = (\eta_{\mathrm{opt}}, \beta_{\mathrm{opt}}, \tau_{\mathrm{opt}})$ 和 $\{R(t; \eta, \beta, \tau)\} = \{R(t; \eta_{\mathrm{opt}}, \beta_{\mathrm{opt}}, \tau_{\mathrm{opt}})\}$，对于所有的 (η, β, τ) 使 $N_{\mathrm{opt}}(\eta_{\mathrm{opt}}, \beta_{\mathrm{opt}}, \tau_{\mathrm{opt}}) \leqslant N(\eta, \beta, \tau)$ 成立。因此，满足 $N_{\mathrm{opt}}(\eta_{\mathrm{opt}}, \beta_{\mathrm{opt}}, \tau_{\mathrm{opt}}) = \min_{(\eta, \beta, \tau)} \|\boldsymbol{\omega}\boldsymbol{L}\|_p$ 的 $(\eta_{\mathrm{opt}}, \beta_{\mathrm{opt}}, \tau_{\mathrm{opt}})$ 是 (η, β, τ) 的最优估计。

定理 3-1 说明，通过最小加权相对熵范数法获得的估计值 $(\eta_{\mathrm{opt}}, \beta_{\mathrm{opt}}, \tau_{\mathrm{opt}})$ 可以确保 $\boldsymbol{R}_1$ 与 $\boldsymbol{R}_0$ 之间的相对差异信息最小。这奠定了提取 Weibull 参数的最优信息准则的基础。

4. 最小加权相对熵范数准则

由定义 3-3 与定理 3-1 可以构建最小加权相对熵的 6 个范数准则来提取 Weibull 参数的最优信息。

准则 3-1　最小 1-范数准则

$$N_1(\eta_1, \beta_1, \tau_1) = \min_{(\eta, \beta, \tau)} \|\boldsymbol{L}\|_1 \qquad (3\text{-}13)$$

当 $\boldsymbol{R}_1$ 与 $\boldsymbol{R}_0$ 相对差异信息使 1-范数最小时，可得 (η, β, τ) 的最优估计值为 $(\eta_1, \beta_1, \tau_1)$。

以最小 1-范数为准则，最优估计值为 $(\eta_1, \beta_1, \tau_1)$ 可以确保 $\boldsymbol{R}_0$ 与 $\boldsymbol{R}_1$ 对应元素间差异信息绝对值之和最小。这说明 $\boldsymbol{R}_0$ 与 $\boldsymbol{R}_1$ 在 n 维向量空间数值上的总体趋势是一致的。

准则 3-2   最小 2-范数准则

$$N_2(\eta_2, \beta_2, \tau_2) = \min_{(\eta, \beta, \tau)} \|L\|_2 \qquad (3\text{-}14)$$

当 R_0 与 R_1 相对差异信息使 2-范数最小时，可得 (η, β, τ) 的最优估计值为 $(\eta_2, \beta_2, \tau_2)$。

以最小 2-范数为准则，估计值 $(\eta_2, \beta_2, \tau_2)$ 可以确保 R_0 与 R_1 对应元素间差异信息平方值之和最小。这说明 R_0 与 R_1 在 n 维向量空间距离上的总体趋近程度。

准则 3-3   最小 ∞-范数准则

$$N_3(\eta_3, \beta_3, \tau_3) = \min_{(\eta, \beta, \tau)} \|L\|_\infty \qquad (3\text{-}15)$$

当 R_0 与 R_1 相对差异信息使 ∞-范数最小时，可得 (η, β, τ) 的最优估计值为 $(\eta_3, \beta_3, \tau_3)$。

以最小 ∞-范数为准则，估计值 $(\eta_3, \beta_3, \tau_3)$ 可以确保 R_0 与 R_1 对应元素间最大差异信息最小。这说明 R_0 与 R_1 在 n 维向量空间数值上的最大差异为最小的一致性。

准则 3-4   最小加权 1-范数准则

$$N_4(\eta_4, \beta_4, \tau_4) = \min_{(\eta, \beta, \tau)} \|\omega L\|_1 \qquad (3\text{-}16)$$

当 R_0 与 R_1 相对差异信息使加权 1-范数最小时，可得 (η, β, τ) 的最优估计值为 $(\eta_4, \beta_4, \tau_4)$。

以最小加权 1-范数为准则，估计值 $(\eta_4, \beta_4, \tau_4)$ 可以确保 R_0 与 R_1 对应元素间加权绝对值之和最小。这说明 R_0 与 R_1 在 n 维向量空间以方向为权重的数值上的总体趋势是一致的。

准则 3-5   最小加权 2-范数准则

$$N_5(\eta_5, \beta_5, \tau_5) = \min_{(\eta, \beta, \tau)} \|\omega L\|_2 \qquad (3\text{-}17)$$

当 R_0 与 R_1 相对差异信息使加权 2-范数最小时，可得 (η, β, τ) 的最优估计值为 $(\eta_5, \beta_5, \tau_5)$。

以最小加权 2-范数为准则，估计值 $(\eta_5, \beta_5, \tau_5)$ 可以确保 R_0 与 R_1 对应元素间差异信息加权平方值之和最小。这说明在 n 维向量空间以方向为权重的距离上，R_0 与 R_1 的总体趋近程度。

准则 3-6   最小加权 ∞-范数准则

$$N_6(\eta_6, \beta_6, \tau_6) = \min_{(\eta, \beta, \tau)} \|\omega L\|_\infty \qquad (3\text{-}18)$$

当 R_0 与 R_1 相对差异信息使加权 ∞-范数最小时，可得 (η, β, τ) 的最优估计值为 $(\eta_6, \beta_6, \tau_6)$。

以最小加权 ∞-范数为准则，估计值 $(\eta_6, \beta_6, \tau_6)$ 可以确保 R_0 与 R_1 对应元素间加权最大差异信息最小。这说明在 n 维向量空间以方向为权重的数值上，$\boldsymbol{R}_0$ 与 $\boldsymbol{R}_1$ 的最大差异为最小的一致性。

应用多种准则，是因为不同的结果揭示出所研究产品可靠性的不同特性[22,23,47]。也就是说，准则的个数越多，获得的信息越有用，越有利于随之建立的 Weibull 参数概率密度函数。另外，由于数学方法的个数限制，只有上述 6 种不同的范数[43,46]，所以选出 6 个范数准则。根据范数理论，每个准则获得的结果可以认为是 Weibull 参数的真值(η, β, τ)的一个估计值，即可得到 Weibull 参数的最优信息向量。

5. Weibull 参数的最优信息向量

由上可得以 6 个范数为准则的 Weibull 参数的最优估计值，将参数 η、β 和 τ 用符号 θ 统一表示，可得 Weibull 参数 θ 的最优信息向量如下：

$$\boldsymbol{\theta} = (\theta_1, \theta_2, \cdots, \theta_m, \cdots, \theta_6), \quad m = 1, 2, \cdots, 6 \tag{3-19}$$

式中，$\boldsymbol{\theta}$ 为 θ 的最优信息向量；θ_m 为由第 m 个范数准则解得的估计值；m 表示第 m 个范数准则。

根据贝叶斯统计[1,9]，Weibull 参数 θ 在概率分布中可以作为一个随机变量。正如前面提到的，$\boldsymbol{\theta}$ 中的数据是 θ 的最优值并且反映出 θ 不同侧面的有用信息。因此，可以通过 $\boldsymbol{\theta}$ 评估 Weibull 参数 θ 的概率分布。

6. Weibull 参数概率密度函数估计

首先建立三参数 Weibull 分布的估计真值函数及其置信区间，然后对三参数 Weibull 分布进行可靠性评估。这需要估计 θ 的概率密度函数、估计真值及其置信区间。

根据经典统计学理论，必须用大量的数据估计 θ 的概率密度函数。但是，由于范数理论准则个数的限制，$\boldsymbol{\theta}$ 的参数数据的个数很少。模拟建立参数的概率密度函数需要大量的参数信息，故采用自助法[16,23,25]来解决这个问题。自助法可以借助很少的信息生成大量的信息，以满足模拟一个未知概率分布的需要。自助法的应用步骤如下[44-47]：

（1）令 $B=100000$，并设变量 b 取初值 1，其中 B 是自助抽样的次数，b 是第 b 次抽样。

（2）从 $\boldsymbol{\theta}$ 中抽取 1 个数据，该数据的抽取方式为等概率可放回抽样。

（3）通过等概率可放回地进行抽取，抽取数据 6 次，每次只抽取 1 个数据，则可以获得 6 个抽样数据。

（4）计算出 6 个抽样数据的均值 $\theta(b)$，并将 $\theta(b)$ 作为 θ 的生成参数信息向量 $\boldsymbol{\Theta}$ 的元素之一。

（5）令 b 加 1。

（6）如果 $b>B$，则结束抽样并获得 B 个生成参数数据；否则，继续等概率可放回地抽取数据，直到 $b>B$，结束抽样。

设生成信息向量的维数 $B=100000$，即获得了大量的生成参数数据。

根据自助法，对 θ 中的参数数据等概率抽样，可以获得大量的生成参数数据，如下所示：

$$\boldsymbol{\Theta} = (\theta(1), \theta(2), \cdots, \theta(b), \cdots, \theta(B))$$

$$\theta(b) = \frac{1}{6}\sum_{m=1}^{6}\theta_b(m) \tag{3-20}$$

$$b = 1, 2, \cdots, B$$

式中，$\boldsymbol{\Theta}$ 为生成信息向量；b 为第 b 次从 θ 中等概率可放回自助抽样；B 为自助抽样次数；$\theta_b(m)$ 为第 b 次抽样时获得的第 m 个数据；$\theta(b)$ 为第 b 次抽样时获得的 6 个数据的均值。

由式（3-20）可知，应用统计学直方图原理，可建立 θ 的概率密度函数：

$$\varphi = \varphi(\theta) \tag{3-21}$$

式中，$\varphi(\theta)$ 为参数 θ 的概率密度函数。

7. Weibull 参数的真值估计和置信区间估计

定义 θ 的估计真值为

$$\theta_0 = \int_{\theta_{\min}}^{\theta_{\max}} \theta\varphi(\theta)\mathrm{d}\theta \tag{3-22}$$

式中，θ_0 为 θ 的估计真值；$\theta_{\min}$ 为 θ 积分区间的下界值；$\theta_{\max}$ 为 θ 积分区间的上界值。

设显著性水平 $\alpha\in[0, 1]$，有置信水平 P：

$$P = (1-\alpha)\times100\% \tag{3-23}$$

在置信水平 P 下，通过对 $\varphi(\theta)$ 积分，可以解出 θ 的下界值 θ_L 和上界值 θ_U。积分公式为

$$\frac{\alpha}{2} = \int_{\theta_{\min}}^{\theta_L} \varphi(\theta)\mathrm{d}\theta \tag{3-24}$$

和

$$1 - \frac{\alpha}{2} = \int_{\theta_{\min}}^{\theta_U} \varphi(\theta)\mathrm{d}\theta \tag{3-25}$$

由式（3-22）可以求得 (η, β, τ) 的估计真值 $(\eta_0, \beta_0, \tau_0)$，由式（3-24）和式（3-25）可以求得 $(\eta_0, \beta_0, \tau_0)$ 的置信区间（$[\eta_L, \eta_U]$，$[\beta_L, \beta_U]$，$[\tau_L, \tau_U]$）。

3.2.2　可靠性真值函数及其置信区间函数估计

将估计真值$(\eta_0, \beta_0, \tau_0)$代入三参数 Weibull 分布的可靠性表达式，得到可靠性的估计真值函数：

$$R_0(t) = \exp\left[-\left(\frac{t-\tau_0}{\eta_0}\right)^{\beta_0}\right], \quad t \geqslant \tau_0 \geqslant 0, \eta_0 > 0, \beta_0 > 0 \qquad （3\text{-}26）$$

将$(\eta_0, \beta_0, \tau_0)$的置信区间$([\eta_L, \eta_U], [\beta_L, \beta_U], [\tau_L, \tau_U])$分别依次代入三参数 Weibull 分布的可靠性表达式中，并令

$$r_1(t) = \exp\left[-\left(\frac{t-\tau_L}{\eta_L}\right)^{\beta_L}\right], \quad t \geqslant \tau_L \geqslant 0 \qquad （3\text{-}27）$$

$$r_2(t) = \exp\left[-\left(\frac{t-\tau_U}{\eta_L}\right)^{\beta_L}\right], \quad t \geqslant \tau_U \geqslant 0 \qquad （3\text{-}28）$$

$$r_3(t) = \exp\left[-\left(\frac{t-\tau_L}{\eta_L}\right)^{\beta_U}\right], \quad t \geqslant \tau_L \geqslant 0 \qquad （3\text{-}29）$$

$$r_4(t) = \exp\left[-\left(\frac{t-\tau_U}{\eta_L}\right)^{\beta_U}\right], \quad t \geqslant \tau_U \geqslant 0 \qquad （3\text{-}30）$$

$$r_5(t) = \exp\left[-\left(\frac{t-\tau_L}{\eta_U}\right)^{\beta_L}\right], \quad t \geqslant \tau_L \geqslant 0 \qquad （3\text{-}31）$$

$$r_6(t) = \exp\left[-\left(\frac{t-\tau_U}{\eta_U}\right)^{\beta_L}\right], \quad t \geqslant \tau_U \geqslant 0 \qquad （3\text{-}32）$$

$$r_7(t) = \exp\left[-\left(\frac{t-\tau_L}{\eta_U}\right)^{\beta_U}\right], \quad t \geqslant \tau_L \geqslant 0 \qquad （3\text{-}33）$$

$$r_8(t) = \exp\left[-\left(\frac{t-\tau_U}{\eta_U}\right)^{\beta_U}\right], \quad t \geqslant \tau_U \geqslant 0 \qquad （3\text{-}34）$$

则可靠性置信区间的下界函数$R_L(t)$和上界函数$R_U(t)$为

$$R_L(t) = \min[r_j(t)], \quad R_0(t) \geqslant r_j(t), j=1,2,\cdots,8 \qquad （3\text{-}35）$$

$$R_U(t) = \max[r_j(t)], \quad R_0(t) \leqslant r_j(t), j=1,2,\cdots,8 \qquad （3\text{-}36）$$

基于最小加权相对熵范数法的可靠性估计真值函数及置信区间函数分别如式（3-26）、式（3-35）和式（3-36）所示。

根据最小动态不确定性原理可知，最优置信区间是一个能够满足置信水平条件的最小区间。选择 m 个范数准则，在满足置信水平 P 的条件下，可靠性最优置信区间的决策方案为

$$U(t) = \min[R_U(t) - R_L(t)] \tag{3-37}$$

式中，$U(t)$ 为最小动态不确定度函数。

可靠性置信区间的包含率定义如下：给定置信水平 P，假设寿命实验的 n 个寿命数据中有 s 个被包含在可靠性置信区间 $[R_L(t), R_U(t)]$ 中，则包含率为 s/n。置信水平条件为[19,46]

$$\frac{s}{n} \times 100\% \geqslant P \tag{3-38}$$

可靠性的最优置信区间函数应同时满足最小动态不确定度及置信水平条件。当实验寿命数据的不确定性过大时，即使置信水平趋近极限值 100% 也不能满足置信水平条件。这也说明失效数据误差太大而偏离了三参数 Weibull 分布，那么该失效数据不适合采用三参数 Weibull 分布进行可靠性分析，应采用其他概率分布对其进行描述及分析。

3.3　三参数 Weibull 分布可靠性假设检验

假设检验是确定被观测的偶然事件发生概率的一种方法，通过假设检验来确保可靠性实验结果。前面采用最小加权相对熵范数法，获得了三参数 Weibull 分布的估计真值函数及置信区间函数，后面将通过三参数 Weibull 分布的估计真值函数及其置信区间函数交集的面积来确定假设检验中的否定域。

3.3.1　三参数 Weibull 分布估计真值函数和置信区间函数

令 $(\eta, \beta, \tau) = (\eta_0, \beta_0, \tau_0)$，代入式（3-1），得到三参数 Weibull 分布的估计真值函数 $f_0(t)$ 为

$$f_0(t) = \frac{\beta_0}{\eta_0}\left(\frac{t - \tau_0}{\eta_0}\right)^{\beta_0 - 1} \exp\left[-\left(\frac{t - \tau_0}{\eta_0}\right)^{\beta_0}\right], \quad t \geqslant \tau_0 > 0, \beta_0 > 0, \eta_0 > 0 \tag{3-39}$$

三参数 Weibull 分布的置信区间函数，包括下界函数与上界函数，下界函数 $f_L(t)$ 和上界函数 $f_U(t)$ 分别表示为

$$f_{\mathrm{L}}(t) = \min(f_j(t)), \quad f_j(t) \leqslant f_0(t), j = 1, 2, \cdots, 8 \tag{3-40}$$

和

$$f_{\mathrm{U}}(t) = \max(f_j(t)), \quad f_j(t) \geqslant f_0(t), j = 1, 2, \cdots, 8 \tag{3-41}$$

式中

$$f_1(t) = \frac{\beta_{\mathrm{L}}}{\eta_{\mathrm{L}}} \left(\frac{t - \tau_{\mathrm{L}}}{\eta_{\mathrm{L}}} \right)^{\beta_{\mathrm{L}} - 1} \exp\left[-\left(\frac{t - \tau_{\mathrm{L}}}{\eta_{\mathrm{L}}} \right)^{\beta_{\mathrm{L}}} \right], \quad t \geqslant \tau_{\mathrm{L}} \geqslant 0, \beta_{\mathrm{L}} > 0, \eta_{\mathrm{L}} > 0 \tag{3-42}$$

$$f_2(t) = \frac{\beta_{\mathrm{L}}}{\eta_{\mathrm{L}}} \left(\frac{t - \tau_{\mathrm{U}}}{\eta_{\mathrm{L}}} \right)^{\beta_{\mathrm{L}} - 1} \exp\left[-\left(\frac{t - \tau_{\mathrm{U}}}{\eta_{\mathrm{L}}} \right)^{\beta_{\mathrm{L}}} \right], \quad t \geqslant \tau_{\mathrm{U}} \geqslant \tau_{\mathrm{L}} \geqslant 0 \tag{3-43}$$

$$f_3(t) = \frac{\beta_{\mathrm{U}}}{\eta_{\mathrm{L}}} \left(\frac{t - \tau_{\mathrm{L}}}{\eta_{\mathrm{L}}} \right)^{\beta_{\mathrm{U}} - 1} \exp\left[-\left(\frac{t - \tau_{\mathrm{L}}}{\eta_{\mathrm{L}}} \right)^{\beta_{\mathrm{U}}} \right], \quad t \geqslant \tau_{\mathrm{L}} \geqslant 0, \beta_{\mathrm{U}} \geqslant \beta_{\mathrm{L}} \tag{3-44}$$

$$f_4(t) = \frac{\beta_{\mathrm{U}}}{\eta_{\mathrm{L}}} \left(\frac{t - \tau_{\mathrm{U}}}{\eta_{\mathrm{L}}} \right)^{\beta_{\mathrm{U}} - 1} \exp\left[-\left(\frac{t - \tau_{\mathrm{U}}}{\eta_{\mathrm{L}}} \right)^{\beta_{\mathrm{U}}} \right], \quad t \geqslant \tau_{\mathrm{U}} \geqslant \tau_{\mathrm{L}} \geqslant 0 \tag{3-45}$$

$$f_5(t) = \frac{\beta_{\mathrm{L}}}{\eta_{\mathrm{U}}} \left(\frac{t - \tau_{\mathrm{L}}}{\eta_{\mathrm{U}}} \right)^{\beta_{\mathrm{U}} - 1} \exp\left[-\left(\frac{t - \tau_{\mathrm{U}}}{\eta_{\mathrm{L}}} \right)^{\beta_{\mathrm{U}}} \right], \quad \eta_{\mathrm{U}} \geqslant \eta_{\mathrm{L}} \tag{3-46}$$

$$f_6(t) = \frac{\beta_{\mathrm{L}}}{\eta_{\mathrm{U}}} \left(\frac{t - \tau_{\mathrm{U}}}{\eta_{\mathrm{U}}} \right)^{\beta_{\mathrm{L}} - 1} \exp\left[-\left(\frac{t - \tau_{\mathrm{U}}}{\eta_{\mathrm{U}}} \right)^{\beta_{\mathrm{L}}} \right], \quad t \geqslant \tau_{\mathrm{U}} \geqslant \tau_{\mathrm{L}} \geqslant 0 \tag{3-47}$$

$$f_7(t) = \frac{\beta_{\mathrm{U}}}{\eta_{\mathrm{U}}} \left(\frac{t - \tau_{\mathrm{L}}}{\eta_{\mathrm{U}}} \right)^{\beta_{\mathrm{U}} - 1} \exp\left[-\left(\frac{t - \tau_{\mathrm{L}}}{\eta_{\mathrm{U}}} \right)^{\beta_{\mathrm{U}}} \right], \quad t \geqslant \tau_{\mathrm{L}} \geqslant 0 \tag{3-48}$$

$$f_8(t) = \frac{\beta_{\mathrm{U}}}{\eta_{\mathrm{U}}} \left(\frac{t - \tau_{\mathrm{U}}}{\eta_{\mathrm{U}}} \right)^{\beta_{\mathrm{U}} - 1} \exp\left[-\left(\frac{t - \tau_{\mathrm{U}}}{\eta_{\mathrm{U}}} \right)^{\beta_{\mathrm{U}}} \right], \quad t \geqslant \tau_{\mathrm{U}} \geqslant \tau_{\mathrm{L}} \geqslant 0 \tag{3-49}$$

如果将 $f_0(t)$、$f_{\mathrm{L}}(t)$ 和 $f_{\mathrm{U}}(t)$ 看成关于连续变量 t 的 3 个集合，那么很容易进行三参数 Weibull 分布可靠性的假设检验。

3.3.2 假设检验否定域

定义 3-4 $f_0(t)$ 与 $f_{\mathrm{L}}(t)$ 的交集 $A_{\mathrm{L}}(t)$ 为

$$A_{\mathrm{L}}(t) = f_0(t) \bigcap f_{\mathrm{L}}(t), \quad t \in \Omega \tag{3-50}$$

式中，Ω 为 t 的可行域。

根据定义 3-4，两条曲线 $f_0(t)$ 和 $f_L(t)$ 交点的横坐标值 t_{0L} 满足

$$f_0(t_{0L}) = f_L(t_{0L}) \tag{3-51}$$

A_L 的面积 a_L 为

$$a_L = \text{area}(A_L(t)), \quad a_L \in [0,1] \tag{3-52}$$

面积 a_L 是一个概率值，在此概率值下，$f_L(t)$ 趋近于 $f_0(t)$。

定义 3-5　$f_0(t)$ 与 $f_U(t)$ 的交集 $A_U(t)$ 为

$$A_U(t) = f_0(t) \bigcap f_U(t), \quad t \in \varXi \tag{3-53}$$

式中，$\varXi$ 为 t 的可行域。

根据定义 3-5，两条曲线 $f_0(t)$ 和 $f_U(t)$ 交点的横坐标值 t_{0U} 满足

$$f_0(t_{0U}) = f_U(t_{0U}) \tag{3-54}$$

A_U 的面积 a_U 为

$$a_U = \text{area}(A_U(t)), \quad a_U \in [0,1] \tag{3-55}$$

面积 a_U 是一个概率值，在此概率值下，$f_U(t)$ 趋近于 $f_0(t)$。

性质 3-3　从可靠性理论的观点看，因为 $\boldsymbol{R}_0$ 的值及趋势具有 $f_0(t)$ 的特征，并且 $\boldsymbol{R}_1$ 的不确定性及趋势具有 $f_L(t)$ 和 $f_U(t)$ 的特征，所以定义 3-4 和定义 3-5 表明，面积 a_L 和面积 a_U 的均值 $0.5(a_L + a_U)$ 为一个概率值，表明 $\boldsymbol{R}_1$ 是以该概率趋近 $\boldsymbol{R}_0$ 的。当 a_L 和 a_U 的均值为 1 时，$\boldsymbol{R}_1$ 趋近 $\boldsymbol{R}_0$ 的概率为 100%，表示 $\boldsymbol{R}_1$ 与 $\boldsymbol{R}_0$ 是完全一样的。当 a_L 和 a_U 的均值为 0 时，$\boldsymbol{R}_1$ 趋近 $\boldsymbol{R}_0$ 的概率为 0，表示 $\boldsymbol{R}_1$ 与 $\boldsymbol{R}_0$ 是完全不同的。

定义 3-6　原假设和备择假设为

$$H_0 : \boldsymbol{R}_1 = \boldsymbol{R}_0 \tag{3-56}$$

$$H_1 : \boldsymbol{R}_1 \neq \boldsymbol{R}_0 \tag{3-57}$$

式中，H_0 为原假设，H_1 为备择假设。

原假设 H_0 表明，$\boldsymbol{R}_1$ 与 $\boldsymbol{R}_0$ 之间的相对差异信息很小，$\boldsymbol{R}_1$ 没有显著偏离 $\boldsymbol{R}_0$。

定理 3-2　已知显著性水平 α，原假设 H_0 的否定域为

$$0.5(a_L + a_U) \leqslant 1 - 0.5\alpha \tag{3-58}$$

否定域与置信水平 P 密切相关。

证明　根据定义 3-6，该检验为双侧检验。根据定义 3-4 与定义 3-5 以及性质 3-3，事件 $\boldsymbol{R}_1 = \boldsymbol{R}_0$ 出现的概率为 $0.5(a_L + a_U)$。对于小概率事件，根据小概率事件准则，事件 $\boldsymbol{R}_1 = \boldsymbol{R}_0$ 不出现的概率为 $1 - 0.5(a_L + a_U)$。小概率事件出现的条件可以

为 $1-0.5(a_L+a_U) \geqslant k$，其中 k 是一个非常小的实数，所以 $0.5(a_L+a_U) \leqslant 1-k$。考虑到 α 作为概率的阈值，以该阈值为概率，小概率事件可能会发生（即在双侧检验中，$k=0.5\alpha$），于是不等式 $0.5(a_L+a_U) \leqslant 1-0.5\alpha$ 得证。

按照定义 3-6 和定理 3-2，若 a_L 和 a_U 的均值满足否定域，则 H_0 被拒绝，说明在置信水平 P 下 $\boldsymbol{R}_1$ 与 $\boldsymbol{R}_0$ 的相对差异信息是显著的。反之，H_0 不能被拒绝，说明在置信水平 P 下 $\boldsymbol{R}_1$ 与 $\boldsymbol{R}_0$ 的相对差异信息是不显著的。

3.3.3　假设检验方法与步骤

假设检验方法与步骤总结如下：

（1）进行寿命实验，并获得寿命数据向量；

（2）基于寿命数据向量，通过 6 个准则找出 Weibull 参数最优信息向量；

（3）基于最优信息向量，通过自助法获得 Weibull 参数的生成信息向量；

（4）基于生成信息向量，通过直方图方法建立 Weibull 参数的概率密度函数；

（5）估计 Weibull 参数的估计真值以及置信区间；

（6）构建三参数 Weibull 分布的估计真值函数与置信区间函数；

（7）基于由面积交集而得到的否定域，进行三参数 Weibull 分布可靠性的假设检验。

3.4　案　例　分　析

3.4.1　仿真案例

令 Weibull 参数 $(\eta, \beta, \tau)=(30, 2.5, 10)$（此为理论值），以 24h 为单位，通过计算机编程，模拟出一个三参数 Weibull 分布的寿命数据，用向量表示为（$n=9$）

$$\boldsymbol{T} = (22.1953, 26.4647, 29.8623, 32.9314, 35.9090, 38.9691, 42.3123,$$
$$46.2903, 51.8801)$$

采用最小加权相对熵范数法处理本案例的失效数据。采用范数准则 3-1～3-6，取自助抽样次数 $B=100000$，置信水平 $P=90\%$，经可靠性评估得 Weibull 参数估计真值及最优置信区间结果如表 3-1 所示。本案例为模拟案例，将 Weibull 参数估计真值与参数真值之间的相对误差进行比较分析，由表 3-1 可得，它们之间的相对误差较小，只有 0.0024%。图 3-1 为模拟案例中可靠性理论值向量与经验值向量，图 3-2 为可靠性估计结果。

由图 3-1 可以看出，可靠性理论值向量 $\boldsymbol{R}_0$ 与可靠性期望经验值向量 $\boldsymbol{R}_1$ 的分布在整体上趋向一致。图 3-2 主要显示了可靠性估计真值函数 $R_0(t)$ 及其最优置信区间函数 $[R_L(t), R_U(t)]$，为方便对比分析，还显示了可靠性期望经验值向量 $\boldsymbol{R}_1$。

表 3-1　　在模拟事例中 Weibull 参数的真值估计及其置信区间

参数	估计真值	真值	相对误差/%	最优置信区间
尺度参数 η/24h	29.99975	30	0.0008	[29.99966, 29.99982]
形状参数 β	2.49997	2.5	0.0012	[2.49996, 2.49999]
位置参数 τ/24h	10.00024	10	0.0024	[10.00014, 10.00029]

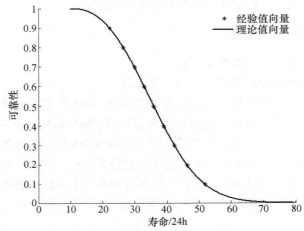

图 3-1　模拟案例中可靠性理论值向量和经验值向量

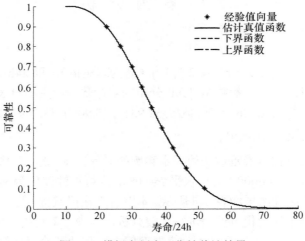

图 3-2　模拟案例中可靠性估计结果

由图 3-2 可以看出，在置信水平 $P=90\%$ 的条件下，可靠性最优置信区间函数 $[R_{\text{L}}(t), R_{\text{U}}(t)]$ 将 9 个可靠性期望经验值全部包含在内，包含率达到 100%，大于置信水平 $P=90\%$。

本案例中，事实上，在理论值向量 $\boldsymbol{R}_0$ 与经验值向量 $\boldsymbol{R}_1$ 之间不存在差异信息。此案例也证明，经过假设检验可知，可靠性估计结果是正确的。

检验 3-1　H_0：$\boldsymbol{R}_1 = \boldsymbol{R}_0$，否则 H_1：$\boldsymbol{R}_1 \neq \boldsymbol{R}_0$。

令 $\alpha = 0.1$，$P = 90\%$，通过计算，结果如图 3-3 所示。

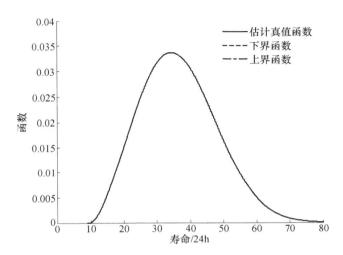

图 3-3　模拟案例中估计真值函数、下界函数和上界函数

图 3-3 为估计真值函数 $f_0(t)$、下界函数 $f_L(t)$ 和上界函数 $f_U(t)$ 的估计结果。$f_0(t)$ 和 $f_L(t)$ 交点的横坐标值为 $t_{0L} = 31.5199$，$f_0(t)$ 和 $f_L(t)$ 交集 A_L 的面积为 $a_L = 1$。$f_0(t)$ 和 $f_U(t)$ 交点的横坐标值为 $t_{0U} = 34.3231$，$f_0(t)$ 和 $f_U(t)$ 交集 A_U 的面积为 $a_U = 1$。

很容易看出，$0.5(a_L + a_U) = 1 > 1 - 0.5\alpha = 0.95$，即 a_L 和 a_U 的均值不满足否定域，从而可以接受原假设 H_0。因此，在 90% 的置信水平下，$\boldsymbol{R}_1$ 和 $\boldsymbol{R}_0$ 的相对差异信息是不显著的。正如本例一开始所述，这是真的。

在此例中，如果取 $\alpha = 0.05$，则相关结果如下：

$$P = 95\%,\quad a_L = 1,\quad a_U = 1,\quad 0.5(a_L + a_U) = 1 > 1 - 0.5\alpha = 0.975$$

可知，a_L 和 a_U 的均值不满足否定域，从而可以接受原假设 H_0。因此，在 95% 的置信水平下，$\boldsymbol{R}_1$ 和 $\boldsymbol{R}_0$ 的相对差异信息是不显著的。尽管显著性增强，但和上面的结论（$\alpha = 0.1$）是一样的。正如本例一开始所述，这是真的。

3.4.2　直升机部件案例

Luxhoy 等[48]在失效分析中，获得直升机部件寿命数据，用向量表示为（$n = 13$，单位：h）

$\boldsymbol{T}$ = (156.5, 213.4, 265.7, 265.7, 337.7, 337.7, 406.3, 573.5, 573.5, 644.6,
744.8, 774.8, 1023.6)

同样采用最小加权相对熵范数法处理本案例的失效数据。采用范数准则 3-1～3-6，取自助抽样次数 B=100000，置信水平 P=99%，Weibull 参数估计真值 (η_0, β_0, τ_0) 及其置信区间 ([η_L, η_U], [β_L, β_U], [τ_L, τ_U]) 的结果如表 3-2 所示。图 3-4 为 $\boldsymbol{R}_0$ 和 $\boldsymbol{R}_1$ 的结果，图 3-5 为可靠性估计结果。

表 3-2　直升机部件案例中参数估计真值及其置信区间

参数	估计真值	置信区间
尺度参数 η/h	460.401	[415.191, 524.48]
形状参数 β	1.34	[1.201, 1.46]
位置参数 τ/h	90.172	[35.730, 124.491]

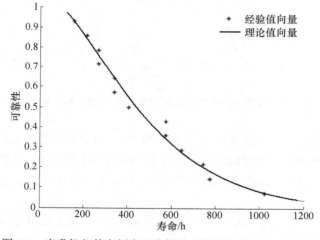

图 3-4　直升机部件案例中可靠性的理论值向量和经验值向量

显然，在图 3-4 中，尽管 $\boldsymbol{R}_1$ 与 $\boldsymbol{R}_0$ 趋势一致，但 $\boldsymbol{R}_1$ 的不确定性和波动性相对于 $\boldsymbol{R}_0$ 是偏大的。图 3-5 中主要显示了可靠性估计真值函数 $R_0(t)$ 及其最优置信区间函数 [$R_L(t), R_U(t)$]，为方便对比分析，还显示了可靠性期望经验值向量 $\boldsymbol{R}_1$。由图 3-5 可以看出，可靠性估计真值函数 $R_0(t)$ 与可靠性期望经验值向量 $\boldsymbol{R}_1$ 在整体上趋势一致。在置信水平 P=99% 的条件下，可靠性最优置信区间函数 [$R_L(t), R_U(t)$] 将 13 个可靠性期望经验值向量中的 12 个包含在内，包含率为 92.31%，小于置信水平 P=99%。由表 3-2、图 3-4 及图 3-5 可以看出，在给定的置信水平 P=99% 下，Luxhoy 获取的失效数据不确定性较大，关于三参数 Weibull 分布的寿命实验效果不好。

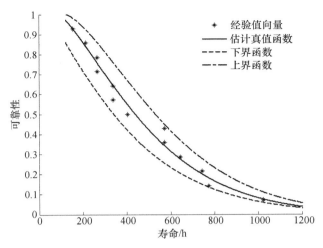

图 3-5　直升机部件案例中可靠性估计结果

下面检验寿命数据是否偏离三参数 Weibull 分布。

检验 3-2　H_0：$\mathbf{R}_1 = \mathbf{R}_0$，否则 H_1：$\mathbf{R}_1 \neq \mathbf{R}_0$。

令 $\alpha = 0.1$，$P = 90\%$，通过计算，结果如图 3-6 所示。

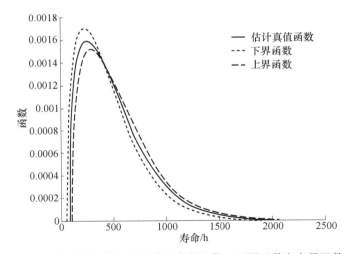

图 3-6　直升机部件案例中估计真值函数、下界函数和上界函数

图 3-6 为估计真值函数 $f_0(t)$、下界函数 $f_L(t)$ 和上界函数 $f_U(t)$ 的结果。$f_0(t)$ 和 $f_L(t)$ 交点的横坐标值为 $t_{0L} = 449.162$，$f_0(t)$ 和 $f_L(t)$ 交集 A_L 面积为 $a_L = 0.9336$。$f_0(t)$ 和 $f_U(t)$ 交点的横坐标值为 $t_{0U} = 372.4257$，$f_0(t)$ 和 $f_U(t)$ 交集 A_U 面积为 $a_U = 0.9475$。

很容易看出，$0.5(a_L + a_U)$=0.94＜1−0.5α=0.95，即 a_L 和 a_U 的均值满足否定域，从而可以拒绝原假设 H_0。因此，在 90%的置信水平下，R_1 和 R_0 的相对差异信息是显著的。假设检验表明实验寿命数据效果不好，对于三参数 Weibull 分布，实验寿命数据过于离散。因此，本案例的寿命数据不符合三参数 Weibull 分布，应采用其他概率分布进行分析。

3.4.3　陶瓷材料案例

在寿命实验中，Duffy 等[49]获得氧化铝陶瓷寿命数据，用向量表示为（n=35，单位：h）

T = (307, 308, 322, 328, 328, 329, 331, 332, 335, 337, 343, 345, 347, 350, 352, 353, 355, 356, 357, 364, 371, 373, 374, 375, 376, 376, 381, 385, 388, 395, 402, 411, 413, 415, 456)

假设氧化铝陶瓷失效寿命符合三参数 Weibull 分布。

采用范数准则 3-1～3-6，取自助抽样次数 B=100000，置信水平 P=90%，用最小加权相对熵范数法处理失效数据，参数估计真值及其置信区间结果见表 3-3。图 3-7 为 R_0 和 R_1 的结果，图 3-8 为可靠性估计结果。

表 3-3　陶瓷材料案例参数估计真值及其置信区间

参数	估计真值	置信区间
尺度参数 η/h	72.99939	[70.68165, 75.21126]
形状参数 β	1.99892	[1.9205, 2.08189]
位置参数 τ/h	298.00025	[290.89622, 302.4383]

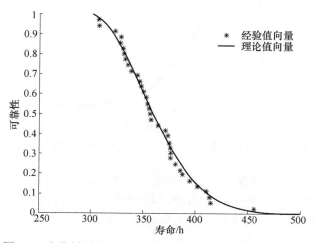

图 3-7　陶瓷材料案例中可靠性的理论值向量和经验值向量

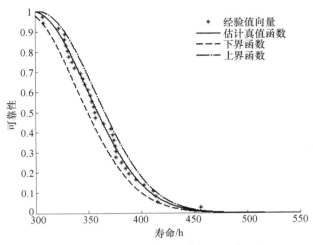

图 3-8　陶瓷材料案例可靠性估计结果

显然，在图 3-7 中，R_1 与 R_0 趋势一致，并且 R_1 的不确定性和波动性相对于 R_0 也是非常小的。图 3-8 中主要显示了可靠性估计真值函数 $R_0(t)$ 及其最优置信区间函数 $[R_L(t), R_U(t)]$，为方便对比分析，还显示了可靠性期望经验值向量 R_1。由图 3-8 可以看出，可靠性估计真值函数 $R_0(t)$ 与可靠性期望经验值向量 R_1 在整体上趋势一致。在置信水平 $P=90\%$ 的条件下，可靠性最优置信区间函数 $[R_L(t), R_U(t)]$ 将 35 个可靠性期望经验值中的 34 个包含在内，包含率为 97.14%，大于置信水平 $P=90\%$。由表 3-3、图 3-7 和图 3-8 可以看出，在给定的置信水平 $P=90\%$ 下，陶瓷材料失效数据不确定性较小，关于三参数 Weibull 分布的寿命实验质量与效果较好。

下面检测寿命实验结果的真实性与可信性。

检验 3-3　H_0：$R_1=R_0$，否则 H_1：$R_1 \neq R_0$。

令 $\alpha=0.1$，$P=90\%$。通过计算获得的结果如图 3-9 所示。

图 3-9 为估计真值函数 $f_0(t)$、下界函数 $f_L(t)$ 及上界函数 $f_U(t)$ 的结果。$f_0(t)$ 和 $f_L(t)$ 交点的横坐标值为 $t_{0L}=376.520$，$f_0(t)$ 和 $f_L(t)$ 交集 A_L 面积为 $a_L=0.9534$。$f_0(t)$ 和 $f_U(t)$ 交点的横坐标值为 $t_{0U}=350.138$，$f_0(t)$ 和 $f_U(t)$ 交集 A_U 面积为 $a_U=0.9601$。

很容易看出，$0.5(a_L+a_U)=0.957>1-0.5\alpha=0.95$，即 a_L 和 a_U 的均值不满足否定域，从而可以接受原假设 H_0。因此，在 90% 的置信水平下，R_1 和 R_0 的相对差异信息是不显著的，经检验的寿命数据是可信的。

在此例中，如果取 $\alpha=0.05$，则相关结果如下：

$P=95\%$，　$a_L=0.9336$，　$a_U=0.9475$，　$0.5(a_L+a_U)=0.941<1-0.5\alpha=0.975$

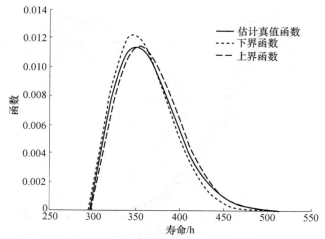

图 3-9　陶瓷材料案例中估计真值函数、下界函数和上界函数

可知，a_L 和 a_U 的均值满足否定域，从而可以拒绝原假设 H_0。因此，在 95% 的置信水平下，R_1 和 R_0 的相对差异信息是显著的，并且经检测的寿命实验结果是不可信的。这和上面的结论（α=0.1）不同，因为显著性要求提高了。正如图 3-7 所示，这是正确的。尽管 R_1 的不确定度和波动性相对于 R_0 是非常小的，但由于很高的显著性仍然被辨别出来。

　　通过最小加权相对熵范数法构建了三参数 Weibull 分布可靠性估计真值函数和置信区间函数，又通过三参数 Weibull 分布估计真值函数及其置信区间函数的交集面积划分了假设检验中的否定域。

　　模拟案例、直升机部件案例以及陶瓷材料案例研究表明，本章提出的最小加权相对熵范数法适用于三参数 Weibull 分布的可靠性评估，评估结果反映了寿命实验的实际情况。

3.5　参数估计方法的对比分析

　　在理论及实际运用中，通过有限的案例来表明新的参数评估方法的有效性和准确性都会有一定的局限性。而最小加权相对熵范数法通过与其他参数评估方法进行对比分析，能够为最小加权相对熵范数法的适用性提供一定的判断依据。下面对矩法、概率加权矩法、极大似然法、贝叶斯法与最小加权相对熵范数法在参数评估方面进行比较分析，讨论各种方法的适用范围及每个方法的优点及局限性。

3.5.1　矩法

　　在估计三参数 Weibull 分布模型参数的解析方法中，矩法是比较常用且最早使用的方法。在应用矩法时，已知模型的概率密度函数及完整的失效数据样本，可计算出样本的总体矩与样本矩。令总体矩等于样本矩，即可建立关于模型参数的方程或方程组。通过解方程或者方程组即可求得模型参数的估计。

设模型的概率密度函数为 $f(t)$，则第 j 阶总体矩定义为

$$\mu_j(\boldsymbol{\theta}) = \int_0^\infty t^j f(t) \, \mathrm{d}t \tag{3-59}$$

式中，t 为随机变量；$j=1, 2, \cdots$；$\boldsymbol{\theta}$ 为未知模型参数。

显然，第 1 阶总体矩是数学期望，第 2 阶总体矩与方差呈线性关系。

设有一组完整的失效数据样本 $t_1, t_2, \cdots, t_n$，则第 j 阶样本矩 m_j 为

$$m_j = \frac{1}{n} \sum_{i=1}^n t_i^j, \quad j=1,2,\cdots \tag{3-60}$$

式中，m_j 为第 j 阶样本矩。

假设模型的未知参数有 k 个，由矩法可得参数估计方程组如下：

$$m_j = \mu_j(\boldsymbol{\theta}), \quad j=1,2,\cdots,k \tag{3-61}$$

通过该方程组即可求得 k 个模型参数的估计值。

已知三参数 Weibull 概率密度函数，在三参数 Weibull 分布可靠性评估中，由式（3-59）可得三参数 Weibull 分布的第 1 阶、第 2 阶及第 3 阶总体矩，分别为

$$u_1 = \int_0^\infty t f(t; \eta, \beta, \tau) \mathrm{d}t = \eta \Gamma\left(1 + \frac{1}{\beta}\right) + \tau \tag{3-62}$$

$$u_2 = \int_0^\infty t^2 f(t; \eta, \beta, \tau) \mathrm{d}t = \eta^2 \Gamma\left(1 + \frac{2}{\beta}\right) + 2\eta\tau\Gamma\left(1 + \frac{1}{\beta}\right) + \tau^2 \tag{3-63}$$

$$u_3 = \int_0^\infty t^3 f(t; \eta, \beta, \tau) \mathrm{d}t = \eta^3 \Gamma\left(1 + \frac{3}{\beta}\right) + 3\eta^2\tau\Gamma\left(1 + \frac{2}{\beta}\right) + 3\eta\tau^2\Gamma\left(1 + \frac{1}{\beta}\right) + \tau^3 \tag{3-64}$$

式中，$\Gamma(\cdot)$ 为伽马函数，其定义为

$$\Gamma(v) = \int_0^\infty z^{(v-1)} \mathrm{e}^{-z} \mathrm{d}z \tag{3-65}$$

对于完整的失效数据，式（3-60）可得第 1 阶、第 2 阶及第 3 阶样本矩为

$$m_1 = \frac{1}{n} \sum_{i=1}^n t_i \tag{3-66}$$

$$m_2 = \frac{1}{n} \sum_{i=1}^n t_i^2 \tag{3-67}$$

$$m_3 = \frac{1}{n} \sum_{i=1}^n t_i^3 \tag{3-68}$$

令 $\mu_1 = m_1$、 $\mu_2 = m_2$、 $\mu_3 = m_3$，通过联立求解，即可得到三参数 Weibull 分布的 3 个参数估计值($\hat{\eta}$, $\hat{\beta}$, $\hat{\tau}$)。

3.5.2　概率加权矩法

Weibull 分布的 k 阶概率加权矩为[50]

$$M_{1,0,k} = \frac{\gamma}{1+k} + \frac{\eta \Gamma\left(1+\dfrac{1}{\beta}\right)}{(1+k)^{\left(1+\frac{1}{\beta}\right)}} \tag{3-69}$$

式中，$\Gamma(\cdot)$ 为伽马函数。为便于计算取 $k = 0,1,3$，得 $M_{1,0,0}$、$M_{1,0,1}$、$M_{1,0,3}$，解出 Weibull 分布三参数：

$$\beta = \frac{\ln 2}{\ln \dfrac{M_{1,0,0} - 2M_{1,0,1}}{2(M_{1,0,1} - 2M_{1,0,3})}} \tag{3-70}$$

$$\tau = \frac{4(M_{1,0,3} M_{1,0,0} - M_{1,0,1}^2)}{4M_{1,0,3} + M_{1,0,0} - 4M_{1,0,1}} \tag{3-71}$$

$$\eta = \frac{M_{1,0,0} - \tau}{\Gamma(1/\beta)} \tag{3-72}$$

观测样本的概率加权矩为

$$M_{1,0,0}^s = \frac{1}{n} \sum_{i=1}^{n} x_i \tag{3-73}$$

$$M_{1,0,1}^s = \frac{1}{n} \sum_{i=1}^{n} x_i \left(1 - \frac{i-0.35}{n}\right) \tag{3-74}$$

$$M_{1,0,3}^s = \frac{1}{n} \sum_{i=1}^{n} x_i \left(1 - \frac{i-0.35}{n}\right)^3 \tag{3-75}$$

3.5.3　极大似然法

有一组不完整的数据，右截尾数据和失效数据总共有 n 个。假设失效的数据为 n_f 个，集合为 $\boldsymbol{F}$；右截尾的数据为 n_c 个，集合为 $\boldsymbol{C}$。参数向量为 $\boldsymbol{\theta} = (\theta_1, \theta_2, \cdots, \theta_i, \cdots, \theta_k)$。似然函数 $L(\boldsymbol{\theta})$ 为

$$L(\boldsymbol{\theta}) = \prod_{i \in \boldsymbol{F}} f(t_i; \boldsymbol{\theta}) \prod_{i \in \boldsymbol{C}} R(t_i; \boldsymbol{\theta}) \tag{3-76}$$

对似然函数或者对数似然函数分别求各参数的偏微分并令其等于零，可得似然方程组或对数似然方程组：

$$\frac{\partial}{\partial \theta_i} L(\boldsymbol{\theta}) = 0, \quad i = 1, 2, \cdots, k \tag{3-77}$$

或

$$\frac{\partial}{\partial \theta_i} \ln(L(\boldsymbol{\theta})) = 0, \quad i = 1, 2, \cdots, k \tag{3-78}$$

经微分后，似然方程或者对数似然方程变得很复杂，一般通过计算机编程来优化求解参数 $\boldsymbol{\theta}$ 的估计值 $\hat{\boldsymbol{\theta}}$。

三参数 Weibull 分布的似然函数可以写为

$$L(\boldsymbol{T}; \eta, \beta, \tau) = \left(\frac{\beta}{\eta}\right)^n \left[\prod_{i=1}^{n} \left(\frac{t_i - \tau}{\eta}\right)\right]^{(\beta-1)} \exp\left[-\sum_{i=1}^{n} \left(\frac{t_i - \tau}{\eta}\right)^{\beta}\right] \tag{3-79}$$

对数似然函数为

$$\ln(L(\boldsymbol{T}; \eta, \beta, \tau)) = n(\ln\beta - \ln\eta) + (\beta-1)\sum_{i=1}^{n} \ln\left(\frac{t_i - \tau}{\eta}\right) - \sum_{i=1}^{n} \left(\frac{t_i - \tau}{\eta}\right)^{\beta} \tag{3-80}$$

分别求出对数似然函数中 3 个参数的偏微分并令其等于零，可得如下对数似然方程组：

$$\begin{cases} \dfrac{\partial \ln(L(\boldsymbol{T}; \eta, \beta, \tau))}{\partial \eta} = -\dfrac{n\beta}{\eta} + \sum_{i=1}^{n} \left[\dfrac{\beta}{\eta} \left(\dfrac{t_i - \tau}{\eta}\right)^{\beta}\right] = 0 \\[3mm] \dfrac{\partial \ln(L(\boldsymbol{T}; \eta, \beta, \tau))}{\partial \beta} = \dfrac{n}{\beta} + \sum_{i=1}^{n} \ln\left(\dfrac{t_i - \tau}{\eta}\right) - \sum_{i=1}^{n} \left[\left(\dfrac{t_i - \tau}{\eta}\right)^{\beta} \ln\left(\dfrac{t_i - \tau}{\eta}\right)\right] = 0 \\[3mm] \dfrac{\partial \ln(L(\boldsymbol{T}; \eta, \beta, \tau))}{\partial \tau} = (\beta-1)\sum_{i=1}^{n} \left(-\dfrac{1}{t_i - \tau}\right) + \sum_{i=1}^{n} \left[\dfrac{\beta}{\eta} \left(\dfrac{t_i - \tau}{\eta}\right)^{(\beta-1)}\right] = 0 \end{cases} \tag{3-81}$$

用迭代法求解方程组(3-81)即可求得三参数 Weibull 分布的 3 个参数估计值。

3.5.4　贝叶斯法

这里将极大似然法求得的参数值作为贝叶斯估计的先验信息。假设参数值服从某一分布，并将这一分布作为先验分布，又已知三参数 Weibull 分布，最终可得参数的后验分布函数。

贝叶斯法在理论基础上与其他参数估计方法是不同的。在贝叶斯法中，主要是先验分布与后验分布问题。已知先验分布，按照贝叶斯法将先验分布与样本结合，形成后验分布。将最大后验估计作为参数 $\boldsymbol{\theta}$ 的真值估计。通过后验分布可以求得参数的点估计及区间估计。

设 $\pi(\boldsymbol{\theta})$ 是先验分布；$\pi(\boldsymbol{\theta}|\boldsymbol{T})$ 是后验分布；$\boldsymbol{\theta}=(\theta_1,\theta_2,\cdots,\theta_k)$ 是模型参数组成的向量；t 是随机变量，t 的取值即一组样本数据，可以组成一个向量 $\boldsymbol{T}=(t_1,t_2,\cdots,t_n)$；$f(\boldsymbol{T}|\boldsymbol{\theta})$ 是样本的概率密度函数。按贝叶斯法，可得贝叶斯后验概率密度函数为

$$\pi(\boldsymbol{\theta}\mid\boldsymbol{T})=\frac{f(\boldsymbol{T}|\boldsymbol{\theta})\pi(\boldsymbol{\theta})}{m(\boldsymbol{T})} \tag{3-82}$$

式中

$$m(\boldsymbol{T})=\int_{-\infty}^{+\infty}f(\boldsymbol{T}|\boldsymbol{\theta})\pi(\boldsymbol{\theta})\mathrm{d}\boldsymbol{\theta} \tag{3-83}$$

下面将贝叶斯法用于三参数 Weibull 可靠性模型评估中，与极大似然法参数估计结果进行对比分析，最后经优化确定 β 及 τ 值。在评估中，仅考虑尺度参数 η 是随机变量，并假定 η 的先验分布为[1]

$$\pi(\eta)=C'\eta^a\mathrm{e}^{-c\eta},\quad \eta=\frac{a}{c} \tag{3-84}$$

式中，a、c、C' 为常数。

对于完整数据可得

$$f(\boldsymbol{T}|\eta)=\left(\frac{\beta}{\eta}\right)^n\left[\prod_{i=1}^n\left(\frac{t_i-\tau}{\eta}\right)\right]^{\beta-1}\exp\left[-\sum_{i=1}^n\left(\frac{t_i-\tau}{\eta}\right)^\beta\right] \tag{3-85}$$

依据贝叶斯公式可知：

$$\pi(\eta|\boldsymbol{T})=\frac{f(\boldsymbol{T}|\eta)\pi(\eta)}{m(\boldsymbol{T})} \tag{3-86}$$

式中

$$m(\boldsymbol{T})=\int_{-\infty}^{+\infty}f(\boldsymbol{T}|\eta)\pi(\eta)\mathrm{d}\eta \tag{3-87}$$

令

$$C=C'\frac{1}{m(\boldsymbol{T})}\beta^n\left[\prod_{i=1}^n(t_i-\tau)\right]^{\beta-1} \tag{3-88}$$

可得待估计参数 η 的后验分布函数为

$$\pi(\eta|\boldsymbol{T}) = C\eta^{(a-n\beta)} \exp\left[-c\eta - \sum_{i=1}^{n}\left(\frac{t_i - \tau}{\eta}\right)^{\beta}\right] \qquad (3\text{-}89)$$

式中，C 为一个与 η 无关的常数，根据最大后验估计可得 η 的估计真值。

下面的模拟案例、直升机部件案例、陶瓷材料案例，将具体说明贝叶斯法在三参数 Weibull 分布参数评估中的应用。

1. 模拟案例

令 Weibull 参数 (η, β, τ)=(30, 2.5, 10)（此为理论值），以 24h 为单位，通过计算机编程，模拟出三参数 Weibull 分布和寿命数据，用向量表示为（n=9）

$\boldsymbol{T}$ =(22.1953, 26.4647, 29.8623, 32.9314, 35.9090, 38.9691, 42.3123, 46.2903, 51.8801)

用极大似然法估计 Weibull 三参数真值，结果如表 3-4 所示。在贝叶斯估计中，与极大似然法进行对比分析，经优化确定 β 值为 2.8884，τ 值为 10。仅认为尺度参数 η 是随机变量，假定 η 的先验分布为

$$\pi(\eta) = C'\eta^3 \mathrm{e}^{-0.09977\eta}$$

式中，C' 为常数。先验分布中参数值 η 取最大值时 η=30.0703。

在本案例中，已知 $n = 9$，$a = 3$，$c = 0.09977$，β =2.8884，τ =10，代入式（3-89）得

$$\pi(\eta|\boldsymbol{T}) = C\eta^{-22.9956}\exp\left[-0.09977\eta - \sum_{i=1}^{9}\left(\frac{t_i - 10}{\eta}\right)^{2.8884}\right]$$

式中，C 为一个与 η 无关的常数。

参数 η 的最大后验估计为 29。最终分别由极大似然法及贝叶斯法求得三参数 Weibull 分布的 3 个参数估计真值如表 3-4 所示。

表 3-4　模拟案例参数估计真值

估计方法	尺度参数 η/24h	形状参数 β	位置参数 τ/24h	K-S 检验值
极大似然法	30.0703	2.8884	10.0400	0.0791
贝叶斯法	29	2.8884	10	0.0555

将表 3-4 中的估计真值代入三参数 Weibull 分布，就可以得到可靠性真值函数。由极大似然法与贝叶斯法得到的可靠性理论值向量如图 3-10 所示。

由表 3-4 可知，由极大似然法和贝叶斯法得到的三参数 Weibull 分布拟合模型的 K-S 检验值分别为 0.0791 和 0.0555。给定置信水平 α= 0.01，由文献[45]得临

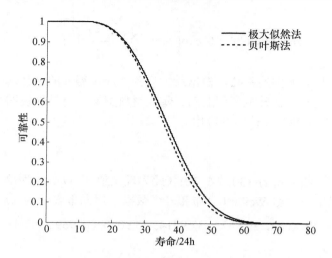

图 3-10　　模拟案例中可靠性理论值向量

界值 D_{c}=0.51332，可知两种方法的检验值均小于临界值 D_{c}。因此，两种方法拟合的三参数 Weibull 分布模型为恰当的模型。

2. 直升机部件案例

根据获得的直升机部件寿命数据向量为（n=13，单位：h）

$$\boldsymbol{T} = (156.5, 213.4, 265.7, 265.7, 337.7, 337.7, 406.3, 573.5, 573.5,$$
$$644.6, 744.8, 774.8, 1023.6)$$

Luxhoy 等[48]认为失效数据符合二参数 Weibull 分布，并用曲线拟合法处理数据，获得了参数估计值(η, β)=(517.3715, 1.7988)。

由极大似然法估计 Weibull 三参数真值，结果如表 3-5 所示。在贝叶斯估计中，与极大似然法进行对比分析，经优化确定 β 值为 1.6726，τ 值为 86。仅认为尺度参数 η 是随机变量，假定 η 的先验分布为

$$\pi(\eta) = C'\eta^5 \mathrm{e}^{-0.01072\eta}$$

式中，C' 为常数。参数 η 的最大后验估计为 466.4446。

本案例中，已知 n=13, a=5, c=0.01072, β=1.6726, τ=86，代入式（3-89）得

$$\pi(\eta|\boldsymbol{T}) = C\eta^{-16.7438} \exp\left[-0.01072\eta - \sum_{i=1}^{13}\left(\frac{t_i - 86}{\eta}\right)^{1.6726}\right]$$

式中，C 为一个与 η 无关的常数。

参数 η 的最大后验估计为 520.2。最终分别由极大似然法及贝叶斯法求的三

参数 Weibull 分布的 3 个参数估计真值如表 3-5 所示。

表 3-5　直升机部件案例参数估计真值

估计方法	尺度参数 η/h	形状参数 β	位置参数 τ/h	K-S 检验值
极大似然法	466.4446	1.6726	88.2199	0.1654
贝叶斯法	520.2	1.6726	86	0.2046

将表 3-5 估计真值代入三参数 Weibull 分布，就可以得到可靠性真值函数。由极大似然法与贝叶斯法得到的可靠性理论值向量如图 3-11 所示。

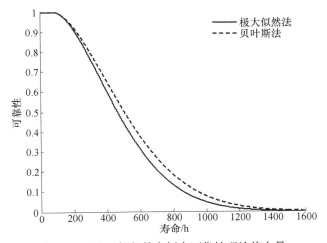

图 3-11　直升机部件案例中可靠性理论值向量

由表 3-5 可知，由极大似然法和贝叶斯法得到的三参数 Weibull 分布拟合模型的 K-S 检验值分别为 0.1654 和 0.2046。给定置信水平 $\alpha = 0.01$，由文献[45]得临界值 $D_c = 0.43267$，可知这两种方法的检验值均小于临界值 D_c。因此，这两种方法拟合的三参数 Weibull 分布模型为恰当的模型。

3. 陶瓷材料案例

在寿命实验中，Duffy 等[49]获得的氧化铝陶瓷寿命数据，用向量表示为（$n=35$，单位：h）

T = (307, 308, 322, 328, 328, 329, 331, 332, 335, 337, 343, 345, 347, 350, 352, 353, 355, 356, 357, 364, 371, 373, 374, 375, 376, 376, 381, 385, 388, 395, 402, 411, 413, 415, 456)

在贝叶斯估计中，与极大似然法进行对比分析，经优化确定 β 值为 1.9708，τ 值为 300。仅认为尺度参数 η 是随机变量，假定 η 的先验分布为

$$\pi(\eta) = C'\eta^3 \mathrm{e}^{-0.042956\eta}$$

式中，C' 为常数。先验分布参数 η 取值最大时 $\eta=69.8392$。

本案例中，已知 $n=35$，$a=3$，$c=0.042956$，$\beta=1.9708$，$\tau=300$，代入式（3-89）得

$$\pi(\eta|\boldsymbol{T}) = C\eta^{-65.978}\exp\left[-0.042956\eta - \sum_{i=1}^{35}\left(\frac{t_i-300}{\eta}\right)^{1.9708}\right]$$

式中，C 为一个与 η 无关的常数。该分布最大后验估计为 $\hat{\eta} = 69.8$。最终分别由极大似然法及贝叶斯法求的三参数 Weibull 分布的 3 个参数估计真值结果如表 3-6 所示。

表 3-6　陶瓷材料案例参数估计真值

估计方法	尺度参数 η/h	形状参数 β	位置参数 τ/h	K-S 检验值
极大似然法	69.8392	1.9708	300.0086	0.0547
贝叶斯法	69.8	1.9708	300	0.0542

将表 3-6 估计真值代入三参数 Weibull 分布，得到可靠性真值函数。由极大似然法与贝叶斯法得到的可靠性理论值向量如图 3-12 所示。

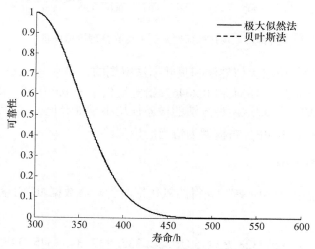

图 3-12　陶瓷材料案例中可靠性理论值向量

从表 3-6 可知，由极大似然法和贝叶斯法得到的三参数 Weibull 分布拟合模型的 K-S 检验值分别为 0.0547 和 0.0542。已知显著性水平 $\alpha = 0.01$，由文献[45]得

临界值 $D_c = 0.26896$，可知两种方法的检验值均小于临界值 D_c。因此，这两种方法拟合的三参数 Weibull 分布模型为恰当的模型。

3.5.5　案例分析

1. 模拟案例

令 Weibull 参数 $(\eta, \beta, \tau)=(30, 2.5, 10)$（此为理论值），以 24h 为单位，通过计算机编程，模拟出三参数 Weibull 分布和寿命数据，用向量表示为（$n=9$）

T = (22.1953, 26.4647, 29.8623, 32.9314, 35.9090, 38.9691, 42.3123,

46.2903, 51.8801)

本案例采用以上 4 种参数估计方法及最小加权相对熵范数法得到的参数估计真值结果如表 3-7 所示，并经过 K-S 检验确定参数估计后得到的三参数 Weibull 分布模型的拟合优度，其 K-S 检验结果如表 3-7 所示。

表 3-7　模拟案例 Weibull 参数估计真值

估计方法	尺度参数 η/24h	形状参数 β	位置参数 τ/24h	K-S 检验值
矩法	28.5459	3.0903	10.7877	0.0846
概率加权矩法	29.4068	2.4736	10.2277	0.0939
极大似然法	30.0703	2.8884	10.0400	0.0791
贝叶斯法	29	2.8884	10	0.0555
最小加权相对熵范数法	29.99975	2.49997	10.00024	0.0638

从表 3-7 可知，由 5 种参数估计方法得到的三参数 Weibull 分布拟合模型的 K-S 检验值分别为 0.0846、0.0939、0.0791、0.0555 和 0.0638。已知显著性水平 $\alpha = 0.01$，由文献[45]得临界值 $D_c=0.51332$，可知 5 种方法的检验值均小于临界值 D_c。因此，这 5 种方法拟合的三参数 Weibull 分布模型均为恰当的模型。

2. 直升机部件案例

在失效分析中，获得直升机寿命数据向量为（$n=13$，单位：h）[48]

T = (156.5, 213.4, 265.7, 265.7, 337.7, 337.7, 406.3, 573.5, 573.5, 644.6,

744.8, 774.8, 1023.6)

本案例采用以上 4 种参数估计方法及最小加权相对熵范数法得到的参数估计真值结果如表 3-8 所示，并经过 K-S 检验确定参数估计后得到的三参数 Weibull 分布模型的拟合优度，其 K-S 检验结果如表 3-8 所示。

表 3-8　直升机部件案例 Weibull 参数估计真值

估计方法	尺度参数 η/h	形状参数 β	位置参数 τ/h	K-S 检验值
矩法	413.0572	1.3839	66.9738	0.0446
概率加权矩法	443.0808	1.4727	85.0719	0.1074
极大似然法	466.4446	1.6726	88.2199	0.1654
贝叶斯法	520.2	1.6726	86	0.2046
最小加权相对熵范数法	460.40	1.34	90.17	0.1086

　　从表 3-8 可知，由 5 种参数估计方法得到的三参数 Weibull 分布拟合模型的 K-S 检验值分别为 0.0446、0.1074、0.1654、0.2046 和 0.1086。已知显著性水平 $\alpha = 0.01$，由文献[45]得临界值 $D_c = 0.43247$，可知 5 种方法的检验值均小于临界值 D_c。因此，这 5 种方法拟合的三参数 Weibull 分布模型均为恰当的模型。

　　3. 陶瓷材料案例

　　在寿命实验中，Duffy 等[49]获得氧化铝陶瓷寿命数据向量为（$n=35$，单位：h）
T = (307, 308, 322, 328, 328, 329, 331, 332, 335, 337, 343, 345, 347, 350, 352, 353,
　　355, 356, 357, 364, 371, 373, 374, 375, 376, 376, 381, 385, 388, 395, 402, 411,
　　413, 415, 456)

　　本案例采用以上 4 种参数估计方法及最小加权相对熵范数法得到的参数估计真值，结果如表 3-9 所示，并经过 K-S 检验确定参数估计后得到的三参数 Weibull 分布模型的拟合优度，结果如表 3-9 所示。

表 3-9　陶瓷材料案例参数估计真值

估计方法	尺度参数 η/h	形状参数 β	位置参数 τ/h	K-S 检验值
矩法	70.6046	2.0048	299.4309	0.0576
概率加权矩法	91.3743	2.2734	281.0600	0.0788
极大似然法	69.8392	1.9708	300.0086	0.0546
贝叶斯法	69.8	1.9708	300	0.0541
最小加权相对熵范数法	72.99939	1.99892	298.00025	0.0631

　　从表 3-9 可知，由 5 种参数估计方法得到的三参数 Weibull 分布拟合模型的 K-S 检验值分别为 0.0576、0.0788、0.0546、0.0541 和 0.0631。已知显著性水平 $\alpha = 0.01$，由文献[45]得临界值 $D_c = 0.26896$，可知 5 种方法的检验值均小于临界值 D_c。因此，这 5 种方法拟合的三参数 Weibull 分布模型为恰当的模型。

　　采用的 5 种参数估计方法在针对不同样本大小的寿命数据进行参数估计时，

估计精度和适用性各不相同。在样本较大的案例中，经典统计推断方法以及本章提出的最小加权相对熵范数法均为适用；而在样本较小的案例中，本章提出的最小加权相对熵范数法在可靠性评估时有明显的优势，评估的精度较高，有效性较好。

3.6　三参数 Weibull 分布可靠性实验研究

3.6.1　实验原理

本节通过可靠性实验进一步检验可靠性研究新方法在可靠性评估上的应用。本章提出的最小加权相对熵范数法，以乏信息理论为基础，通过可靠性实验将理论与实践相互验证。在验证理论正确的前提下，又可以检验实验数据的真实有效性。

在本次可靠性实验研究中，采用了由河南科技大学与恩梯恩（中国）投资有限公司共建轴承材料实验研究室提供的实验设备及材料试样。本次实验设备为 ϕ12 点接触型寿命实验机，材料试样为 ϕ12 圆柱滚子[45,51,52]。

ϕ12 点接触型寿命实验机的主要规格如表 3-10 所示，外观图如图 3-13 所示。利用该实验机进行点接触寿命实验时，先把材料加工成 ϕ12 圆柱滚子。寿命实验机可使圆柱滚子进行无心型旋转，与钢球之间产生旋转接触，驱动上方滚轮后，将会依次带动圆柱滚子、钢球、下方滚轮及左右导轮。采用拉杆扩大线圈弹簧的负荷，通过负荷滚轮施加静载荷，运转时钢球之间将会产生转动接触疲劳。

表 3-10　设备的主要规格

材料及技术参数	规格
实验用试样	ϕ12 圆柱滚子试样
钢球	19.05mm
接触应力	5.88GPa
驱动轮回转速度	4080r/min

圆柱滚子转动 1 圈时与钢球接触 2 次，负荷滚轮由于是两端部接触，所以与钢球接触部位的疲劳无关。同时，使圆柱滚子的转动接触位置稍微偏离中心部位，通过变换 1 个圆柱滚子的朝向，可进行 2 次测试。如圆柱滚子或钢球上发生剥离，则圆柱滚子的振动会增加，声音会变响。振动开关可感应振动，电机停止，即可获得运行时间数据，进而进行寿命判定。

ϕ12 点接触型寿命实验机在本次实验中共有 2 组实验机头，分别为 1 号机头

图 3-13　ϕ12 点接触型寿命实验机外观

和 2 号机头，如图 3-13 所示。在实验过程中，将材料试样分别放入 1 号机头和 2 号机头。本次实验共有 3 个材料试样即圆柱滚子，分别编号为 1 号、2 号、3 号。在实验过程中，将 1 号及 3 号材料试样放入 1 号机头进行实验，2 号材料试样放入 2 号机头进行实验。

实验开始时先进行实验试件的安装，将 2 个钢球放在 3 个导辊中间并固定好，然后将实验试件放在 2 个钢球之间，紧接着由上驱动轮压紧固定。

在实验时应注意下面几点：

（1）对于实验条件，电机转速为 3900r/min，依靠压缩弹簧施加载荷，使滚子与钢球的受力达到 2.55kN，最大接触应力达到 5.88GPa。

（2）对于实验环境，需在室温为 26℃、湿度为 53% 的环境下实验。若室温过高，则实验机长时间工作会造成试样烧伤，影响实验结果。

（3）对于试样损毁，钢球或试样发生表面剥离则实验机停止工作。

（4）对于记录实验数据，试样实验时长由机器本身计时器记录，实验员每天到实验室观测，在试样损坏实验机停止工作后，由实验员记录数据。

（5）更换试样前应先切断电源，观察实验时的环境温度、湿度等是否达到要求。

（6）换试件要注意油量是否足够，是否干净，若不足或有大量杂质应及时添加或更换润滑油。

（7）放入试件前要注意检查是否有异物附着在钢球、样品以及滚道等接触面上。

3.6.2　实验数据

每一个材料试样的 2 个端面分别为非刻印侧和刻印侧，分别如图 3-14 和图 3-15 所示。将刻印侧即图 3-16～图 3-18 中的左侧定为第 1 次实验，将非刻印侧即图 3-16～图 3-18 中的右侧定为第 2 次实验。在设备各项条件均为一致及初始时间均为 0 的前提条件下，运转实验机，以 h 为单位，观察失效形状共 5 次，分别如图 3-19～图 3-23 所示。

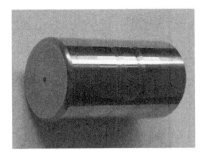

图 3-14　试样非刻印侧

图 3-15　试样刻印侧

图 3-16　1 号试样总体图

图 3-17　2 号试样总体图

图 3-18　3 号试样总体图

图 3-19　1 号试样第 1 次失效图

图 3-20　1 号试样第 2 次失效图

图 3-21　2 号试样第 1 次失效图

图 3-22　2 号试样第 2 次失效图

图 3-23　3 号试样第 1 次失效图

通过寿命实验收集了 5 个失效数据和 1 个无失效数据。在 6 次寿命实验中，其中前 5 次因圆柱滚子试样表面发生剥落，判断材料寿命终止，其中第 6 次即 3 号圆柱滚子试样第 2 次实验其表面并无任何损伤，但实验终止，故判断此次收集到的数据为无失效数据。其中 1 号试样第 1 次及第 2 次的失效时间分别为 22.1967h 和 83.0983h；2 号试样第 1 次及第 2 次的失效时间分别为 72.37h 和 61.1817h；3 号试样第 1 次的失效时间为 46.18h，第 2 次无失效时间为 24.43h（标记为 24.43+）。

3.6.3　可靠性评估

在本次材料试样寿命实验中，材料试样疲劳寿命数据用向量表示为（$n=6$，单位：h）

$$T = (22.1967, \ 24.43+, \ 46.18, \ 61.1817, \ 72.37, \ 83.0983)$$

根据 Johnson 方法，以上不完整失效数据的可靠性估计结果如表 3-11 所示。采用最小加权相对熵范数法处理失效数据，参数估计真值及其置信区间的结果如表 3-12 所示。图 3-24 为 R_0 和 R_1 的结果，R_1 与 R_0 趋势一致，但 R_1 的不确定性和波动性相对于 R_0 是偏大的。图 3-25 中主要显示了可靠性估计结果，可靠性估计真值函数 $R_0(t)$ 与可靠性期望经验值向量 R_1 在整体上离散性较大。

表 3-11　ϕ12 圆柱滚子失效实验中可靠性估计结果

j	i	t_i/h	r_i	R_i
1	1	22.1967	1	0.8571
2	2	24.43+		
3	2	46.18	2	0.7143
4	3	61.1817	3	0.5714
5	4	72.37	4	0.4286
6	5	83.0983	5	0.2857

表 3-12　ϕ12 圆柱滚子失效实验中参数估计真值及其置信区间

参数	估计真值	置信区间
尺度参数 η/h	65.32155	[60.56163, 71.32237]
形状参数 β	2.0134	[1.90451, 2.10878]
位置参数 τ/h	3.6539	[0.85218, 5.2295]

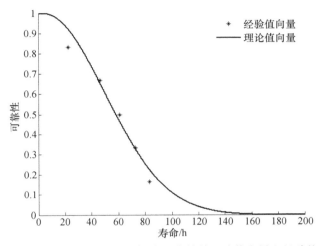

图 3-24　ϕ12 圆柱滚子失效实验中可靠性的理论值向量和经验值向量

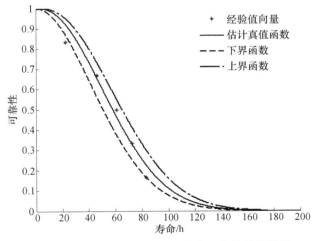

图 3-25　ϕ12 圆柱滚子失效实验中可靠性估计结果

由图 3-25 可以看出，在置信水平 $P=90\%$ 的条件下，可靠性最优置信区间函数 $[R_L(t), R_U(t)]$ 将 5 个可靠性期望经验值中的 3 个包含在内，包含率为 80%，小于

置信水平 $P=90\%$。这表明将三参数 Weibull 分布作为本次实验数据的可靠性模型不能很好地描述实验数据的特征。

3.6.4　假设检验

检验 3-4　H_0：$\boldsymbol{R}_1=\boldsymbol{R}_0$；否则 H_1：$\boldsymbol{R}_1\neq\boldsymbol{R}_0$。

令 $\alpha=0.1$，$P=90\%$，通过该法获得的结果如图 3-26 所示。

图 3-26 为估计真值函数 $f_0(t)$、下界函数 $f_L(t)$ 和上界函数 $f_U(t)$ 的结果。$f_0(t)$ 和 $f_L(t)$ 交点的横坐标值为 $t_{0L}=62.6373$，$f_0(t)$ 和 $f_L(t)$ 交集 A_L 面积为 $a_L=0.9118$。$f_0(t)$ 和 $f_U(t)$ 交点的横坐标值为 $t_{0U}=51.0672$，$f_0(t)$ 和 $f_U(t)$ 交集 A_U 面积为 $t_{0U}=0.9048$。

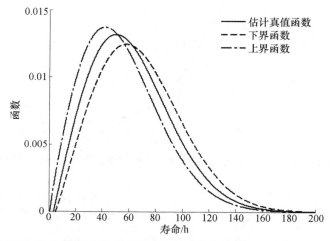

图 3-26　ϕ12 圆柱滚子失效实验中估计真值函数、下界函数和上界函数

很容易看出，$0.5(a_L+a_U)=0.9083<1-0.5\alpha=0.95$，即 a_L 和 a_U 的均值满足否定域，从而可以拒绝原假设 H_0。因此，在 90% 的置信水平下，$\boldsymbol{R}_1$ 和 $\boldsymbol{R}_0$ 的相对差异信息是显著的。经假设检验表明，本次实验的寿命数据相对于三参数 Weibull 分布是比较离散的。因此，本次实验获得的数据不符合三参数 Weibull 分布。

3.7　本章小结

本章通过最小加权相对熵范数法完成了对失效数据三参数 Weibull 分布的参数评估和最优置信区间评估，并对失效数据进行假设检验，确定失效数据是否偏离三参数 Weibull 分布。首先，根据可靠性经验值与理论值的相对差异信息，借助相对熵理论以及范数理论，构建了 6 个最小加权相对熵准则来提取产品寿命可靠性实验中最优 Weibull 参数的信息向量。用自助法对最优 Weibull 参数的信息向量进行再抽样，获得了大量参数信息向量，以生成的信息向量模拟建立了参数概率密度函数。由参数的概率密度函数求解出参数的估计真值及其最优置信区间。将参数的估计真值及置信区间代入三参数 Weibull 分布可靠性函数，得到三参数 Weibull 分布可靠性的估计真值函数及其最优置信区间函数。然后，通过三参数 Weibull 分布的估计真值函数及其置信区间函数交集的面积得到了假设检验中的否定域。通过模拟案例、直升机部件案例、陶瓷材料案例分析，表明提出的最小加权相对熵范数法参数评估及假设检验能够反映可靠性实验中的实际情况。

对 Weibull 分布参数估计的 5 种方法进行了比较研究，确定了各种方法对三参数 Weibull 分布可靠性模型拟合的有效性，并得出了不同的参数估计方法在不同样本下的适用范围，对根据样本正确选用三参数 Weibull 分布参数求解方法有一定指导意义。通过 3 个案例，将提出的最小加权相对熵范数法与矩法、概率加权矩法、极大似然法、贝叶斯法等参数评估方法进行对比分析。K-S 检验表明，在样本较少的情况下，本章提出的最小加权相对熵范数法可靠性评估效果最能够反映实际情况。

基于 ϕ12 点接触型寿命实验机的三参数 Weibull 分布可靠性实验研究表明，本章提出的最小加权相对熵范数法在数据很少的情况下仍能对失效数据进行可靠性评估，经评估表明经验值向量与理论值向量的差异是比较明显的，假设检验表明，实验采集到数据不符合三参数 Weibull 分布。

第4章　失效数据的可靠性模型评估

本章首先针对 GCr15 材料寿命的耐久性实验，获得失效数据，基于经验可靠度信息，研究二参数对数正态分布、二参数 Weibull 分布、三参数 Weibull 分布以及三参数对数正态分布等可靠性模型的估计误差，提出改进的最大熵可靠性评估方法，以便更精确地了解所研究单元的可靠性特征；然后，进一步通过仿真与实验案例，对改进的最大熵可靠性评估方法在多种乏信息条件下进行应用与估计误差分析，以检验其广泛的适应性；最后，提出失效数据可靠性的灰自助评估方法，其无需经验可靠度信息，可以直接实施基于失效数据的乏信息可靠性评估。

4.1　概　　述

GCr15 材料经过淬火加低温回火后具有较高的硬度、均匀的组织、良好的耐磨性、高的接触疲劳性能，成为一种最常用的高碳铬轴承钢材料，其疲劳寿命及可靠性是研究轴承材料、改善轴承性能的重要课题。在以往对 GCr15 材料的研究中，已经从材料成分、表面加工、淬火处理等相当多的方面对其性能进行了研究，旨在从不同的方面提高材料的性能[51-54]。

在以往对 GCr15 材料的可靠性评估过程中，Weibull 分布被认为是最好的可靠性模型。在本章中，首先加入对数正态分布与 Weibull 分布进行对比分析。在具体的分析中应用二参数对数正态分布对比二参数 Weibull 分布，以及三参数对数正态分布对比三参数 Weibull 分布。并且在评估过程中分别采用概率加权矩法、线性矩法、积分变换矩法[50,55-57]作为三参数对数正态分布的参数评估方法进行对比分析，目的是尽量提高计算结果的精确度。然后，采用最大熵可靠性评估方法对实验所得的失效数据进行可靠性分析。通过计算可靠性真值向量与经验值向量的标准差以及可靠性估计真值向量与经验可靠度向量相对误差的波动范围，与 Weibull 分布模型和对数分布模型进行对比分析。对于对比的结果，应在实际应用中选择标准差小、波动范围小的可靠性模型作为 GCr15 材料的可靠性模型，以减小寿命的估计误差、提高计算精度。接着，进一步通过仿真与实验案例，对改进的最大熵可靠性评估方法在多种乏信息条件下进行应用与估计误差分析，以检验其广泛的适应性。最后，提出失效数据可靠性的灰自助评估方法，其无需经验可靠度信息，可以直接实施基于失效数据的乏信息可靠性评估。

4.2　二参数对数正态分布和二参数 Weibull 分布可靠性模型评估

Weibull 分布和对数正态分布常被用于可靠性模型，在以往的研究中，Weibull 分布被大量用于轴承寿命可靠性评估，而 GCr15 材料的可靠性模型在日常的应用中也被认为是 Weibull 分布。经过以往的应用验证，Weibull 分布的确能够很好地用于 GCr15 材料的可靠性评估。但是，为了提高可靠性评估的准确性，Weibull 分布并不是在所有情况下都是拟合度最好的模型。下面用二参数对数正态分布和二参数 Weibull 分布作为可靠性模型，对不同批次的 GCr15 材料的完全失效数据进行评估比较，并对评估的结果进行对比分析。

4.2.1　实验数据

实验原理与条件与 3.6 节相同，通过实验获得 3 组失效数据[51,52]。

在第 1 组中，实验单元的数量为 13 个，实验得到的失效数据为 26 个，实验的失效数据均为完全失效数据，从小到大排列为一组，用向量 T_1 表示为（单位：h）

T_1= (0.38, 1.69, 1.69, 1.71, 1.8, 1.86, 1.89, 2.06, 2.14, 2.2, 2.42, 2.46, 3.88, 4.89, 6.2, 7.73, 12.46, 12.5, 12.88, 13.33, 31.97, 38.57, 47.5, 50.2, 51.77, 58.71)

在第 2 组中，实验材料的数量为 15 个，实验得到的失效数据为 30 个，实验的失效数据同样均为完全失效数据，按从小到大的顺序排列为一组，用向量 T_2 表示为（单位：h）

T_2 = (0.61, 0.69, 1.66, 1.81, 1.91, 1.93, 2.34, 2.36, 2.38, 3.07, 3.07, 3.08, 3.63, 11.80, 12.67, 14.18, 14.29, 16.27, 17.84, 18.83, 26.10, 28, 29.79, 47.52, 47.86, 52.91, 53.15, 53.57, 80.20, 90.11)

在第 3 组中，实验材料的数量为 12 个，实验得到的失效数据为 24 个，此组实验的失效数据中，第 7 个试件的第 2 次实验由于某种原因不能进行。所以，将这次实验定义为无失效数据，其余的失效数据均为完全失效数据。因此，该组的完全失效数据的个数为 23 个，按从小到大顺序排列为一组，用向量 T_3 表示为（单位：h）

T_3 = (1.46, 1.68, 1.68, 1.88, 2.06, 2.13, 2.25, 2.25, 2.39, 2.48, 2.58, 4.32, 4.97, 8.55, 11.34, 12.78, 15.75, 22.66, 32.49, 69.72, 71.54, 86.36, 86.91)

4.2.2　可靠性模型

对数正态分布的概率密度函数为

$$f(t) = \frac{1}{\sqrt{2\pi}\sigma t} \exp\left[-\frac{(\ln t - \mu)^2}{2\sigma^2} \right] \tag{4-1}$$

分布函数为

$$F(t) = \int_0^\infty \frac{1}{\sqrt{2\pi}\sigma t} \exp\left[-\frac{(\ln t - \mu)^2}{2\sigma^2} \right] \mathrm{d}t \tag{4-2}$$

可靠度函数

$$R(t) = 1 - F(t) = 1 - \int_0^\infty \frac{1}{\sqrt{2\pi}\sigma t} \exp\left[-\frac{(\ln t - \mu)^2}{2\sigma^2} \right] \mathrm{d}t \tag{4-3}$$

式中，t 是寿命的随机变量，$t > 0$；(μ, σ) 是对数正态分布的参数；μ 为尺度参数；σ 为形状参数，$\sigma > 0$。

Weibull 分布的概率密度函数为

$$f(t) = \frac{\beta}{\eta}\left(\frac{t}{\eta} \right)^{\beta-1} \exp\left[-\left(\frac{t}{\eta} \right)^\beta \right] \tag{4-4}$$

分布函数为

$$F(t) = 1 - \exp\left[-\left(\frac{t}{\eta} \right)^\beta \right] \tag{4-5}$$

可靠度函数为

$$R(t) = 1 - F(t) = \exp\left[-\left(\frac{t}{\eta} \right)^\beta \right] \tag{4-6}$$

式中，t 为寿命的随机变量，η 为尺度参数，β 为形状参数。

4.2.3　参数估计

下面研究二参数对数正态分布和二参数 Weibull 分布，用极大似然法作为参数评估方法，分别对这两种模型进行参数估计。

1. 极大似然法估计二参数对数正态分布

对数正态分布的概率密度函数为

$$f(t) = \begin{cases} \dfrac{1}{\sqrt{2\pi}\sigma t} \exp\left[-\dfrac{(\ln t - \mu)^2}{2\sigma^2}\right], & t \geqslant 0 \\ 0, & t < 0 \end{cases} \tag{4-7}$$

设失效数据 t 服从参数为 μ 和 σ^2 的对数正态分布，$t_1, t_2, \cdots, t_n$ 为来自总体的随机简单样本。根据极大似然法，由式（4-7）可得似然函数为

$$\begin{aligned} L(\mu, \sigma^2) &= \prod_{t=1}^{n} \frac{1}{\sqrt{2\pi}\sigma t_i} \exp\left[-\frac{(\ln t_i - u)^2}{2\sigma^2}\right] \\ &= (2\pi\sigma)^{-\frac{n}{2}} \left(\prod_{i=1}^{n} t_i\right)^{-1} \exp\left[-\frac{1}{2\sigma} \sum_{i=1}^{n} \ln(t_i - \mu)^2\right] \end{aligned} \tag{4-8}$$

$$t_i > 0, i = 1, 2, \cdots, n$$

对式（4-8）取对数得

$$\ln L(\mu, \sigma^2) = -\frac{n}{2} \ln(2\pi\sigma^2) - \ln \prod_{i=1}^{n} t_i - \frac{1}{2\sigma^2} \sum_{i=1}^{n} (\ln t_i - \mu)^2 \tag{4-9}$$

似然方程组为

$$\begin{cases} \dfrac{\partial \ln L(\mu, \sigma^2)}{\partial \mu} = \dfrac{1}{\sigma^2} \sum_{i=1}^{n} (\ln t_i - \mu) = 0 \\ \dfrac{\partial \ln L(\mu, \sigma^2)}{\partial \sigma^2} = \dfrac{1}{2\sigma^4} \sum_{i=1}^{n} (\ln t_i - \mu)^2 = 0 \end{cases} \tag{4-10}$$

解得

$$\mu = \frac{1}{n} \sum_{i=1}^{n} \ln t_i \tag{4-11}$$

$$\sigma^2 = \frac{1}{n} \sum_{i=1}^{n} \left(\ln t_i - \frac{1}{n} \sum_{i=1}^{n} \ln t_i\right)^2 \tag{4-12}$$

2. 极大似然法估计二参数 Weibull 分布

Weibull 分布的概率密度函数为

$$f(t) = \begin{cases} \dfrac{\beta}{\eta} \left(\dfrac{t}{\eta}\right)^{\beta-1} \exp\left[-\left(\dfrac{t}{\eta}\right)^{\beta}\right], & t \geqslant 0 \\ 0, & t < 0 \end{cases} \tag{4-13}$$

假设失效数据 t 服从参数为 β 和 η 的 Weibull 分布，$t_1, t_2, \cdots, t_n$ 为来自总体的

随机简单样本。根据极大似然法，由式（4-7）可得似然函数为

$$L(\beta,\eta) = \prod_{i=1}^{n} \frac{\beta}{\eta}\left(\frac{t_i}{\eta}\right)^{\beta-1} \exp\left[-\left(\frac{t_i}{\eta}\right)^{\beta}\right]$$

$$= \left(\frac{\beta}{\eta}\right)^n \left(\frac{1}{\eta}\right)^{n(\beta-1)} \pi t_i \exp\left(-\frac{1}{\beta}\sum_{i=1}^{n} t_i\right), \quad t_i > 0, i = 1, 2, \cdots, n \quad （4\text{-}14）$$

对式（4-11）取对数得

$$\ln L(\beta,\eta) = \frac{n\beta}{\eta} + n(\beta-1)\left(\frac{1}{\eta}\right) + \sum_{i=1}^{n} t_i - \frac{1}{\eta^{\beta}}\sum_{i=1}^{n} t_i^{\beta} \quad （4\text{-}15）$$

似然方程组为

$$\begin{cases} \dfrac{\partial \ln L(\beta,\mu)}{\partial \beta} = \dfrac{2n}{\eta} + (\ln \eta)\eta^{-\beta}\sum_{i=1}^{n} t_i^{\beta} - \dfrac{1}{\eta^{\beta}}\sum_{i=1}^{n} \beta t_i^{\beta-1} \\[3mm] \dfrac{\partial \ln L(\beta,\mu)}{\partial \mu} = -\dfrac{n\beta}{\eta^2} - \dfrac{n(\beta-1)}{\eta^2} + \dfrac{\beta}{\eta^{\beta-1}}\sum_{i=1}^{n} t_i^{\beta} \end{cases} \quad （4\text{-}16）$$

迭代求解方程组（4-16）即可求得二参数 Weibull 分布的两个参数的估计值。

4.2.4　可靠性模型评估方法的验证

在失效数据概率分布未知的情况下，失效数据的可靠性可以用 Johnson 公式或者 Nelson 公式进行非参数估计。在得到经验可靠度的前提下，就能对可靠性函数模型进行分析检验。下面用 Weibull 分布和对数正态分布的随机数来验证 Johnson 公式或者 Nelson 公式是否可用于这两种可靠性模型，以及用极大似然法对这两种可靠性模型进行参数评估是否精确。

1. 经验公式

在产品失效概率分布未知或者分布参数未知的情况下，对寿命数据的可靠性可以用 Johnson 的中位秩值公式或者 Nelson 的期望值公式进行非参数估计。

实验获得的产品寿命数据用向量表示如下：

$$\boldsymbol{T} = (t_1, t_2, \cdots, t_i, \cdots, t_n), \quad t_1 \leqslant t_2 \leqslant \cdots \leqslant t_i \leqslant \cdots \leqslant t_n, i = 1, 2, \cdots, n \quad （4\text{-}17）$$

式中，$\boldsymbol{T}$ 为寿命数据向量，i 为数据序号，t_i 为 $\boldsymbol{T}$ 中的第 i 个寿命数据，n 为数据个数。

根据 Johnson 方法，用期望值表示经验可靠度如下：

$$R(t_i) = 1 - \frac{i}{n+1}, \quad i = 1, 2, \cdots, n \quad （4\text{-}18）$$

根据 Nelson 方法，用中位秩表示经验可靠度如下：

$$R(t_i) = 1 - \frac{i - 0.3}{n + 0.4}, \quad i = 1, 2, \cdots, n \tag{4-19}$$

式中，i 为数据的顺序号，n 为数据个数，t_i 为第 i 个数据。

在可靠性评估中，$r(t_i)$ 可以作为经验可靠度，因为它的值与 **T** 中的寿命数据 t_i 一致并且取决于 **T** 中的寿命数据 t_i。

如果 $n>8$，通过 Johnson 方法以及 Nelson 方法获得的结果的差异性是非常小的。在工程实践中，如机械产品的可靠性分析，普遍使用 Nelson 方法。

本节用对数正态分布和 Weibull 分布作为可靠性模型，因为分布参数未知，所以就需要用到经验可靠度来进行非参数估计。因此，需要用到上述经验可靠度即式（4-18）和式（4-19），但式（4-18）和式（4-19）是否可用于这两种可靠性模型，需要进一步验证。

首先，令对数正态分布参数 $(\mu, \sigma)=(4, 0.4)$，取一组数据，用向量表示为

$$\boldsymbol{R} = (0.1, 0.2, 0.3, 0.4, 0.5, 0.6, 0.7, 0.8, 0.9)$$

通过计算可得

$$\boldsymbol{T} = (32.7001, 38.9918, 44.2670, 49.3364, 54.5982, 60.4211, 67.3404,$$
$$76.4509, 91.1604)$$

把 **T** 代入 Nelson 的经验可靠度公式即式（4-18），并与参数为 $(\mu, \sigma)=(4, 0.4)$ 的对数正态分布进行对比，结果见图 4-1。

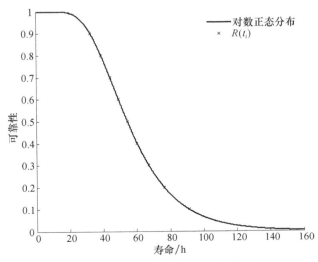

图 4-1　对数正态分布经验公式验证

由图 4-1 可以看出，经验公式的点与对数正态分布可靠性函数几乎完全吻合，可见 Nelson 的经验可靠度公式是可以被用于对数正态分布的。

同样，令 Weibull 分布参数$(\beta, \eta)=(2.5, 60)$，取一组数据，用向量表示为

$$\boldsymbol{R} = (0.1, 0.2, 0.3, 0.4, 0.5, 0.6, 0.7, 0.8, 0.9)$$

通过计算可得

$$\boldsymbol{T} = (24.3906, 32.9295, 39.7247, 45.8628, 51.8181, 57.9381,$$
$$64.6246, 72.5807, 83.7602)$$

把 $\boldsymbol{T}$ 代入 Nelson 的经验可靠度公式即式（4-18），并与参数为$(\beta, \eta)=(2.5, 60)$的 Weibull 分布进行对比，结果见图 4-2。

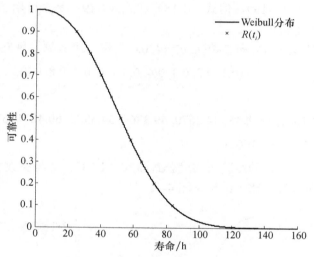

图 4-2　Weibull 分布经验公式验证

由图 4-2 可以看出，经验公式的计算结果与 Weibull 分布可靠性函数几乎完全吻合，可见 Nelson 的经验可靠度公式即式（4-18）是可以被用于对数正态分布的。

经过以上验证，通过 Nelson 公式得到的经验可靠度与对数正态分布可靠性模型和 Weibull 分布可靠性模型的图像几乎完全吻合。所以，经验可靠度公式即式（4-18）是可以被用于这两种可靠性模型的经验公式的。

2. 可靠性模型的验证

若使用二参数 Weibull 分布和二参数对数正态分布作为可靠性模型，则需验证极大似然法对二参数对数正态分布和二参数 Weibull 分布进行参数评估的准确度，只有当参数评估方法具有较高的准确度，在验证实际的失效数据时，可靠性

模型的拟合度才具有说服力。

要用极大似然法对对数正态分布进行参数评估，首先要确定极大似然法作为对数正态分布参数评估方法的精确度。因此，需要用一组对数正态分布的随机数对极大似然法进行检验。首先令对数正态分布参数$(\mu, \sigma)=(4, 0.4)$，$n=30$，用计算机生成一组对数正态分布的随机数，用向量表示为（单位：h）

$T_1 = $ (29.09, 30.22, 32.78, 34.66, 38.35, 45.32, 48.84, 51.61, 56.07, 63.90, 65.64, 67.08,
69.18, 72.84, 74.99, 75.45, 77.45, 82.25, 82.55, 84.01, 95.65, 103.22, 103.85,
111.42, 124.51, 132.89, 133.01, 137.55, 167.45, 225.53)

使用极大似然法对这 30 个随机数进行参数估计，得

$$\mu=4.3896, \quad \sigma=0.4670$$

将估算出的参数代入式（4-3），得到相应的可靠性函数。并将 T_1 代入式（4-7）得到经验可靠度，结果如图 4-3 所示。

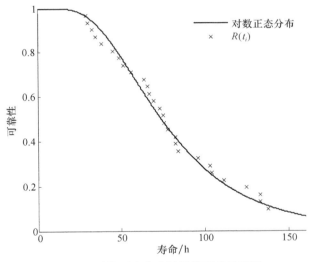

图 4-3　对数正态分布随机数可靠性函数

由图 4-3 可以看出，可靠性函数基本符合经验可靠度的分布，且具有良好的拟合度。运用 K-S 检验方法对该模型进行假设检验，取显著性水平 $\alpha=0.05$，得到对数正态分布拟合模型的 K-S 检验值为 0.08，其临界值 $D_c=0.2417$，假设成立概率 $P=0.99$，可知检验值小于临界值，且假设成立概率高，则证明以极大似然法对对数正态分布进行参数估计的效果较好，极大似然法用于对数正态分布的参数评估是可行的。

同样，在使用极大似然法对 Weibull 分布进行参数评估时，需要一组 Weibull

分布的随机数检验极大似然法对 Weibull 分布参数评估的准确度。

利用计算机生成一组 Weibull 分布的随机数，令对数正态分布参数(β, η)=(2.5, 60)，n=30，数据为

T_2 = (10.2, 15.76, 17.91, 22.11, 28.86, 32.11, 36.24, 37.83, 39.54, 40.82, 43.79, 46.44, 47.32, 47.4, 48.79, 50.85, 55.76, 59.56, 59.64, 61.19, 61.42, 64.26, 67.89, 69.02, 71.94, 76.63, 76.76, 77.27, 85.23, 114.4)

使用极大似然法对这 30 个随机数进行参数估计，结果为

$$\beta=2.4744, \quad \eta=58.8290$$

根据该组参数估计结果绘出可靠性函数，将 T_2 代入式（4-16）得到经验可靠度，结果如图 4-4 所示。

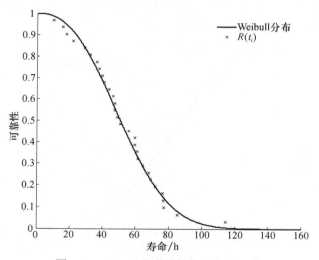

图 4-4　Weibull 分布随机数可靠性函数

由图 4-4 可以看出，可靠性函数基本符合经验可靠度的分布。用 K-S 检验方法，显著性水平 α=0.05，得到以极大似然法估计参数得到的 Weibull 分布拟合模型的 K-S 检验值为 0.077，临界值 D_c=0.2417，假设成立概率 P=0.99。检验值小于临界值，且假设成立概率高，则证明以极大似然法对 Weibull 分布进行参数估计的效果较好，极大似然法用于二参数 Weibull 分布的参数评估是可行的。

综上所述，通过二参数 Weibull 分布和二参数对数正态分布的随机数进行参数评估结果可知，极大似然法作为参数评估方法，对于这两种模型是可行的，且估计结果具有较高的准确度。这样就可以用极大似然法对失效数据进行参数评估。

4.2.5　实验案例分析

在以往的 GCr15 材料寿命实验中，因 Weibull 分布良好的拟合性，大多都使用 Weibull 分布作为可靠性模型。但是，下面的实验与计算表明，对于不同批次的 GCr15 材料，Weibull 分布和对数正态分布作为可靠性模型的拟合性各有优劣。在其中的两个实验案例中，案例 1 对数正态分布的拟合度较好，案例 2 Weibull 分布的拟合度较好。

1. 案例 1

第 1 组失效数据用向量表示为（n=26，单位：h）

T_1 = (0.38, 1.69, 1.69, 1.71, 1.8, 1.86, 1.89, 2.06, 2.14, 2.2, 2.42, 2.46, 3.88, 4.89, 6.2, 7.73, 12.46, 12.5, 12.88, 13.33, 31.97, 38.57, 47.5, 50.2, 51.77, 58.71)

将失效数据 T_1 代入对数正态分布模型即式（4-3）进行参数估计，得

$$\mu=1.7861, \quad \sigma=1.3711$$

可靠性函数如图 4-5 中虚线所示。

将失效数据 T_1 代入 Weibull 分布模型即式（4-6）进行参数估计，得

$$\beta=0.7590, \quad \eta=12.0236$$

可靠性函数如图 4-5 实线所示。

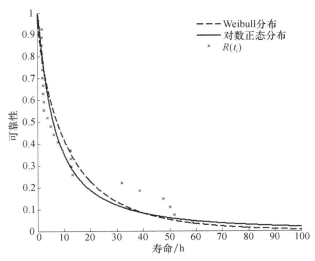

图 4-5　第 1 组失效数据 T_1 可靠性函数

由图 4-5 可以看出，两个可靠性函数的曲线基本符合经验可靠度 $R(t_i)$ 的

分布，都表现出良好的拟合度。下面用 K-S 检验方法，显著性水平 $\alpha=0.05$，对参数估计结果进行假设检验，以确定这两种模型是否可用于该组失效数据。为此需要计算可靠度函数与经验可靠度的标准差，标准差小的可靠性模型拟合度较高。

失效数据 $\boldsymbol{T}_1$ 的经验可靠度向量为

$\boldsymbol{R}_0 = (R_0(t_1),\ R_0(t_2),\ \cdots,\ R_0(t_i),\ \cdots,\ R_0(t_n))$

　　$= (0.9735,\ 0.9356,\ 0.8977,\ 0.8598,\ 0.8220,\ 0.7841,\ 0.7462,\ 0.7083,\ 0.6705,\ 0.6326,$
　　　$0.5947,\ 0.5568,\ 0.5189,\ 0.4811,\ 0.4432,\ 0.4053,\ 0.3674,\ 0.3295,\ 0.2917,\ 0.2538,$
　　　$0.2159,\ 0.1780,\ 0.1402,\ 0.1023,\ 0.0644,\ 0.0265)$

将失效数据 $\boldsymbol{T}_1$ 代入对数正态分布可靠度函数即式（4-3），可以得到一组对数正态分布可靠性估计真值向量：

$\boldsymbol{R}_1 = (R_1(t_1),\ R_1(t_2),\cdots,\ R_1(t_i),\cdots,\ R_1(t_n))$

　　$= (0.9777,\ 0.8212,\ 0.8212,\ 0.8190,\ 0.8089,\ 0.8024,\ 0.7991,\ 0.7810,\ 0.7727,\ 0.7666,$
　　　$0.7448,\ 0.7409,\ 0.6232,\ 0.5577,\ 0.4888,\ 0.4251,\ 0.2956,\ 0.2948,\ 0.2873,\ 0.2788,$
　　　$0.1104,\ 0.0867,\ 0.0651,\ 0.0602,\ 0.0575,\ 0.0477)$

设可靠性估计真值向量 $\boldsymbol{R}_1$ 和经验可靠度向量 $\boldsymbol{R}_0$ 的标准差为

$$\sigma_0 = \sqrt{\frac{1}{n}\sum_{i=1}^{n}(R_0(t_i) - R_1(t_i))^2} \qquad （4\text{-}20）$$

经计算，得到第 1 组失效数据 $\boldsymbol{T}_1$ 在以对数正态分布为可靠性模型时的标准差 $\sigma_0=0.0803\text{h}$。

同理，将失效数据 $\boldsymbol{T}_1$ 代入 Weibull 分布可靠度函数即式（4-6），可以得到一组 Weibull 分布可靠性估计真值向量：

$\boldsymbol{R}_2 = (0.9299,\ 0.7981,\ 0.7981,\ 0.7965,\ 0.7893,\ 0.7846,\ 0.7823,\ 0.7694,\ 0.7635,\ 0.7592,$
　　　$0.7436,\ 0.7409,\ 0.6545,\ 0.6034,\ 0.5461,\ 0.4891,\ 0.3579,\ 0.3570,\ 0.3487,\ 0.3391,$
　　　$0.1224,\ 0.0887,\ 0.0586,\ 0.0519,\ 0.0484,\ 0.0357)$

经计算，第 1 组失效数据 $\boldsymbol{T}_1$ 在以 Weibull 分布为可靠性模型时的标准差 $\sigma=0.0899\text{h}$。

同时，计算上述两种分布在寿命失效概率为 90% 和 50% 时的寿命值，即当可靠度函数 $R(t)=0.9$ 时，寿命 t 的值为 P_1；当 $R(t)=0.5$ 时，t 的值为 P_2。比较这两个失效概率下的寿命值，结合标准差判断哪种可靠性模型拟合度更好，见表 4-1。

表 4-1　第 1 组失效数据 T_1 的两种可靠性模型的分析对比

分布模型	标准差/h	K-S 检验值	临界值	假设成立概率	P_1/h	P_2/h
对数正态分布	0.0803	0.2022	0.2591	0.2014	1.0294	5.9661
Weibull 分布	0.0899	0.2024	0.2591	0.2013	2.3293	9.2033

由表 4-1 可知，通过 K-S 检验，这两种可靠性模型的 K-S 检验值均小于临界值。因此，这两种模型均符合第 1 组失效数据 T_1，都可作为第 1 组失效数据 T_1 的可靠性模型。其中对数正态分布的可靠性估计真值向量和经验可靠度向量的标准差要小于 Weibull 分布。这说明在两种分布均满足第 1 组失效数据 T_1 的前提下，对数正态分布作为可靠性模型，相对于 Weibull 分布的拟合度较高。因此，在此种情况下，选择对数正态分布作为可靠性模型要更合适。

此外，寿命失效概率为 90% 和 50% 时的寿命值 t，是研究可靠性的重要指标。以标准差小的分布即对数正态分布为基准，计算这两种分布在失效概率为 90% 和 50% 时寿命的相对误差。在失效概率为 90% 时，相对误差为

$$e_1 = \frac{2.3293 - 1.0294}{1.0294} = 1.26 = 126\%$$

失效概率为 50% 时，相对误差为

$$e_2 = \frac{9.2033 - 5.9661}{5.9661} = 0.54 = 54\%$$

通过计算可以看出，虽然标准差相差细微，仅为 1%，但这两种分布在相同的失效概率前提下，以标准差小的分布为基准，寿命的相对误差会非常大。所以，为减小寿命估计误差，在实际计算中，必须选择标准差小的分布为可靠性模型。

2. 案例 2

第 2 组失效数据用向量表示为（n=30，单位：h）

T_2 = (0.61, 0.69, 1.66, 1.81, 1.91, 1.93, 2.34, 2.36, 2.38, 3.07, 3.07, 3.08, 3.63, 11.80, 12.67, 14.18, 14.29, 16.27, 17.84, 18.83, 26.10, 28.00, 29.79, 47.52, 47.86, 52.91, 53.15, 53.57, 80.20, 90.11)

将失效数据 T_2 代入对数正态分布模型进行参数估计，得

$$\mu=2.2081, \quad \sigma=1.4675$$

可靠性函数曲线如图 4-6 虚线所示。

将失效数据 T_2 代入 Weibull 分布模型进行参数估计，得

$$\beta=0.7863, \quad \eta=18.6961$$

可靠性函数曲线如图 4-6 实线所示。

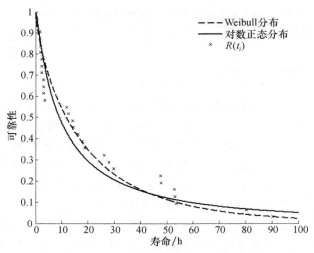

图 4-6　第 2 组失效数据 T_2 可靠性函数

由图 4-6 可以看出，两种可靠性函数的曲线基本符合经验可靠度的分布，都表现出良好的拟合度。下面用 K-S 检验方法，显著性水平 $\alpha=0.05$，对参数估计结果进行假设检验，以确定这两种模型是否可用于该组失效数据。为此需要计算可靠度函数与经验可靠度的标准差，标准差小的可靠性模型拟合度较高。

失效数据 T_2 的经验可靠度向量为

R_0 = (0.9770, 0.9441, 0.9112, 0.8783, 0.8454, 0.8125, 0.7796, 0.7467, 0.7138, 0.6809, 0.6480, 0.6151, 0.5822, 0.5493, 0.5164, 0.4836, 0.4507, 0.4178, 0.3849, 0.3520, 0.3191, 0.2862, 0.2533, 0.2204, 0.1875, 0.1546, 0.1217, 0.0888, 0.0559, 0.0230)

将失效数据 T_2 代入对数正态分布可靠度函数即式（4-3），可以得到对数正态分布可靠性估计真值向量：

R_1 = (0.9672, 0.9606, 0.8763, 0.8639, 0.8563, 0.8540, 0.8222, 0.8211, 0.8193, 0.7704, 0.7701, 0.7696, 0.7346, 0.4297, 0.4107, 0.3811, 0.3791, 0.3459, 0.3231, 0.3100, 0.2363, 0.2218, 0.2094, 0.1300, 0.1289, 0.1151, 0.1145, 0.1135, 0.0690, 0.0591)

经计算，得到第 2 组失效数据 T_2 在以对数正态分布为可靠性模型时的标准差 $\sigma_0=0.0757$h。

将失效数据 T_2 代入 Weibull 分布可靠度函数即式（4-6），可以得到 Weibull 分布可靠性估计真值向量：

R_2 = (0.9344, 0.9280, 0.8612, 0.8522, 0.8468, 0.8451, 0.8225, 0.8216, 0.8204, 0.7854, 0.7851, 0.7847, 0.7593, 0.4984, 0.4788, 0.4472, 0.4450, 0.4079, 0.3814, 0.3658, 0.2725, 0.2531, 0.2363, 0.1246, 0.1232, 0.1037, 0.1029, 0.1015, 0.0432, 0.0319)

经计算，得到第 2 组失效数据 T_2 在以 Weibull 分布为可靠性模型时的标准差 $\sigma=0.0685$ h。

同时，计算当上述两种分布在寿命失效概率为 90% 和 50% 时的寿命值，即当可靠度函数 $R(t)=0.9$ 时，寿命 t 的值为 P_1；当 $R(t)=0.5$ 时，寿命 t 的值为 P_2。比较这两个失效概率下的寿命值，结合标准差判断哪种可靠性模型拟合度更好，见表 4-2。

表 4-2　第 2 组失效数据 T_2 的两种可靠性模型的分析对比

分布模型	标准差/h	K-S 检验值	临界值	假设成立概率	P_1/h	P_2/h
对数正态分布	0.0757	0.1696	0.2417	0.3245	1.3874	9.0984
Weibull 分布	0.0685	0.1926	0.2417	0.1923	1.0686	11.7305

以标准差小的分布，即 Weibull 分布为基准，计算这两种分布在失效概率为 90% 和 50% 时寿命的相对误差。在失效概率为 90% 时，相对误差为

$$e_1 = \frac{1.3874 - 1.0686}{1.0686} = 0.30 = 30\%$$

失效概率为 50% 时，相对误差为

$$e_2 = \frac{11.7305 - 9.0984}{9.0984} = 0.29 = 29\%$$

通过计算可以看出，虽然标准差相差细微，仅为 1%，但这两种分布在相同的失效概率前提下，以标准差小的分布为基准，寿命的相对误差会非常大。所以，为减小寿命估计误差，在实际计算中，必须选择标准差小的分布为可靠性模型。

由表 4-2 可知，两种模型的 K-S 检验值均小于临界值，这两种模型均为符合第 2 组失效数据 T_2 的恰当模型。其中 Weibull 分布的可靠性估计真值向量和经验可靠度向量的标准差要小于对数正态分布。以标准差小的分布为基准，在失效概率为 90% 时，相对误差 $e_1=30\%$；在失效概率为 50% 时，相对误差 $e_2=29\%$。以上说明，第 2 组 GCr15 材料，Weibull 分布的拟合度要优于对数正态分布。所以，对于第 2 组失效数据 T_2，选择 Weibull 分布作为可靠性模型更合适。

3. 案例 3

第 3 组失效数据用向量表示为（$n=23$，单位：h）

$T_3 = (1.46, 1.68, 1.68, 1.88, 2.06, 2.13, 2.25, 2.25, 2.39, 2.48, 2.58, 4.32, 4.97, 8.55,$
　　　$11.34, 12.78, 15.75, 22.66, 32.49, 69.72, 71.54, 86.36, 86.91)$

将失效数据 T_3 代入对数正态分布模型进行参数估计，得

$$\mu=1.9505, \quad \sigma=1.4096$$

可靠性函数如图 4-7 虚线所示。

将失效数据 T_3 代入 Weibull 分布模型进行参数估计，得

$$\beta=14.7641, \quad \eta=0.6937$$

可靠性函数如图 4-7 实线所示。

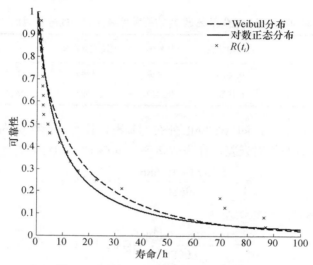

图 4-7　第 3 组失效数据 T_3 可靠性函数

由图 4-7 可以看出，两种可靠性函数的曲线基本符合经验可靠度的分布，都表现出良好的拟合度。下面用 K-S 检验方法，显著性水平 $\alpha=0.05$，对参数估计结果进行假设检验，以确定这两种模型是否可用于该组失效数据。为此需要计算可靠度函数与经验可靠度的标准差，标准差小的可靠性模型拟合度较高。

失效数据 T_3 的经验可靠度向量为

R_0 = (0.9770, 0.9441, 0.9112, 0.8783, 0.8454, 0.8125, 0.7796, 0.7467, 0.7138, 0.6809, 0.6480, 0.6151, 0.5822, 0.5493, 0.5164, 0.4836, 0.4507, 0.4178, 0.3849, 0.3520, 0.3191, 0.2862, 0.2533)

将失效数据 T_3 代入对数正态分布可靠度函数即式（4-3），可以得到对数正态分布可靠性估计真值向量：

R_1 = (0.8676, 0.8451, 0.8451, 0.8253, 0.8081, 0.8016, 0.7906, 0.7906, 0.7780, 0.7702, 0.7616, 0.6352, 0.5972, 0.4449, 0.3673, 0.3359, 0.2836, 0.2032, 0.1388, 0.0518, 0.0499, 0.0376, 0.0372)

经计算，得到第 3 组失效数据 T_3 在以对数正态分布为可靠性模型时的标准差 σ_0=0.0949h。

将失效数据 T_3 代入 Weibull 分布可靠度函数即式（4-6），可以得到 Weibull 分布可靠性估计真值向量：

R_2 = (0.8180, 0.8014, 0.8014, 0.7871, 0.7749, 0.7702, 0.7625, 0.7625, 0.7537, 0.7482, 0.7422, 0.6529, 0.6251, 0.5043, 0.4349, 0.4046, 0.3514, 0.2603, 0.1776, 0.0531, 0.0504, 0.0332, 0.0327)

经计算，得到第 3 组失效数据 T_3 在以 Weibull 分布为可靠性模型时的标准差 σ=0.1008h。

同时，计算当上述两种分布在寿命失效概率为 90% 和 50% 时的寿命值，即当可靠度函数 $R(t)$=0.9 时，寿命 t 的值为 P_1；当 $R(t)$=0.5 时，寿命 t 的值为 P_2。比较这两个失效概率下的寿命值，结合标准差判断哪种可靠性模型拟合度更好，见表 4-3。

表 4-3　第 3 组失效数据 T_3 的两种可靠性模型的分析对比

分布模型	标准差/h	K-S 检验值	临界值	假设成立概率	P_1/h	P_2/h
对数正态分布	0.0949	0.2398	0.2749	0.1029	1.1549	7.0322
Weibull 分布	0.1008	0.2204	0.2749	0.1867	0.5759	8.7046

以标准差小的分布，即对数正态分布为基准，计算这两种分布在失效概率为 90% 和 50% 时寿命的相对误差。在失效概率为 90% 时，相对误差为

$$e_1 = \frac{1.1549 - 0.5759}{0.5759} = 1.01 = 101\%$$

失效概率为 50% 时，相对误差为

$$e_2 = \frac{8.7046 - 7.0322}{7.0322} = 0.24 = 24\%$$

通过计算可以看出，虽然标准差相差细微，仅为 1%。但两种分布在相同的失效概率前提下，以标准差小的分布为基准，两种分布所显示出的寿命的相对误差会非常大。所以，为减小寿命估计误差，在实际计算中，必须选择标准差小的分布为可靠性模型。

由表 4-3 可知，两种模型的 K-S 检验值均小于临界值，表明这两种模型均为符合第 3 组失效数据 T_3 的恰当模型。其中，Weibull 分布的可靠性估计真值向量和经验可靠度向量的标准差要小于对数正态分布。以标准差小的分布为基准，在失效概率为 90% 时，相对误差 e_1=101%；在失效概率为 50% 时，相对误差 e_2=24%。以上说明，第 3 组 GCr15 材料，对数正态分布的拟合度要优于 Weibull 分布。所

以，对于第 3 组失效数据 T_3，选择对数正态分布作为可靠性模型更合适。

4.2.6　二参数对数正态分布和二参数 Weibull 分布可靠性模型的对比分析

在上述分析中，首先，用对数正态分布和 Weibull 分布的随机数验证 Nelson 的经验可靠度公式对于这两种可靠性模型的适用性。然后，经过验证，可以将极大似然法作为参数评估方法对这两种模型进行可靠性评估。最后，将实验所得的 3 组失效数据分别用 Weibull 分布和对数正态分布进行可靠性评估。其中，第 3 组实验数据中有一个圆柱滚子试样表面并无任何损伤，但实验终止，故判断此次收集到的数据为无失效数据。结果显示，在这 3 组失效数据中，两种可靠性模型都可作为评估的可靠性模型。但是，通过标准差的对比，有 2 组对数正态分布作为可靠性模型的拟合度要优于 Weibull 分布。然而，目前一般默认 Weibull 分布为 GCr15 材料的可靠性模型，并没有考虑对数正态分布，这就可能会带来寿命估计误差。

为了减小寿命估计误差，在实际计算中，若考虑对数正态分布和 Weibull 分布作为 GCr15 材料的可靠性模型，则应通过比较标准差的大小来判定哪个分布的拟合度更好。尤其是，虽然标准差相差较小，但是反映到可靠度曲线中，在相同的失效概率前提下，以标准差小的分布为基准，寿命估计的相对误差会相当大。因此，必须选择标准差小的作为可靠性模型，以减小寿命估计误差，提高计算精度。

4.3　三参数对数正态分布和三参数 Weibull 分布 可靠性模型评估

本节针对寿命实验获得失效数据，使用三参数对数正态分布和三参数 Weibull 分布作为 GCr15 材料的可靠性模型，并对这两种可靠性模型进行对比。通常，GCr15 材料的可靠性模型被认为是 Weibull 分布。下面对三参数对数分布和三参数 Weibull 分布进行对比。并且用不同的方法实施参数评估，目的是提高模型的可信度，使失效数据的可靠性模型的评估结果更加准确。

在三参数对数正态分布的参数评估中，使用概率加权矩法、线性矩法、积分变换矩法，通过假设检验，计算标准差，对比分析这几种评估方法在不同组数据中的表现优劣。三参数 Weibull 分布的参数评估方法参见第 3 章中的论述。最后将同一组失效数据用不同的可靠性模型进行比较。

4.3.1　三参数对数正态分布可靠性模型

三参数对数正态分布的概率密度函数为

$$f(t) = \frac{1}{\sqrt{2\pi}\sigma t} \exp\left\{-\frac{[\ln(t-\tau)-\mu]^2}{2\sigma^2}\right\}$$ （4-21）

分布函数为

$$F(t) = \int_0^{\infty} \frac{1}{\sqrt{2\pi}\sigma t} \exp\left\{-\frac{[\ln(t-\tau)-\mu]^2}{2\sigma^2}\right\} \mathrm{d}t$$ （4-22）

可靠度函数为

$$R(t) = 1 - F(t) = 1 - \int_0^{\infty} \frac{1}{\sqrt{2\pi}\sigma t} \exp\left\{-\frac{[\ln(t-\tau)-\mu]^2}{2\sigma^2}\right\} \mathrm{d}t$$ （4-23）

式中，t 是寿命的随机变量，$t>0$；(μ, σ) 是对数正态分布的参数；μ 为尺度参数；σ 为形状参数，$\sigma>0$。

三参数 Weibull 分布的概率密度函数为

$$f(t; \eta, \beta, \tau) = \frac{\beta}{\eta} \left(\frac{t-\tau}{\eta}\right)^{\beta-1} \exp\left[-\left(\frac{t-\tau}{\eta}\right)^{\beta}\right], \quad t \geqslant \tau > 0, \beta > 0, \eta > 0$$ （4-24）

分布函数为

$$F(t; \eta, \beta, \tau) = 1 - \int_{\tau}^{\infty} f(t; \eta, \beta, \tau) \mathrm{d}t = 1 - \exp\left[-\left(\frac{t-\tau}{\eta}\right)^{\beta}\right]$$ （4-25）

可靠性函数为

$$R(t; \eta, \beta, \tau) = 1 - F(t) = \exp\left[-\left(\frac{t-\tau}{\eta}\right)^{\beta}\right]$$ （4-26）

式中，t 是寿命的随机变量，$t>0$；η 为尺度参数，$\eta>0$；β 为形状参数，$\beta>0$；τ 为位置参数。

4.3.2　三参数对数正态分布的参数估计方法及验证

1. 线性矩法

线性矩 λ_1、λ_2、λ_3、τ、τ_3 的定义、特性及线性矩与概率加权矩 b_0、b_1、b_2 的函数关系见文献[56]，并有

$$\lambda_1 = c + \exp(\alpha_\eta + \sigma_\eta^2)$$ （4-27）

$$\lambda_2 = -\left[1 - 2\phi\left(\frac{\sigma_\eta}{\sqrt{2}}\right)\right]\exp\left(\alpha_\eta + \frac{\sigma_\eta}{2}\right) \tag{4-28}$$

$$\tau_3 = \sigma_\eta \frac{A_0 + A_1\sigma_\eta^2 + A_2\sigma_\eta^4 + A_3\sigma_\eta^6}{1 + B_1\sigma_\eta^2 + B_2\sigma_\eta^4 + B_3\sigma_\eta^6} \tag{4-29}$$

设 $\eta = \ln(\varepsilon - c)$ 为符合正态分布 $N(\sigma_\eta, \sigma_\eta^2)$ 的随机变量，则称 ε 符合三参数对数正态分布。

在式（4-27）～式（4-29）中，$\phi(x)$ 代表标准正态分布，系数 $A_0 = 0.48860251$，$A_1 = 4.4493076 \times 10^{-3}$，$A_2 = 8.8027093 \times 10^{-4}$，$A_3 = 1.1507084 \times 10^{-6}$，$B_1 = 6.4662924 \times 10^{-2}$，$B_2 = 3.3090406 \times 10^{-3}$，$B_3 = 7.4290680 \times 10^{-5}$。

当已知 λ_1、λ_2、τ_3 后，参数 α_η、σ_η、c 很容易用式（4-30）和式（4-31）计算得到。当 $|\tau_3| < 0.94$、$|\sigma_\eta| < 3$ 时，有

$$\sigma_\eta = \tau_3 \frac{E_0 + E_1\tau_3^2 + E_2\tau_3^4 + E_3\tau_3^6}{1 + F_1\tau_3^2 + F_2\tau_3^4 + F_3\tau_3^6} \tag{4-30}$$

$$\alpha_\eta = \ln \frac{-\lambda_2 \exp\left(-\dfrac{\sigma_\eta^2}{2}\right)}{1 - 2\phi\left(\dfrac{\sigma_\eta}{\sqrt{2}}\right)} \tag{4-31}$$

$$c = \lambda_1 - \exp\left(\alpha_\eta + \frac{\sigma_\eta^2}{2}\right) \tag{4-32}$$

式（4-30）中，常数 $E_0 = 2.0466534$，$E_1 = -3.6544371$，$E_2 = 1.8396733$，$E_3 = -0.20360244$，$F_1 = -2.0182173$，$F_2 = 1.2420401$，$F_3 = -0.21741801$。

设样本 X 为 $x_{1:n} < x_{2:n} < \cdots < x_{n:n}$，则 λ_1、λ_2、λ_3 对应的样本矩 l_1、l_2、l_3 为

$$\begin{aligned} l_1 &= b_0 \\ l_2 &= 2b_1 - b_0 \\ l_3 &= 6b_2 - 6b_1 + b_0 \end{aligned} \tag{4-33}$$

式中

$$b_0 = \frac{1}{n}\sum_{j=1}^{n} x_{j:n}$$

$$b_1 = \frac{1}{n}\sum_{j=2}^{n} \frac{j-1}{n-1} x_{j:n} \tag{4-34}$$

$$b_2 = \frac{1}{n}\sum_{j=3}^{n} \frac{(j-1)(j-2)}{(n-1)(n-2)} x_{j:n}$$

所以，只要能给定样本 X，就可以求出 λ_1、λ_2、λ_3 以及 $\tau = \lambda_3 / \lambda_2$。

2. 积分变换矩法

式（4-21）中，τ 为移位参数，可用均值 Y_0、变差系数 C_v 和偏态系数 C_s 确定，即

$$\tau = Y_0\left(1 - \frac{C_v}{\eta}\right)$$

$$\sigma = \sqrt{\ln(1 - \eta^2)}$$

$$\mu = \frac{1}{2}\ln\left[\frac{1 + \eta^2}{(Y_0 - \tau)^2}\right] \tag{4-35}$$

$$\eta = \left(\frac{C_s + \sqrt{C_v^2 + 4}}{2}\right)^{1/3} - \left(\frac{-C_s + \sqrt{C_s^2 + 4}}{2}\right)^{1/3}$$

三参数对数正态分布的概率密度函数参数为

$$E(y) = Y_0 = \tau + \exp\left(\mu + \frac{\sigma^2}{2}\right) \tag{4-36}$$

$$E[\ln(y - \tau)] = \mu \tag{4-37}$$

$$E[(y - \tau)^2] = \exp[2(\mu + \sigma^2)] \tag{4-38}$$

由式（4-36）和式（4-38）推导得

$$C_v = \frac{\sqrt{\exp(2\mu + \sigma^2)[\exp(\sigma^2) - 1]}}{\tau + \exp\left(\mu + \frac{\sigma^2}{2}\right)} \tag{4-39}$$

将式（4-36）和式（4-39）联立，代入式（4-37），得

$$E[\ln(y - Y_0 + H)] = \ln H - \frac{\sigma^2}{2} \tag{4-40}$$

式中

$$H = \frac{Y_0 C_v}{\sqrt{\exp(\sigma^2) - 1}} \tag{4-41}$$

利用式（4-40）进行迭代求解，并由式（4-42）求出 C_s，有

$$C_s = 3\Phi + \Phi^3 \tag{4-42}$$

式中

$$\Phi = \sqrt{\exp(\sigma^2) - 1} \qquad (4\text{-}43)$$

对于简单样本系列，式（4-36）、式（4-37）和式（4-39）左边分别为

$$Y_0 = \frac{1}{n} \sum_{i=1}^{n} y_i \qquad (4\text{-}44)$$

$$E[\ln(y - Y_0 + H)] = \frac{1}{n} \sum_{i=1}^{n} \ln(y_i - Y_0 + H) \qquad (4\text{-}45)$$

$$C_v = \frac{1}{Y_0} \sqrt{\frac{1}{n-1} \sum_{i=1}^{n} \left(y_i - \frac{1}{Y_0} \right)} \qquad (4\text{-}46)$$

对于非简单样本系列，式（4-36）、式（4-37）和式（4-39）左边分别为

$$Y_0 = \frac{1}{n} \left(\frac{n-b}{n-l} \sum_{i=1}^{n-l} y_i + \sum_{i=1}^{b} y_i \right) \qquad (4\text{-}47)$$

$$E[\ln(y - Y_0 + H)] = \frac{1}{n} \left[\frac{n-b}{n-l} \sum_{i=1}^{n-l} (y_i - Y_0 + H) + \sum_{i=1}^{b} \ln(y_i - Y_0 + H) \right] \qquad (4\text{-}48)$$

$$C_v = \frac{1}{Y_0} \sqrt{\frac{1}{n-1} \left[\sum_{i=1}^{b} (y_i - Y_0)^2 + \frac{n-b}{n-l} \sum_{i=1}^{n-l} (y_i - Y_0)^2 \right]} \qquad (4\text{-}49)$$

3. 概率加权矩法

三参数对数正态分布的概率密度函数为

$$f(t) = \frac{1}{\sqrt{2\pi}\sigma t} \exp \left\{ -\frac{[\ln(t - \tau) - \mu]^2}{2\sigma^2} \right\} \qquad (4\text{-}50)$$

式中，$y = \ln(x - a)$为正态分布，具有均值 μ 和标准差 σ；τ 为下限值。其中对数正态分布的参数和概率加权矩的关系为

$$\mu = M_0 \qquad (4\text{-}51)$$

$$C_v = H \left(\frac{M_1}{M_0} - \frac{1}{2} \right) \qquad (4\text{-}52)$$

$$R = \frac{M_2 - \dfrac{M_0}{3}}{M_1 - \dfrac{M_0}{2}} \qquad (4\text{-}53)$$

式中，H、R 是 C_s 的函数，都不能以显式表示；μ、C_v 和 C_s 分别是变量 x 的均值、变差系数和偏态系数；M_0、M_1 和 M_2 分别是零阶、一阶、二阶的概率加权矩。

利用试错法和最优计算技术，最后得

$$H = 3.545 + 34.7v + 220v^2 + 178v^3 + 12160v^4 \tag{4-54}$$

$$v = (R-1)^2/(4/3-R)^{0.2}, \quad 1 \leqslant R < 4/3 \tag{4-55}$$

$$C_s = 12.83w + 3.8w^2 + 40.5w^3 + 203w^4 + 855w^5 \tag{4-56}$$

$$w = (R-1)/(4/3-R)^{0.3}, \quad 1 \leqslant R < 4/3 \tag{4-57}$$

当 $R<1$ 时，式（4-54）～式（4-57）均可以利用，但是 R 必须通过转换，用 $R'=2-R$ 代替 R。此时 C_s 需加上负号。

$$\tau = \mu\left(1 - \frac{C_v}{k}\right) \tag{4-58}$$

$$\sigma = \sqrt{\ln(1+k^2)} \tag{4-59}$$

$$\mu = \ln(\mu - \tau) - \frac{1}{2}\ln(1+k^2) \tag{4-60}$$

$$k = \left(\frac{\sqrt{C_s^2+4}+C_s}{2}\right)^{1/2} - \left(\frac{\sqrt{C_s^2+4}-C_s}{2}\right)^{1/3} \tag{4-61}$$

4. 参数评估方法的验证

若使用积分变换矩法、线性矩法、概率加权矩法作为三参数对数正态分布的参数评估方法，必须先验证这 3 种参数评估方法对于三参数对数正态分布的适用性，即是否有较高的精确度。使用一组计算机生成的三参数对数正态分布的随机数，用这 3 种方法进行参数评估，就能知道各个评估方法是否可行。

首先用计算机生成一组对数正态分布的随机数，用向量表示为

T= (24.0487, 24.3596, 24.6911, 27.1893, 28.9719, 30.5779, 31.3811, 32.3387, 34.8524, 36.6132, 36.7963, 37.4178, 37.7393, 44.1589, 45.6155, 46.7901, 54.6821, 55.4062, 57.8145, 61.0596, 62.0447, 63.4788, 63.8721, 64.4228, 67.6546, 69.7253, 70.5587, 72.3716, 83.0081, 116.6383)

用积分变换矩法对这组随机数 T 进行参数估计，得

$$\tau = -12.6478, \quad \mu = 4.0870, \quad \sigma = 0.3283$$

将估算出的参数代入式（4-3），得到相应的可靠性函数如图 4-8 所示。

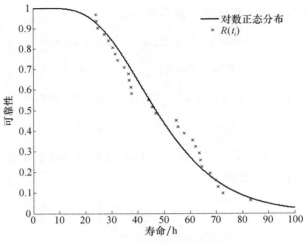

图 4-8　积分变换矩法的可靠性函数

用线性矩法对这组随机数 T 进行参数估计，得

$$\tau = -13.4789, \quad \mu = 4.4101, \quad \sigma = 0.3287$$

将估算出的参数代入式（4-3）得到相应的可靠性函数如图 4-9 所示。

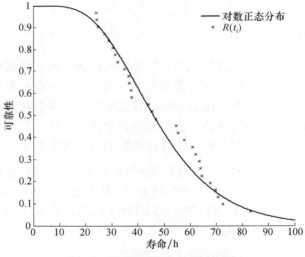

图 4-9　线性矩法的可靠性函数

用概率加权矩法对这组随机数 T 进行参数估计，得

$$\tau = 1.5063, \quad \mu = 3.7966, \quad \sigma = 0.4222$$

将估算出的参数代入式（4-3）得到相应的可靠性函数如图 4-10 所示。

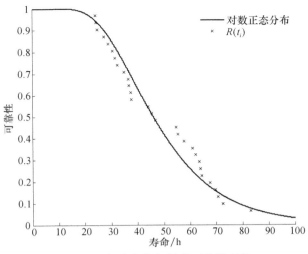

图 4-10　概率加权矩法的可靠性函数

由图 4-8~图 4-10 可以看出，图中的可靠性函数曲线基本符合经验可靠度的分布，3 种方法评估都表现出良好的拟合度。用 K-S 检验方法，显著性水平 $\alpha=0.05$，对参数估计结果进行假设检验，结果见表 4-4。

表 4-4　对数正态分布参数估计方法的分析对比

评估方法	检验结果	K-S 检验值	K-S 临界值	成立概率 p
积分变换矩法	成立	0.1281	0.2417	0.6782
线性矩法	成立	0.1381	0.2417	0.6140
概率加权矩法	成立	0.1291	0.2417	0.6685

由表 4-4 的 K-S 检验结果可知，3 种评估方法的 K-S 检验值均小于临界值，因此这 3 种参数评估方法均适用于三参数对数正态分布，并且评估效果良好。所以，在对实验失效数据进行参数评估时，就可以用以上 3 种评估方法进行参数评估。

4.3.3　三参数对数正态分布实验案例分析

1. 案例 1

第 1 组失效数据用向量表示为（$n=26$，单位：h）

$T_1=$ (0.38, 1.69, 1.69, 1.71, 1.8, 1.86, 1.89, 2.06, 2.14, 2.2, 2.42, 2.46, 3.88, 4.89, 6.2, 7.73, 12.46, 12.5, 12.88, 13.33, 31.97, 38.57, 47.5, 50.2, 51.77, 58.71)

用积分变换矩法对第 1 组失效数据 T_1 进行参数估计，得

$$\tau = -8.0481, \quad \mu = 2.8465, \quad \sigma = 0.7288$$

可靠性函数如图 4-11 所示。

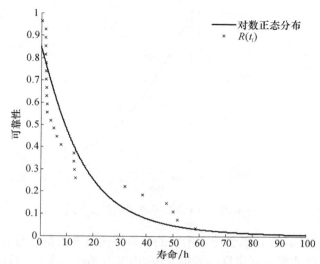

图 4-11　用积分变换矩法估算第 1 组失效数据 T_1 的可靠性函数

用线性矩法对第 1 组失效数据 T_1 进行参数估计，得

$$\tau = -8.4644, \quad \mu = 2.5604, \quad \sigma = 1.0677$$

可靠性函数如图 4-12 所示。

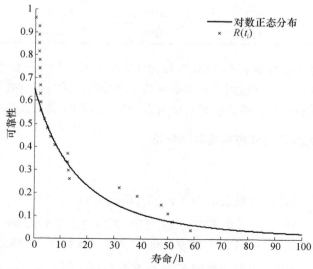

图 4-12　用线性矩法估算第 1 组失效数据 T_1 的可靠性函数

用概率加权矩法对第 1 组失效数据 T_1 进行参数估计，得

$$\tau = 3.3324, \quad \mu = 1.5135, \quad \sigma = 1.3359$$

可靠性函数如图 4-13 所示。

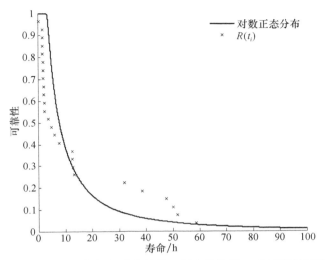

图 4-13　用概率加权矩法估算第 1 组失效数据 T_1 的可靠性函数

用 K-S 检验方法，显著性水平 $\alpha=0.05$，对参数估计结果进行假设检验，结果如表 4-5 所示。可知，在这 3 种参数评估方法中，只有积分变换矩法的 K-S 检验值小于临界值，即只有积分变换矩法适用于第 1 组失效数据 T_1 的三参数对数正态分布模型，其余两种参数评估方法即概率加权矩法和线性矩法均不适用。通过标准差的计算可知，积分变换矩法的标准差最小，也表明积分变换矩法的拟合度最好。

表 4-5　第 1 组失效数据 T_1 的 3 种对数正态分布参数估计方法的分析对比

评估方法	检验结果	K-S 检验值	K-S 临界值	标准差
概率加权矩法	不成立	0.4615	0.2591	0.2211
积分变换矩法	成立	0.2128	0.2591	0.1108
线性矩法	不成立	0.3717	0.2591	0.1445

然而，这种成立只是在数据验证上满足了假设检验，在实际公式的运用中，三参数对数正态分布的位置参数 τ 的意义为最小失效数据量，即 τ 应满足大于零的条件。任何失效数据实验都不可能出现负值的情况，而使用积分变换矩法评估参数方法所得出的位置参数 $\tau=-8.0481$，并不能满足参数 τ 大于零的条件。虽然

积分变换矩法评估的参数可以满足假设检验的需求，但违背了在寿命实验中对参数 τ 的实际定义。因此，积分变换矩法也不适用于第 1 组失效数据 T_1，应予以排除。概率加权矩法参数评估方法得出的位置参数 τ=3.3324，可以满足函数的参数定义。但是由于其拟合度较差，不能通过假设检验，所以也不适用于第 1 组失效数据 T_1。显然，这 3 种方法均不能用于三参数对数正态分布作为可靠性模型的第 1 组失效数据 T_1。

2. 案例 2

第 2 组失效数据用向量表示为（n=30，单位：h）

T_2= (0.61, 0.69, 1.6667, 1.8167, 1.91, 1.9383, 2.345, 2.36, 2.3833, 3.07, 3.075, 3.0833, 3.6267, 11.798, 12.672, 14.182, 14.295, 16.277, 17.843, 18.833, 26.103, 28, 29.795, 47.525, 47.865, 52.917, 53.15, 53.57, 80.207, 90.11)

用积分变换矩法对第 2 组失效数据 T_2 进行参数估计，得

$$\tau = -14.4696, \quad \mu=3.3865, \quad \sigma=0.6245$$

可靠性函数图像如图 4-14 所示。

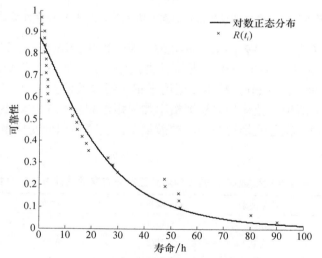

图 4-14　用积分变换矩法估算第 2 组失效数据 T_2 的可靠性函数

用线性矩法对第 2 组失效数据 T_2 进行参数估计，得

$$\tau = -18.6980, \quad \mu=3.3481, \quad \sigma=0.8303$$

可靠性函数如图 4-15 所示。

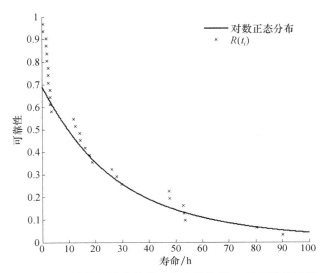

图 4-15　用线性矩法估算第 2 组失效数据 T_2 的可靠性函数

用概率加权矩法对第 2 组失效数据 T_2 进行参数估计,得

$$\tau = 1.1851, \quad \mu = 2.4503, \quad \sigma = 1.0573$$

可靠性函数如图 4-16 所示。

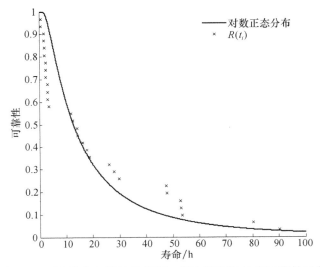

图 4-16　用概率加权矩法估算第 2 组失效数据 T_2 的可靠性函数

用 K-S 检验方法,显著性水平 $\alpha=0.05$,对参数估计结果进行假设检验,结果如表 4-6 所示。可知,在这 3 种参数评估方法中,只有积分变换矩法的 K-S 检验

值小于临界值，即只有积分变换矩法适用于第 2 组失效数据 T_2 的三参数对数正态分布模型，其余两种参数评估方法即概率加权矩法和线性矩法均不适用。通过标准差的计算可知，积分变换矩法的标准差最小，也表明积分变换矩法的拟合度最好。

表 4-6　第 2 组失效数据 T_2 的 3 种对数正态分布参数估计方法的分析对比

评估方法	检验结果	K-S 检验值	K-S 临界值	标准差
概率加权矩法	不成立	0.4615	0.2417	0.1124
积分变换矩法	成立	0.2128	0.2417	0.0819
线性矩法	不成立	0.3717	0.2417	0.1124

但是这种成立只是在数据验证上满足了假设检验，在实际公式的运用中，三参数对数正态分布的位置参数 τ 的意义为最小失效数据，即 τ 应满足大于零的条件。任何失效数据实验都不可能出现负值的情况，而使用积分变换矩法评估参数所得出的位置参数 $\tau = -14.4696$，不能满足参数 τ 大于零的条件。虽然积分变换矩法评估的参数可以满足假设检验的需求，但是违背了在寿命实验中对参数 τ 的实际定义。因此，积分变换矩法也不适用于第 2 组失效数据 T_2，应予以排除。概率加权矩法参数评估方法得出的位置参数 $\tau = 1.1851$，可以满足函数的参数定义，但是由于其拟合度较差，不能通过假设检验，故也不适用于第 2 组失效数据 T_2。显然，这 3 种方法均不能用于三参数对数正态分布作为可靠性模型的第 2 组失效数据 T_2。

3. 案例 3

第 3 组失效数据用向量表示为（$n=23$，单位：h）

$T_3 =$ (1.46, 1.68, 1.68, 1.88, 2.06, 2.13, 2.25, 2.25, 2.39, 2.48, 2.58, 4.32, 4.97, 8.55, 11.34, 12.78, 15.75, 22.66, 32.49, 69.72, 71.54, 86.36, 86.91)

用积分变换矩法对第 3 组失效数据 T_3 进行参数估计，得

$$\tau = -9.4020, \quad \mu = 3.0202, \quad \sigma = 0.8322$$

可靠性函数如图 4-17 所示。

用线性矩法对第 3 组失效数据 T_3 进行参数估计，得

$$\tau = -9.2386, \quad \mu = 2.5620, \quad \sigma = 1.2640$$

可靠性函数如图 4-18 所示。

用概率加权矩法对第 3 组失效数据 T_3 进行参数估计，得

$$\tau = 5.8694, \quad \mu = 1.5439, \quad \sigma = 1.4260$$

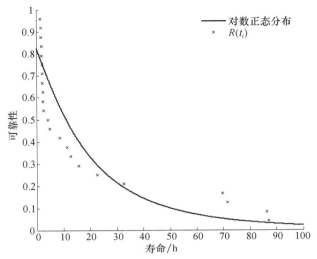

图 4-17　用积分变换矩法估算第 3 组失效数据 T_3 的可靠性函数

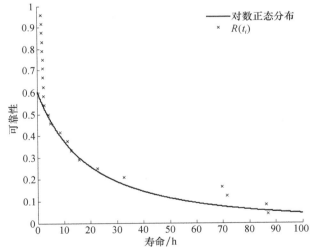

图 4-18　用线性矩法估算第 3 组失效数据 T_3 的可靠性函数

可靠性函数如图 4-19 所示。

　　用 K-S 检验方法，显著性水平 α=0.05，对参数估计结果进行假设检验，结果如表 4-7 所示。可知，在这 3 种参数评估方法中，只有积分变换矩法的 K-S 检验值小于临界值，即只有积分变换矩法适用于第 3 组失效数据 T_3 的三参数对数正态分布模型，其余两种参数评估方法即概率加权矩法和线性矩法均不适用。通过标准差的计算可知，积分变换矩法的标准差最小，也表明积分变换矩法的拟合度最好。

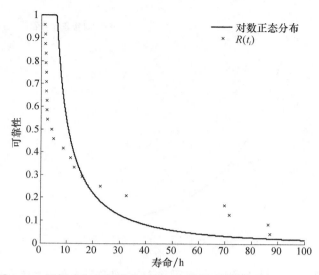

图 4-19　用概率加权矩法估算第 3 组失效数据 T_3 的可靠性函数

表 4-7　第 3 组失效数据 T_3 的 3 种对数正态分布参数估计方法的分析对比

评估方法	检验结果	K-S 检验值	K-S 临界值	标准差
概率加权矩法	不成立	0.5652	0.2749	0.2556
积分变换矩法	成立	0.2303	0.2749	0.1207
线性矩法	不成立	0.4397	0.2749	0.1727

　　在第 3 组失效数据 T_3 中，用积分变换矩法得出的位置参数 $\tau = -9.4020$，不能满足参数 τ 大于零的条件。虽然积分变换矩法评估的参数可以满足假设检验的需求，但是违背了参数 τ 在寿命实验中的实际定义。所以，积分变换矩法不适用于第 3 组失效数据 T_3，应予以排除。概率加权矩法得出的位置参数 $\tau = 5.8694$，可以满足函数的参数定义。但是，由于拟合度较差，不能通过假设检验，故也不适用于第 3 组失效数据 T_3。显然，这 3 种方法均不能用于三参数对数正态分布作为可靠性模型的第 3 组失效数据 T_3。

　　综上所述，在 3 组失效数据的可靠性评估中，以三参数对数正态分布为可靠性模型，概率加权矩法、线性矩法、积分变换矩法均不能很好地对失效数据进行拟合。所以，现阶段可以认为，三参数对数正态分布不能很好地用于 GCr15 材料的可靠性评估，而其参数评估方法有待于进一步探究。

4.3.4　三参数 Weibull 分布可靠性模型

　　三参数 Weibull 分布的参数评估方法及其评估方法的验证在第 3 章中已有详

细探讨，本章不再赘述。本章对三参数 Weibull 分布的参数评估，采用概率加权矩法。

第 1 组失效数据用向量表示为（n=26，单位：h）

T_1=(0.38, 1.69, 1.69, 1.71, 1.8, 1.86, 1.89, 2.06, 2.14, 2.2, 2.42, 2.46, 3.88, 4.89, 6.2, 7.73, 12.46, 12.5, 12.88, 13.33, 31.97, 38.57, 47.5, 50.2, 51.77, 58.71)

使用概率加权矩法进行参数估计，得

$$\eta=10.5100, \quad \beta=0.6631, \quad \tau=0.3669$$

可靠性函数如图 4-20 所示。

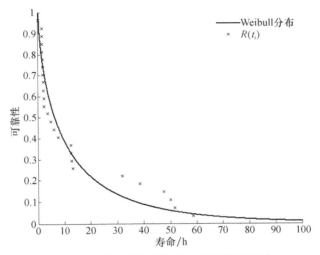

图 4-20　第 1 组失效数据 T_1 的可靠性函数

第 2 组失效数据用向量表示为（n=30，单位：h）

T_2=(0.61, 0.69, 1.6667, 1.8167, 1.91, 1.9383, 2.345, 2.36, 2.3833, 3.07, 3.075, 3.0833, 3.6267, 11.798, 12.672, 14.182, 14.295, 16.277, 17.843, 18.833, 26.103, 28, 29.795, 47.525, 47.865, 52.917, 53.15, 53.57, 80.207, 90.11)

使用概率加权矩法进行参数估计，得

$$\eta = 20.4335, \quad \beta = 0.8334, \quad \tau = 0.101$$

可靠性函数如图 4-21 所示。

第 3 组失效数据用向量表示为（n=23，单位：h）

T_3=(1.46, 1.68, 1.68, 1.88, 2.06, 2.13, 2.25, 2.25, 2.39, 2.48, 2.58, 4.32, 4.97, 8.55, 11.34, 12.78, 15.75, 22.66, 32.49, 69.72, 71.54, 86.36, 86.91)

使用概率加权矩法进行参数估计，得

$$\eta = 11.7215, \quad \beta = 0.5707, \quad \tau = 0.6873$$

可靠性函数如图 4-22 所示。

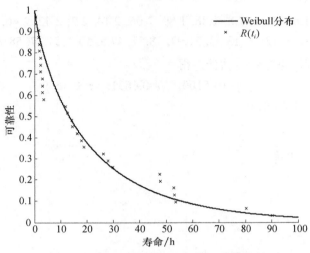

图 4-21　第 2 组失效数据 T_2 的可靠性函数

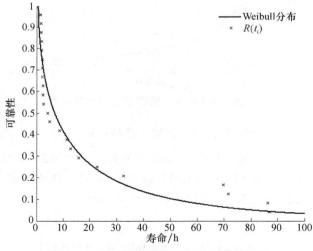

图 4-22　第 3 组失效数据 T_3 的可靠性函数

由图 4-20～图 4-22 可以看出，3 组失效数据的可靠性函数曲线与经验可靠度均有良好的拟合度，没有不符合模型参数定义的评估结果。

计算可靠性函数与经验可靠度的标准差，用 K-S 检验方法，显著性水平 $\alpha=$ 0.05，对参数估计结果进行假设检验，结果如表 4-8 所示。

表 4-8　3 组失效数据的 Weibull 分布可靠性模型检验结果

组号	检验结果	K-S 检验值	K-S 临界值	标准差
1	成立	0.1851	0.2591	0.0771
2	成立	0.2269	0.2417	0.0822
3	成立	0.1909	0.2749	0.0816

综上所述，使用概率加权矩法作为参数评估方法，三参数 Weibull 分布作为失效数据的可靠性模型，具有良好的表现。3 组失效数据的可靠性图像经过假设检验，都符合三参数 Weibull 分布。这说明三参数 Weibull 分布对于 GCr15 材料是恰当的可靠性模型，其表现要优于三参数对数正态分布。

4.3.5　三参数对数正态分布和三参数 Weibull 分布可靠性模型的对比分析

在可靠性对比中，分别采用概率加权矩法、线性矩法、积分变换矩法等对三参数对数正态分布进行参数评估，并且经验证，这 3 种参数评估方法均有良好的表现。这样做的目的是用不同的参数评估方法使参数评估精确度更高。当三参数对数正态分布作为 GCr15 材料的可靠性模型时，3 种评估方法中的积分变换矩法的表现最好，但是其参数取值并不能满足该模型作为失效数据时的实际意义，所以从目前的评估结果来看，三参数对数正态分布并不能很好地作为评估 GCr15 材料的可靠性模型。

同时，使用了三参数 Weibull 分布作为 GCr15 材料的可靠性模型，由评估结果来看，其结果有良好的拟合度，所以针对 GCr15 材料，三参数 Weibull 分布作为可靠性模型的表现要优于三参数对数正态分布。

4.4　改进的最大熵可靠性模型评估

在通常情况下，GCr15 材料的可靠性分布被认为是 Weibull 分布模型。在前面的对比分析中，用二参数对数正态分布对比二参数 Weibull 分布，用三参数对数正态分布对比三参数 Weibull 分布。其中，二参数对数正态分布在某些情况下要优于二参数 Weibull 分布，说明使用二参数 Weibull 分布作为 GCr15 材料的可靠性模型并不能很准确地表述其可靠性分布。

4.4.1　改进的最大熵可靠性模型

本节假设可靠性概率分布未知，用改进的最大熵可靠性评估方法[58,59]对 GCr15

材料进行可靠性评估。首先处理失效数据,获得失效数据的经验可靠度;然后利用经验可靠度逆向推出离散失效的频率向量,获得统计直方图;再基于区间映射的牛顿迭代法,获得具有最大熵的概率密度函数,并且对其积分获得概率分布函数;最后得到可靠性估计真值函数。在实验研究中,仍然考虑3组失效数据,用最大熵可靠性函数作为模型进行可靠性评估,并与前面涉及的有关评估方法进行比较。

1. 经典的经验可靠度向量及其离散失效频率向量

1)经典的经验可靠度向量

假设通过实验获得某机械产品的一组失效数据,各失效数据之间数值互不重复,用向量可以表示为

$$X_0 = (x_{01}, x_{02}, \cdots, x_{0i}, \cdots, x_{0n}),$$
$$x_{01} < x_{02} < \cdots < x_{0i} < \cdots < x_{0n}, \quad i = 1, 2, \cdots, n \tag{4-62}$$

式中,X_0 为失效数据组成的向量,x_{0i} 为第 i 个失效数据,i 为失效数据序号,n 为失效数据个数。

在产品失效概率分布未知或者分布参数未知的情况下,对寿命数据的经验可靠度可以用 Johnson 的中位秩或者 Nelson 的期望值进行非参数估计。这两种方法获得的经验可靠度可以用向量表示为

$$R_1 = (r(x_{01}), r(x_{02}), \cdots, r(x_{0i}), \cdots, r(x_{0n})), \quad i = 1, 2, \cdots, n \tag{4-63}$$

式中,R_1 表示由可靠性中位秩经验值或期望经验值组成的向量。

用中位秩描述经验可靠度,计算公式为

$$r(x_{0i}) = 1 - \frac{i - 0.3}{n + 0.4}, \quad i = 1, 2, \cdots, n \tag{4-64}$$

用期望值描述经验可靠度,计算公式为

$$r(x_{0i}) = 1 - \frac{i}{n + 1}, \quad i = 1, 2, \cdots, n \tag{4-65}$$

2)离散失效频率向量

根据统计理论,由经验可靠度向量 R_1 可以得到离散累积失效概率向量 F_1:

$$F_1 = (f_1, f_2, \cdots, f_i, \cdots, f_n) = 1 - R_1, \quad i = 1, 2, \cdots, n \tag{4-66}$$

假设各个失效数据对应的离散失效概率为 p_{0i},对于第 1 个数据,即 $i=1$ 时,令其失效概率为 $p_{01}=f_1$,则从第 2 个数据开始,即当 $i=2, 3, \cdots, n$ 时,各自的失效概率可以由向量 F_1 中元素依次累减得到 $p_{0i}=f_i-f_{i-1}$,$i=2, 3, \cdots, n$。

于是,失效数据的离散失效频率向量为

$$\boldsymbol{P}_{0i} = (p_{01}, p_{02}, \cdots, p_{0i}, \cdots, p_{0n})$$
$$p_{01} = f_1 \tag{4-67}$$
$$p_{0i} = f_i - f_{i-1}, \quad i = 2, 3, \cdots, n$$

式（4-67）对应于统计学中的直方图，其中横坐标为离散的失效数据 x_{0i}，纵坐标为各组中值 $x_q = x_{0(q-1)}$ 对应的频率 $p_q = p_{0(q-1)}$，$q = 2, \cdots, n+1$。通常将直方图扩展成 $n+2$ 组，即 $q = 1, 2, \cdots, n+2$，并令

$$p_1 = p_{n+2} = 0, \quad x_1 = x_{01} - (x_{02} - x_{01}), \quad x_{n+2} = x_{0n} + (x_{02} - x_{01})$$

这里对直方图的处理有利于后面用牛顿法求解最大熵概率密度函数中的拉格朗日乘子。

2. 改进的经验可靠度向量及其加权离散失效频率向量

假设通过实验获得某机械产品的一组失效数据，将重复出现的失效数据记为同一个数据，用同一个下标序号表示，并对其出现次数进行统计。这样，该组失效数据可以用向量 $\boldsymbol{X}_0$ 和 $\boldsymbol{N}$ 表示为

$$\boldsymbol{X}_0 = (x_{01}, x_{02}, \cdots, x_{0i}, \cdots, x_{0n}), \quad x_{01} < x_{02} < \cdots < x_{0i} < \cdots < x_{0n}$$
$$\boldsymbol{N} = (N_1, N_2, \cdots, N_i, \cdots, N_n) \tag{4-68}$$
$$i = 1, 2, \cdots, n$$

式中，$\boldsymbol{X}_0$ 为不同失效数据组成的向量，i 为失效数据序号，n 为不重复失效数据的个数，$\boldsymbol{N}$ 为失效数据出现次数组成的向量，N_i 为失效数据 x_{0i} 出现的次数。

此时，式（4-64）和式（4-65）中的 $n = N_1 + N_2 + \cdots + N_i + \cdots + N_n$。根据统计理论，由经验可靠度向量 $\boldsymbol{R}_1$ 可以得到单个 x_{0i} 对应的离散累积失效概率向量 $\boldsymbol{F}_1$，如式（4-66）所示。

重复失效数据的出现，使得统计直方图中同一横坐标值对应的失效概率不唯一，产生波动，不利于可靠性评估。

同上所述，设所有序号为 i 的失效寿命数据 x_{0i} 对应的离散失效概率为 p_{0i}，对于失效数据 x_{01}，即 $i=1$ 时，令其加权失效概率为

$$p_{01} = \frac{N_1 f_1}{N_1 f_1 + \sum_{i=2}^{n} N_i (f_i - f_{i-1})}$$

则从第 i 个序号对应的失效数据开始，即当 $i=2, 3, \cdots, n$ 时，各自的加权失效概率可以由向量 $\boldsymbol{P}_{0i}$ 中元素加上加权系数得到：

$$p_{0i} = \frac{N_i f_i}{N_1 f_1 + \sum\limits_{i=2}^{n} N_i (f_i - f_{i-1})}, \quad i=2,3,\cdots,n$$

故失效寿命数据(含重复失效数据)的加权离散失效频率向量为

$$\boldsymbol{P}_{0i} = (p_{01}, p_{02}, \cdots, p_{0i}, \cdots, p_{0n}) \tag{4-69}$$

同理，式（4-69）也对应于统计学中的直方图，并且保证了概率和为 1，其中横坐标为离散的失效寿命数据 x_{0i}，纵坐标为各组组中值 $x_q = x_{0(q-1)}$ 对应的频率 $p_q = p_{0(q-1)}$，$q=2,\cdots,n+1$。通常将直方图扩展成 $n+2$ 组，即 $q=1,2,\cdots,n+2$，并令

$$p_1 = p_{n+2} = 0, \quad x_1 = x_{01} - (x_{02} - x_{01}), \quad x_{n+2} = x_{0n} + (x_{02} - x_{01})$$

这里对直方图的处理有利于后面用牛顿法求解最大熵概率密度函数中的拉格朗日乘子。

3. 最大熵概率密度函数

最大熵方法能够对未知的概率分布做出主观偏见为最小的最佳估计。但是使用最大熵方法获取概率分布的求解过程的收敛性难以保证，因此推荐一个收敛性很好的数值计算方法——区间映射的牛顿数值解法[22,23]。

设具有最大熵的概率密度函数为

$$f(t) = \exp\left(\sum_{k=0}^{m} c_k t^k \right) \tag{4-70}$$

式中，m 为原点矩阶数，一般取 $m=3\sim8$，常用 $m=5$；c_k 为第 k 个拉格朗日乘子，$k=0,1,\cdots,m$，共有 $m+1$ 个。

第 1 个拉格朗日乘子 c_0 为

$$c_0 = -\ln\left[\int_S \exp\left(\sum_{k=1}^{m} c_k t^k \right) \mathrm{d}t \right] \tag{4-71}$$

其他 m 个拉格朗日乘子应满足：

$$g_k = g(c_k) = 1 - \frac{\int_S t^k \exp\left(\sum\limits_{j=1}^{m} c_j t^j \right) \mathrm{d}t}{m_k \int_S \exp\left(\sum\limits_{j=1}^{m} c_j t^j \right) \mathrm{d}t} = 0, \quad k=1,2,\cdots,m \tag{4-72}$$

式（4-72）可以用向量表示为

$$\boldsymbol{G} = \boldsymbol{G}(c) = \{ g_k; k=1,2,\cdots,m \}^{\mathrm{T}} = \boldsymbol{0} \tag{4-73}$$

且有

$$c = \{c_k; k = 1, 2, \cdots, m\}^{\mathrm{T}} \tag{4-74}$$

式中，c 为拉格朗日乘子列向量。

1）拉格朗日乘子向量的牛顿数值解法

用牛顿数值解法求解拉格朗日乘子向量 c，即有

$$c^{j+1} = c^j - G'(c^j)^{-1} G(c^j), \quad j = 0, 1, \cdots \tag{4-75}$$

式中，$G'(c^j)$ 为迭代到第 j 步的雅可比矩阵。

迭代收敛的范数准则为

$$\left\| G^{j+1} - G^j \right\|_1 \leqslant \varepsilon \tag{4-76}$$

式中，ε 为收敛精度，一般取 $\varepsilon = 10^{-12}$。

2）积分区间的映射

牛顿数值解法虽然收敛速度快，但其收敛性依赖于初始值的选取，如果初始值选取不当，牛顿数值解法可能会发散。为便于牛顿数值解法求解能很好地收敛，可以将失效数据序列 X_0 无量纲化地映射到区间[-e, e]中：

$$t = ax + b \tag{4-77}$$

$$x = \frac{t}{a} - \frac{b}{a} \tag{4-78}$$

$$\mathrm{d}x = \frac{1}{a} \mathrm{d}t \tag{4-79}$$

$$a = \frac{2\mathrm{e}}{\xi_{n+2} - \xi_1} \tag{4-80}$$

$$b = \mathrm{e} - a\xi_{n+2} \tag{4-81}$$

式中，e=2.718282。

值得注意的是，改变积分区间后，牛顿数值解法初始值的选取就和原始失效数据无关，可以将其设为常数。用 MATLAB 编程计算时，初始值向量即拉格朗日乘子向量的初始值可设为

$$k = 1 : m$$

$$c_{k0} = -(k-1)/10000$$

第 k 阶样本原点矩 m_k 的值变为

$$m_k = \sum_{q=1}^{n+2} t_q^k p_q, \quad k = 0, 1, \cdots, m; \quad m_0 = 1 \tag{4-82}$$

显然，积分区间 S 映射为[-e, e]，积分变量 t 变为 x，最大熵概率分布密度函

数变为

$$f(x) = \exp\left[c_0 + \sum_{k=1}^{m} c_k (ax+b)^k \right] \qquad (4\text{-}83)$$

并要求其在整个积分区间(即概率)为 1。

对最大熵概率分布密度函数 $f(x)$ 在区间 $S=[x_{01}, x_{0n}]$ 内积分，得到累积失效概率密度函数即失效概率分布函数 F 为

$$F = \int_S f(x)\mathrm{d}x \qquad (4\text{-}84)$$

从而，最大熵可靠性估计真值函数为

$$R(x) = 1 - F \qquad (4\text{-}85)$$

4.4.2 实验案例分析

以最大熵可靠性评估模型对 GCr15 材料进行可靠性评估，将 3 组实验数据一一代入有关公式，绘出可靠性函数图形，并且对标准差进行对比。

1. 案例 1

第 1 组失效数，用向量表示为（$n=26$，单位：h）

T_1= (0.38, 1.69, 1.69, 1.71, 1.8, 1.86, 1.89, 2.06, 2.14, 2.2, 2.42, 2.46, 3.88, 4.89, 6.2, 7.73, 12.46, 12.5, 12.88, 13.33, 31.97, 38.57, 47.5, 50.2, 51.77, 58.71)

对应于第 1 组失效数据 T_1 的最大熵可靠性模型的可靠性估计真值向量为

R_{01}= (0.88, 0.782, 0.776, 0.774, 0.767, 0.762, 0.759, 0.747, 0.740, 0.736, 0.719, 0.716, 0.615, 0.553, 0.4835, 0.419, 0.299, 0.298, 0.293, 0.286, 0.203, 0.186, 0.132, 0.102, 0.083, 0.0012)

经验可靠度向量为

R = (0.9735, 0.9356, 0.8977, 0.8598, 0.8220, 0.7841, 0.7462, 0.7083, 0.6705, 0.6326, 0.5947, 0.5568, 0.5189, 0.4811, 0.4432, 0.4053, 0.3674, 0.3295, 0.2917, 0.2538, 0.2159, 0.1780, 0.1402, 0.1023, 0.0644, 0.0265)

通过计算可以得出如图 4-23 所示结果，在该案例中，最大熵可靠性模型的可靠性估计真值向量 R_{01} 与经验可靠度向量 R 相对误差绝对值的范围是 0.0008～0.1604，与前述所用到的评估方法进行对比，其中，二参数对数正态分布的可靠性估计真值向量与经验可靠度向量相对误差的波动范围是 0.0042~0.1841，二参数 Weibull 分布的可靠性估计真值向量与经验可靠度向量相对误差的波动范围是 0.0005～0.1851。可以看出，对第 1 组失效数据 T_1，这 3 种评估方法中估计真值

与经验可靠度向量波动范围最小的是最大熵可靠性评估方法，可见，最大熵可靠性模型评估方法对第 1 组失效数据 $\boldsymbol{T}_1$ 进行可靠性评估的效果最好。

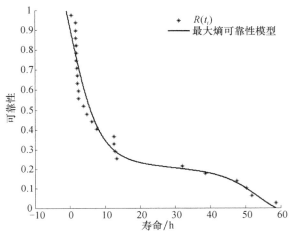

图 4-23　第 1 组失效数据 $\boldsymbol{T}_1$ 的最大熵可靠性模型

再由最大熵可靠性模型的可靠性估计真值向量与经验可靠度向量，计算出最大熵可靠性模型的可靠性估计真值向量与经验可靠度向量之间的标准差 σ_0=0.0702h。而前述经过计算已经得出二参数对数正态分布的可靠性估计真值向量与经验可靠度向量之间的标准差是 σ_0=0.0803h，以及二参数 Weibull 分布的可靠性估计真值向量与经验可靠度向量之间的标准差是 σ_0=0.0899h。虽然在之前的比较中，二参数 Weibull 分布的拟合度要高于 Weibull 分布，但是在此次 3 种可靠性模型的比较中，得出最大熵可靠性模型的标准差最小，证明最大熵可靠性模型评估方法对第 1 组失效数据 $\boldsymbol{T}_1$ 的评估效果最好。

综上所述，第 1 组失效数据 $\boldsymbol{T}_1$ 在通过二参数对数正态分布、二参数 Weibull 分布以及最大熵可靠性评估方法的可靠性分析后，结果显示，最大熵可靠性评估方法的可靠性估计真值向量与经验可靠度向量相对误差的绝对值的范围最小，并且可靠性估计真值向量与经验可靠度向量之间的标准差也在三者中最小。因此，对于第 1 组失效数据 $\boldsymbol{T}_1$，最大熵可靠性评估方法最优。

2. 案例 2

第 2 组失效数据用向量表示为（n=30，单位：h）

$\boldsymbol{T}_2$= (0.61, 0.69, 1.6667, 1.8167, 1.91, 1.9383, 2.345, 2.36, 2.3833, 3.07, 3.075, 3.0833, 3.6267, 11.798, 12.672, 14.182, 14.295, 16.277, 17.843, 18.833, 26.103, 28, 29.795, 47.525, 47.865, 52.917, 53.15, 53.57, 80.207, 90.11)

对应于第 2 组失效数据 T_2 的最大熵可靠性模型的可靠性估计真值向量为

R_{02}= (0.977, 0.963, 0.846, 0.828, 0.819, 0.815, 0.781, 0.778, 0.776, 0.726, 0.726, 0.725, 0.691, 0.468, 0.457, 0.440, 0.438, 0.418, 0.404, 0.395, 0.333, 0.317, 0.302, 0.152, 0.151, 0.119, 0.118, 0.117, 0.053, 0.002)

经验可靠度向量为

R = (0.9344, 0.9280, 0.8612, 0.8522, 0.8468, 0.8451, 0.8225, 0.8216, 0.8204, 0.7854, 0.7851, 0.7847, 0.7593, 0.4984, 0.4788, 0.4472, 0.4450, 0.4079, 0.3814, 0.3658, 0.2725, 0.2531, 0.2363, 0.1246, 0.1232, 0.1037, 0.1029, 0.1015, 0.0432, 0.0319)

通过计算可以得出如图 4-24 所示结果,最大熵可靠性模型的可靠性估计真值向量 R_{02} 与经验可靠度向量 R 相对误差的绝对值的范围是 0.0013～0.1121,与前面所用到的评估方法进行对比,其中,二参数对数正态分布的可靠性估计真值向量与经验可靠度向量相对误差的波动范围是 0.0072～0.1545,二参数 Weibull 分布的可靠性估计真值向量与经验可靠度向量相对误差的波动范围是 0.0014～0.1771。可以看出,对第 2 组失效数据 T_2,这 3 种评估方法中可靠性估计真值与经验可靠度向量波动范围最小的是最大熵可靠性评估方法,可见,最大熵可靠性评估方法对第 2 组失效数据 T_2 进行可靠性评估的效果最好。

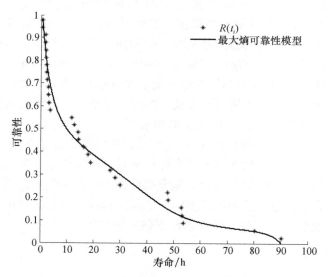

图 4-24　第 2 组失效数据 T_2 的最大熵可靠性模型

再由最大熵可靠性模型的可靠性估计真值向量与经验可靠度向量,可以计算出最大熵可靠性模型的可靠性估计真值向量与经验可靠度向量之间的标准差是0.0494h。而前面经过计算已经得出，二参数对数正态分布的可靠性估计真值向量与经验可靠度向量之间的标准差是 0.0757h，以及二参数 Weibull 分布的可靠性估计真值向量与经验可靠度向量之间的标准差是 0.0685h。虽然在之前的比较中，二参数 Weibull 分布的拟合度要高于 Weibull 分布，但是在此次 3 种可靠性模型的比较中，最大熵可靠性模型的标准差最小，证明最大熵可靠性模型评估方法对第 2 组失效数据 T_2 的评估效果最好。

　　综上所述，第 2 组失效数据 T_2 在通过二参数对数正态分布、二参数 Weibull 分布以及最大熵可靠性评估方法的可靠性分析后，结果显示，最大熵可靠性评估方法的可靠性估计真值向量与经验可靠度向量相对误差的绝对值的范围最小，并且可靠性估计真值向量与经验可靠度向量之间的标准差也在三者中最小。因此，对于第 2 组失效数据 T_2，最大熵可靠性评估方法为最优的可靠性评估方法。

　　3. 案例 3

　　第 3 组失效数据用向量表示为（$n=23$，单位：h）

T_3 = (1.46, 1.68, 1.68, 1.88, 2.06, 2.13, 2.25, 2.25, 2.39, 2.48, 2.58, 4.32, 4.97, 8.55, 11.34, 12.78, 15.75, 22.66, 32.49, 69.72, 71.54, 86.36, 86.91)

对应于第 3 组失效数据 T_3 的最大熵可靠性模型的可靠性估计真值向量为

R_{03} = (0.925, 0.875, 0.88, 0.845, 0.798, 0.791, 0.773, 0.773, 0.749, 0.735, 0.721, 0.548, 0.494, 0.361, 0.315, 0.300, 0.277, 0.245, 0.215, 0.140, 0.136, 0.021, 0.003)

经验可靠度向量为

R = (0.9770, 0.9441, 0.9112, 0.8783, 0.8454, 0.8125, 0.7796, 0.7467, 0.7138, 0.6809, 0.6480, 0.6151, 0.5822, 0.5493, 0.5164, 0.4836, 0.4507, 0.4178, 0.3849, 0.3520, 0.3191, 0.2862, 0.2533)

　　通过计算可以得出如图 4-25 所示结果，最大熵可靠性模型的可靠性估计真值向量与经验可靠度向量相对误差的绝对值的范围是 0.005～0.179，与前面所用到的评估方法进行对比，其中，二参数对数正态分布的可靠性估计真值向量与经验可靠度向量相对误差的波动范围是 0.0109～0.3002，二参数 Weibull 分布的可靠性估计真值向量与经验可靠度向量相对误差的波动范围是 0.0158～0.2989。可以看出，对第 3 组失效数据 T_3，这 3 种评估方法中可靠性估计真值向量与经验可靠度向量波动范围最小的是最大熵可靠性评估方法。可见，最大熵可靠性模型评估方法对第 3 组失效数据 T_3 进行可靠性评估的效果最好。

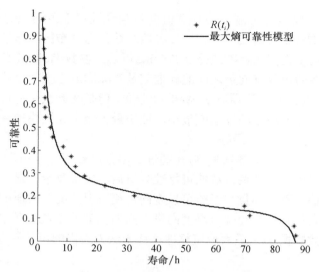

图 4-25　第 3 组失效数据 T_3 的最大熵可靠性模型

再由最大熵可靠性模型的可靠性估计真值向量与经验可靠度向量，计算出最大熵可靠性模型的可靠性估计真值向量与经验可靠度向量之间的标准差为 0.0687h。而前面经过计算已经得出，二参数对数正态分布的可靠性估计真值向量与经验可靠度向量之间的标准差是 0.0949h，以及二参数 Weibull 分布的可靠性估计真值向量与经验可靠度向量之间的标准差是 0.1008h。虽然在之前的比较中，二参数 Weibull 分布的拟合度要高于二参数对数正态分布，但是在此次 3 种可靠性模型的比较中，得出最大熵可靠性模型的标准差最小，证明最大熵可靠性模型评估方法对第 3 组失效数据 T_3 的评估效果最好。

综上所述，第 3 组失效数据 T_3 在通过二参数对数正态分布、二参数 Weibull 分布以及最大熵可靠性评估方法的可靠性分析后，结果显示，最大熵可靠性评估方法的可靠性估计真值向量与经验可靠度向量相对误差的绝对值的范围最小，并且可靠性估计真值向量与经验可靠度向量之间的标准差也在三者中最小。因此，对于第 3 组失效数据 T_3，最大熵可靠性评估方法最优。

本节将最大熵可靠性模型的评估方法作为 3 组失效数据的可靠性模型，再通过计算得到可靠性真值向量与经验可靠度向量的标准差，以及可靠性估计真值向量与经验可靠度向量相对误差的波动范围；并把结果与之前计算的二参数对数正态分布和二参数 Weibull 分布进行对比分析，发现在 3 组失效数据中，这 3 种可靠性模型表现最佳的是最大熵可靠性评估方法。

以前对 GCr15 材料的可靠性评估，可靠性模型的选取都是现有的已知的可靠性分布，如 Weibull 分布和对数正态分布等。本节利用最大熵可靠性模型真实有效地评估了概率分布未知的失效数据的可靠性，并且评估效果优于 Weibull 分布和对数正态分布。这是对 GCr15 材料的可靠性评估准确度的提高，也是对现有的机械产品可靠性评估理论的一种补充。

4.5　可靠性模型的对比分析

前面通过对失效数据的可靠性模型进行评估与分析，分别用二参数 Weibull 分布和二参数对数正态分布、三参数对数正态分布和三参数 Weibull 分布，以及最大熵分布进行可靠性评估。通过比较可知，二参数 Weibull 分布和二参数对数正态分布在不同的失效数据中各有优劣。对于第 1 组和第 3 组失效数据，用二参数对数正态分布时评估效果较好；对于第 2 组失效数据，用二参数 Weibull 分布的评估效果较好。在以三参数 Weibull 分布和三参数对数正态分布为可靠性模型的评估中，三参数对数正态分布的评估效果整体上不如三参数 Weibull 分布。最大熵分布评估出的结果优于二参数 Weibull 分布和二参数对数正态分布。这样在失效数据可靠性评估中，要想得到最优的可靠性模型，需要进行对比分析。

在第 1 组失效数据中，二参数对数正态分布优于二参数 Weibull 分布，三参数 Weibull 分布优于三参数对数正态分布。所以，将二参数对数正态分布、三参数 Weibull 分布以及最大熵分布进行对比分析。在第 1 组失效数据中，由计算结果可知，在以对数正态分布为可靠性模型时，可靠性估计真值向量与经验可靠度向量的标准差为 0.0803h；以三参数 Weibull 分布为可靠性模型，可靠性估计真值向量与经验可靠度向量的标准差为 0.0771h；以最大熵分布为可靠性模型，可靠性估计真值向量与经验可靠度向量的标准差为 0.0702h。可见，标准差最小可靠性模型是最大熵可靠性模型。因此，在所涉及的几种可靠性模型中，最大熵分布可靠性模型在第 1 组失效数据中拟合度最好，是最恰当的可靠性模型，见表 4-9。

表 4-9　第 1 组失效数据的可靠性评估模型对比

可靠性评估模型	二参数对数正态分布	三参数 Weibull 分布	最大熵分布
标准差/h	0.0803	0.0771	0.0702

在第 2 组失效数据中，二参数 Weibull 分布优于二参数对数正态分布，三参数 Weibull 分布优于三参数对数正态分布。所以，将二参数 Weibull 分布、三参数 Weibull 分布以及最大熵分布进行对比分析。在第 2 组失效数据中，由计算结果可知，以二参数 Weibull 分布为可靠性模型，可靠性估计真值向量与经验可靠度向量的标准差为 0.0685h；以三参数 Weibull 分布为可靠性模型，可靠性估计真值向量与经验可靠度向量的标准差为 0.0822h；以最大熵分布为可靠性模型，可靠性估

计真值向量与经验可靠度向量的标准差为 0.0494h。可见，标准差最小可靠性模型是最大熵可靠性模型。因此，在所涉及的几种可靠性模型中，最大熵分布可靠性模型在第 2 组失效数据中拟合度最好，是最恰当的可靠性模型，见表 4-10。

表 4-10　第 2 组失效数据的可靠性评估模型对比

可靠性评估模型	二参数 Weibull 分布	三参数 Weibull 分布	最大熵分布
标准差/h	0.0685	0.0822	0.0494

在第 3 组失效数据中，二参数对数正态分布优于二参数 Weibull 分布，三参数 Weibull 分布优于三参数对数正态分布。所以，将二参数对数正态分布、三参数 Weibull 分布以及最大熵分布进行对比分析。在第 3 组失效数据中，由计算结果可知，以二参数对数正态分布为可靠性模型时，可靠性估计真值向量与经验可靠度向量的标准差为 0.0949h；以三参数 Weibull 分布为可靠性模型，可靠性估计真值向量与经验可靠度向量的标准差为 0.0861h；以最大熵分布为可靠性模型，可靠性估计真值向量与经验可靠度向量的标准差为 0.0687h。因此，在所涉及的几种可靠性模型中，最大熵分布可靠性模型在第 3 组失效数据中拟合度最好，是最恰当的可靠性模型，见表 4-11。

表 4-11　第 3 组失效数据的可靠性评估模型对比

可靠性评估模型	二参数对数正态分布	三参数 Weibull 分布	最大熵分布
标准差/h	0.0949	0.0861	0.0687

从上述总结中可以看出，在以多种可靠性模型对不同组失效数据的可靠性进行评估时，最大熵分布可靠性模型在 3 组失效数据中都有很好的拟合度，在每组失效数据中拟合度都最高。二参数对数正态分布、二参数 Weibull 分布、三参数 Weibull 分布在各组的失效数据中各有优劣。但还并不能以此为依据说明最大熵分布要优于其他分布而作为 GCr15 材料的可靠性模型，更加具有可信度的结果还需要进一步的探究。

4.6　改进的最大熵可靠性模型的适应性评估

4.6.1　仿真案例研究

本节主要通过两种仿真方法即反函数仿真法和蒙特卡罗仿真法对常见的 Weibull 分布、正态分布、指数分布、瑞利分布以及反 Weibull 分布的失效数据进行随机仿真，以验证改进的最大熵方法广泛的适应性与可行性[58,59]。

最大熵方法对已知分布失效数据可靠性函数的拟合效果可以在一定程度上反映其对未知分布失效数据的适用性。这是因为该方法对各种已知分布的拟合效果越好，表明其对失效数据的分布类型限制越小，从而可以很好地拟合未知分布；反之，则要谨慎使用。

1. 反函数仿真法

反函数仿真法研究的基本过程是首先利用反函数法[23]生成分别服从 Weibull 分布、正态分布、指数分布、瑞利分布以及反 Weibull 分布的随机数，然后利用最大熵方法进行可靠性评估，并将评估结果 $R(x)$ 与经验可靠度向量 $\boldsymbol{R}_1$ 进行对比。

1）Weibull 分布仿真案例

取 Weibull 分布的 3 个参数为尺度参数 $\eta=30$、形状参数 $\beta=2.5$、位置参数 $\tau=10$，经验可靠度向量为

$$\boldsymbol{R}_1 = (0.9, 0.7, 0.5, 0.3, 0.1)$$

由 Weibull 分布可靠性的反函数

$$x = \tau + \eta(-\ln R(x))^{1/\beta}$$

得到 5 个寿命仿真数据（单位：d），然后利用最大熵方法，得到小样本条件下（$n=5$）最大熵可靠性分布函数的拟合效果如图 4-26 所示。可以看到，最大熵可靠性函数 $R(x)$ 得到的可靠度与经验可靠度向量 $\boldsymbol{R}_1$ 的一致性很好，且二者之间最大误差的绝对值仅为 0.95384–0.87037=0.08347。

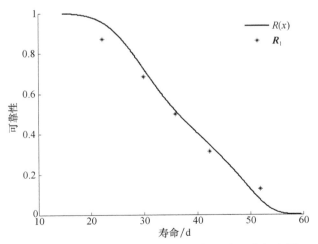

图 4-26   Weibull 分布仿真数据最大熵可靠性分布函数拟合图（$n=5$）

取 Weibull 分布的 3 个参数为尺度参数 $\eta=30$、形状参数 $\beta=2.5$、位置参数

τ=10，经验可靠度向量 $\boldsymbol{R}_1$ 取值范围为 0.9~0.1，间隔为–0.016，由 Weibull 分布可靠性的反函数

$$x = \tau + \eta(-\ln R(x))^{1/\beta}$$

得到 51 个寿命仿真数据（单位：d），然后利用最大熵方法，得到大样本条件下（n=51）最大熵可靠性分布函数的拟合效果如图 4-27 所示。可以看到，最大熵可靠性函数 $R(x)$ 得到的可靠度与经验可靠度向量 $\boldsymbol{R}_1$ 基本完全重合，且二者之间的误差非常小。

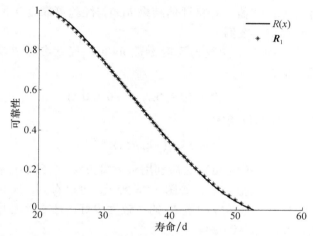

图 4-27　Weibull 分布仿真数据最大熵可靠性分布函数拟合图（n=51）

2）正态分布仿真案例

取正态分布的参数为尺度参数 μ=50、形状参数 σ=0.01，经验可靠度向量 $\boldsymbol{R}_1$=(0.9, 0.7, 0.5, 0.3, 0.1)，由正态分布可靠性函数

$$R(x)=1-\Phi[(x-\mu)/\sigma]$$

得到 5 个寿命仿真数据（单位：d），然后利用最大熵方法，得到小样本条件下（n=5）最大熵可靠性分布函数的拟合效果如图 4-28 所示。

取正态分布的参数为尺度参数 μ=50、形状参数 σ=0.01，经验可靠度向量 $\boldsymbol{R}_1$取值范围为 0.9~0.1，间隔为–0.0159，由正态分布可靠性函数

$$R(x)=1-\Phi[(x-\mu)/\sigma]$$

得到 53 个寿命仿真数据（单位：d），然后利用最大熵方法，得到大样本条件下（n=53）的最大熵可靠性分布函数的拟合效果如图 4-29 所示。可以看到，最大熵可靠性函数 $R(x)$ 得到的可靠度与经验可靠度向量 $\boldsymbol{R}_1$ 基本重合，且二者之间的误差非常小。

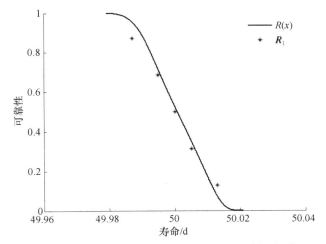

图 4-28　正态分布仿真数据最大熵可靠性分布函数拟合图（n=5）

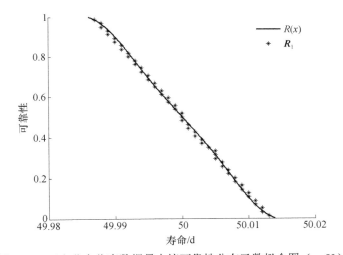

图 4-29　正态分布仿真数据最大熵可靠性分布函数拟合图（n=53）

3）指数分布仿真案例

取指数分布的参数为尺度参数 λ=5，经验可靠度向量 $\boldsymbol{R}_1$=(0.9, 0.7, 0.5, 0.3)，由反函数

$$X = -\ln R/\lambda$$

得到 5 个寿命仿真数据（单位：d），然后利用最大熵方法，得到小样本条件下（n=5）的最大熵可靠性分布函数的拟合效果如图 4-30 所示。可以看到，最大熵可靠性函数 $R(x)$ 得到的可靠度与经验可靠度向量 $\boldsymbol{R}_1$ 的一致性很好，二者之间最大误差的绝对值仅为 0.78602–0.68519=0.10083。

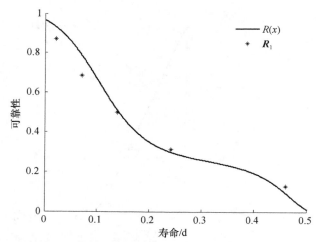

图 4-30　指数分布仿真数据最大熵可靠性分布函数拟合图（n=5）

　　取指数分布的参数为尺度参数 λ=5，经验可靠度向量 $\boldsymbol{R}_1$ 取值范围为 0.9～0.1，间隔为–0.016，由反函数

$$x = -\ln R/\lambda$$

得到 51 个寿命仿真数据（单位：d），然后利用最大熵方法，得到大样本条件下（n=51）的最大熵可靠性分布函数拟合效果如图 4-31 所示。可以看到，最大熵可靠性函数 $R(x)$ 得到的可靠度与经验可靠度向量 $\boldsymbol{R}_1$ 基本完全重合，且二者之间的误差非常小。

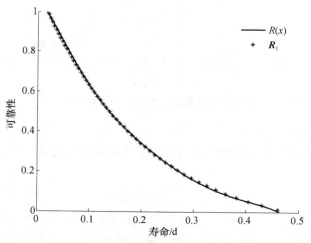

图 4-31　指数分布仿真数据最大熵可靠性分布函数拟合图（n=51）

4）瑞利分布仿真案例

取瑞利分布的参数为尺度参数 $\lambda=1$，经验可靠度向量 $\boldsymbol{R}_1=(0.9,\ 0.7,\ 0.5,\ 0.3,\ 0.1)$，由反函数

$$x = \lambda(\sqrt{-2\ln R})$$

得到 5 个寿命仿真数据（单位：d），然后利用最大熵方法，得到小样本条件下（$n=5$）的最大熵可靠性分布函数的拟合效果如图 4-32 所示。可以看到，最大熵可靠性函数 $R(x)$ 得到的可靠度与经验可靠度向量 $\boldsymbol{R}_1$ 的一致性很好，且二者之间最大误差的绝对值仅为 0.95315–0.87037=0.08278。

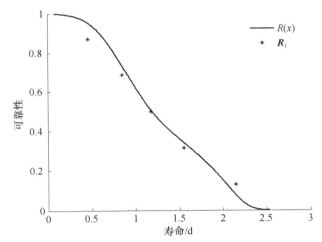

图 4-32　瑞利分布仿真数据最大熵可靠性分布函数拟合图（$n=5$）

取瑞利分布的参数为尺度参数 $\lambda=1$、经验可靠度向量 $\boldsymbol{R}_1$ 取值范围为 0.9～0.1，间隔为–0.016，由反函数

$$x = \lambda(\sqrt{-2\ln R})$$

得到 51 个寿命仿真数据（单位：d），然后利用最大熵方法，得到大样本条件下（$n=51$）的最大熵可靠性分布函数的拟合效果如图 4-33 所示。可以看到，最大熵可靠性函数 $R(x)$ 得到的可靠度与可经验可靠度向量 $\boldsymbol{R}_1$ 基本完全重合，二者之间的误差非常小。

5）反 Weibull 分布仿真案例

取反 Weibull 分布的参数为尺度参数 $\eta=1$、形状参数 $\beta=2.5$，经验可靠度向量 $\boldsymbol{R}_1=(0.9, 0.7, 0.5, 0.3, 0.1)$，由反函数

$$x = 1/\eta[-\ln(1-R)]^{1/\beta}$$

得到 5 个寿命仿真数据（单位：d），然后利用最大熵方法，得到小样本条件下（$n=5$）

的最大熵可靠性分布函数的拟合效果如图 4-34 所示。可以看到，最大熵可靠性函数 $R(x)$ 得到的可靠度与经验可靠度向量 R_1 的一致性很好，且二者之间最大误差的绝对值仅为 0.78456–0.68519=0.09937。

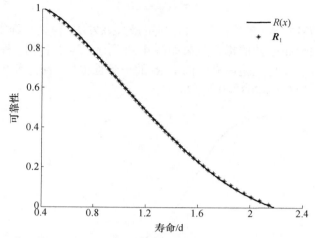

图 4-33　瑞利分布仿真数据最大熵可靠性分布函数拟合图（$n=51$）

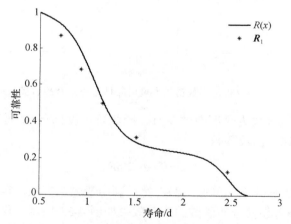

图 4-34　反 Weibull 分布仿真数据最大熵可靠性分布函数拟合图（$n=5$）

　　取反 Weibull 分布的参数为尺度参数 $\eta=1$、形状参数 $\beta=2.5$，经验可靠度向量 R_1 取值范围为 0.9～0.1，间隔为–0.016，由反函数

$$x = 1/\eta[-\ln(1-R)]^{1/\beta}$$

得到 51 个寿命仿真数据（单位：d），然后利用最大熵方法，得到大样本条件下（$n=51$）的最大熵可靠性分布函数的拟合效果如图 4-35 所示。可以看到，最大熵

可靠性函数 $R(x)$ 得到的可靠度与经验可靠度向量 $\boldsymbol{R}_1$ 基本完全重合，且二者之间的误差非常小。

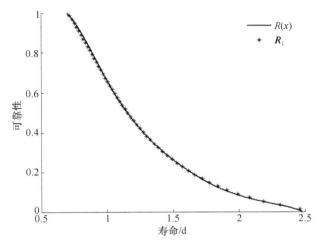

图 4-35　反 Weibull 分布仿真数据最大熵可靠性分布函数拟合图（$n=51$）

　　从以上 5 个案例中，可以看到小样本条件下，最大熵可靠性分布函数能够很好地拟合 Weibull 分布、正态分布、指数分布、瑞利分布以及反 Weibull 分布。尤其是在大样本条件下，拟合效果更好，特别是对于 Weibull 分布、指数分布、瑞利分布以及反 Weibull 分布，经验可靠度几乎完全落在最大熵可靠性分布函数曲线上。反函数法仿真案例研究结果表明，用最大熵方法可以很好地评估概率分布已知的产品失效数据的可靠性，而且不需要对参数进行估计，避免了参数估计的误差，极大地提高了评估的准确性。

　　2. 蒙特卡罗仿真法

　　蒙特卡罗仿真法研究的基本过程是，首先通过蒙特卡罗仿真法进行正态分布以及瑞利分布的蒙特卡罗随机数仿真，获得相应分布的随机数[23]，并将获得的随机数从小到大进行排序；然后利用最大熵方法进行可靠性评估，并将评估结果 $R(x)$ 得到的可靠度与经验可靠度向量 $\boldsymbol{R}_1$ 进行对比，进而验证最大熵方法的理论可行性。

　　1）正态分布仿真案例

　　取正态分布的参数为尺度参数 $\mu=50$、形状参数 $\sigma=0.01$，通过蒙特卡罗仿真法产生 5 个正态分布寿命仿真数据（单位：d），并将其从小到大进行排序；然后利用最大熵方法，得到小样本条件下（$n=5$）的最大熵可靠性分布函数的拟合效果如图 4-36 所示。可以看到，最大熵可靠性函数 $R(x)$ 得到的可靠度与经验可靠度

向量 R_1 的变化趋势一致，且二者之间最大误差的绝对值仅为 0.96303−0.87037=0.09266。

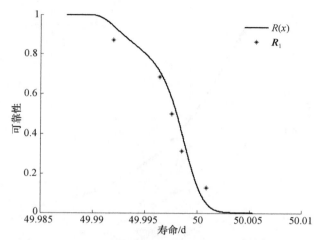

图 4-36　正态分布仿真数据最大熵可靠性分布函数拟合图（n=5）

取正态分布的参数为尺度参数 μ=50、形状参数 σ=0.01，通过蒙特卡罗仿真法产生 53 个正态分布寿命仿真数据（单位：d），并将其从小到大进行排序；然后利用最大熵方法，得到大样本条件下（n=53）的最大熵可靠性分布函数的拟合效果如图 4-37 所示。可以看到，最大熵可靠性函数 $R(x)$ 得到的可靠度与经验可靠度向量 R_1 的变化趋势基本一致，二者之间的误差也非常小。

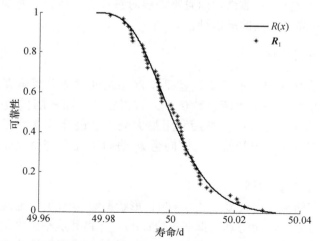

图 4-37　正态分布仿真数据最大熵可靠性分布函数拟合图（n=53）

2）瑞利分布仿真案例

取瑞利分布的参数为尺度参数 $\lambda=1$，通过蒙特卡罗仿真法产生 5 个瑞利分布寿命仿真数据（单位：d），并将其从小到大进行排序；然后利用最大熵方法，得到小样本条件下（$n=5$）的最大熵可靠性分布函数的拟合效果如图 4-38 所示。可以看到，最大熵可靠性函数 $R(x)$ 得到的可靠度与经验可靠度向量 $\boldsymbol{R}_1$ 的变化趋势一致，且二者之间最大误差的绝对值仅为 0.41363–0.31481=0.09882。

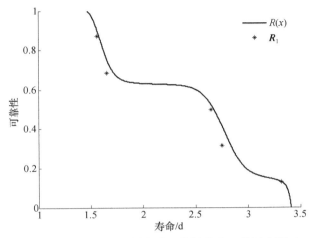

图 4-38　瑞利分布仿真数据最大熵可靠性分布函数拟合图（$n=5$）

取瑞利分布的参数为尺度参数 $\lambda=1$，通过蒙特卡罗仿真法产生 51 个瑞利分布寿命仿真数据（单位：d），并将其从小到大进行排序；然后利用最大熵方法，得到大样本条件下（$n=51$）的最大熵可靠性分布函数的拟合效果如图 4-39 所示。可以看到，最大熵可靠性函数 $R(x)$ 得到的可靠度与经验可靠度向量 $\boldsymbol{R}_1$ 的变化趋势基本一致，二者之间的误差非常小。

从以上两种仿真案例中可以看到，无论在小样本条件下还是在大样本条件下，最大熵可靠性分布函数均能够较好地拟合正态分布以及瑞利分布，然而，在大样本条件下，蒙特卡罗仿真效果相比于反函数仿真法略差。这是因为蒙特卡罗仿真产生的随机数相对于反函数法手工产生的随机数更具随机性，与真实情况更吻合。因此，蒙特卡罗仿真案例研究结果更进一步表明，用最大熵方法可以很好地评估概率分布已知的失效数据的可靠性，而且不需要对参数进行估计，与传统评估方法相比，极大地提高了评估的准确性。同时，因为最大熵方法对多种已知分布的良好适用性，表明其在一定程度上能够很好地拟合未知分布的可靠性函数。

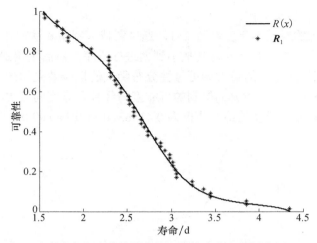

图 4-39　瑞利分布仿真数据最大熵可靠性分布函数拟合图（n=51）

4.6.2　实验案例研究

本节主要对改进的最大熵可靠性评估方法进行实验验证研究。

1. 试件疲劳失效的三参数 Weibull 分布

这是一个三参数 Weibull 分布的例子。根据文献[50]的研究，在同一应力水平下测得一组试件的失效数据（n=20，单位：kC（千周））如图 4-40 所示。

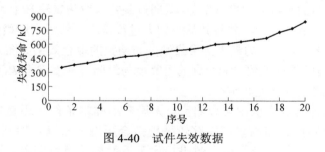

图 4-40　试件失效数据

借助最大熵评估模型，进行该组试件失效数据可靠性评估的具体过程为：首先，根据可靠性中位秩经验值的计算式（4-19），获得寿命数据的经验可靠度向量 $\boldsymbol{R}_1$ 的经验可靠度取值如表 4-12 中 $r(x_{0i})$ 所示；其次，利用向量 $\boldsymbol{R}_1$ 逆推出离散失效频率向量 $\boldsymbol{P}_{0i}$ 如表 4-12 所示；最后，取 m=5，q=22，收敛精度 ε=10^{-12}，由最大熵方法得到概率密度函数 $f(x)$，再对其积分获得失效概率分布函数，最终得到的可靠性估计真值函数 $R(x)$ 如图 4-41 所示。

表 4-12　　试件疲劳失效寿命数据的经验可靠度及失效概率

序号 i	经验可靠度 $r(x_{0i})$	失效概率 P_{0i}	序号 i	经验可靠度 $r(x_{0i})$	失效概率 P_{0i}
1	0.96569	0.03431	11	0.47549	0.04902
2	0.91667	0.04902	12	0.42647	0.04902
3	0.86765	0.04902	13	0.37745	0.04902
4	0.81863	0.04902	14	0.32843	0.04902
5	0.76961	0.04902	15	0.27941	0.04902
6	0.72059	0.04902	16	0.23039	0.04902
7	0.67157	0.04902	17	0.18137	0.04902
8	0.62255	0.04902	18	0.13235	0.04902
9	0.57353	0.04902	19	0.083333	0.04902
10	0.52451	0.04902	20	0.034314	0.04902

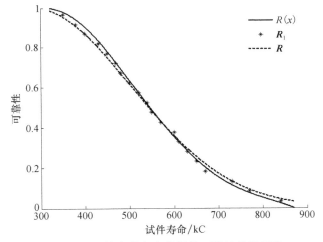

图 4-41　试件疲劳寿命数据的可靠性估计函数

　　由图 4-41 可以看出，最大熵可靠性估计真值函数 $R(x)$ 得到的可靠度与经验可靠度向量 $\boldsymbol{R}_1$ 之间几乎完全重合，通过计算得到 $R(x)$ 的取值与 $\boldsymbol{R}_1$ 之间最大误差的绝对值仅为 0.03777。

　　为了方便对比分析，图 4-41 中还显示出文献[19]和[46]借助于自助加权范数法获得的可靠性估计真值函数 $\boldsymbol{R}$ 以及经验可靠度向量 $\boldsymbol{R}_1$。可以看到，最大熵方法获得的可靠性估计真值函数 $R(x)$ 与自助加权范数法获得的可靠性估计真值函数 $\boldsymbol{R}$ 对经验可靠度向量 $\boldsymbol{R}_1$ 的一致性都很好。

　　由最大熵方法获得的可靠性估计真值结果向量为

$\boldsymbol{R}_0 = $ (0.98083, 0.94215, 0.90542, 0.83603, 0.78129, 0.72461, 0.69389, 0.63499, 0.57447,

　　　　0.51649, 0.48805, 0.43271, 0.35457, 0.32877, 0.28268, 0.23949, 0.20184, 0.11424,

　　　　0.07490, 0.02349)

由自助加权范数法获得的可靠性估计真值结果向量为

$\boldsymbol{R}$ = (0.95603, 0.90814, 0.86921, 0.80186, 0.75101, 0.69905, 0.67098, 0.61716, 0.56179, 0.50870, 0.48266, 0.43204, 0.36067, 0.33709, 0.29484, 0.25490, 0.21955, 0.13344, 0.092474, 0.04476)

根据文献[46]的研究,自助加权范数法的估计结果优于现有的可靠性估计方法(概率加权矩法)的结果,更接近寿命真实值和可靠性真值,且自助加权范数法可靠性估计真值结果向量 $\boldsymbol{R}$ 与 $\boldsymbol{R}_1$ 误差绝对值的波动范围为 0.00089~0.03818,而最大熵方法的可靠性估计真值结果向量 $\boldsymbol{R}_0$ 与 $\boldsymbol{R}_1$ 误差绝对值的波动范围为 0.00034~0.03777,接近自助加权范数法的误差绝对值波动范围。可见,最大熵方法获得的可靠性估计真值函数 $R(x)$ 得到的可靠度对经验可靠度向量 $\boldsymbol{R}_1$ 的拟合效果与自助加权范数法的估计结果基本一致。因此,用最大熵方法获得的可靠性估计真值函数评估机械产品的可靠性是有效且可行的。

通过表 4-12 中经验可靠度 $r(x_{0i})$ 以及最大熵方法的可靠性估计真值结果向量 $\boldsymbol{R}_0$ 与自助加权范数法的结果向量 $\boldsymbol{R}$,可以计算出最大熵可靠性估计真值向量 $\boldsymbol{R}_0$ 与经验可靠度向量 $\boldsymbol{R}_1$ 之间的标准差为 s_0=0.016588;自助加权范数法可靠性估计真值向量 $\boldsymbol{R}$ 与经验可靠度向量 $\boldsymbol{R}_1$ 之间的标准差为 s=0.01557。s_0 与 s 之间的差值非常小,仅为 0.001018,再次证明用最大熵方法获得可靠性估计真值函数评估机械产品的可靠性是有效且可行的。

2. 直升机部件失效的三参数 Weibull 分布

这是一个三参数 Weibull 分布的例子。直升机部件 206-011-154-005 的失效数据(n=13,单位:h)如图 4-42 所示。

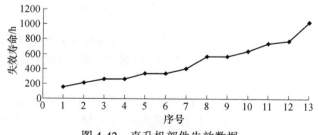

图 4-42　直升机部件失效数据

借助于最大熵方法(m = 5, q = 15),直升机部件可靠性的估计结果如图 4-43 中 $R(x)$ 所示。假设失效寿命 x = 164.4h,则根据图 4-43 可知,可靠性取值为 $R(164.4)$ = 95.10%,即直升机部件 206-011-154-005 的累积失效概率为 1−95.10%= 4.90%。

根据文献[43]和第 3 章的研究,借助于三参数 Weibull 分布参数的贝叶斯估计方法，可以获得 3 个参数的值，即尺度参数 $\eta = 520.2$、形状参数 $\beta = 1.6726$ 以及位置参数 $\tau = 86$。由图 4-43 可知，当 $x = 164.4h$ 时，三参数 Weibull 分布可靠性的取值为 $R = 91.70\%$。显然，可靠性取值 95.10% 和 91.70% 之间的差值绝对值很小，仅为 95.10%–91.70%=3.40%。

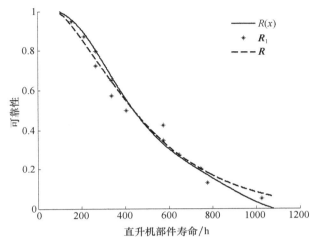

图 4-43　直升机部件失效数据的可靠性估计函数

该案例的经验可靠度向量为

R_1 = (0.94776, 0.87313, 0.79851, 0.72388, 0.64925, 0.57463, 0.50000, 0.42537, 0.35075, 0.27612, 0.20149, 0.12687, 0.052239)

由最大熵方法获得的可靠性估计真值结果向量为

R_0 = (0.95886, 0.88954, 0.80517, 0.80345, 0.67436, 0.67256, 0.55221, 0.33393, 0.33293, 0.26737, 0.19014, 0.18944, 0.022661)

由贝叶斯估计方法获得的可靠性估计真值结果向量为

R = (0.92809, 0.84268, 0.76007, 0.75851, 0.64776, 0.64627, 0.54560, 0.34458, 0.34358, 0.27731, 0.20143, 0.20079, 0.07593)

通过经验可靠度向量 R_1 以及最大熵方法的可靠性估计真值结果向量 R_0 与贝叶斯估计方法的可靠性估计真值结果向量 R，可以计算出最大熵可靠性估计真值结果向量 R_0 与经验可靠度向量 R_1 之间的标准差为 $s_0=0.031337$；贝叶斯估计方法的可靠性估计真值结果向量 R 与经验可靠度向量 R_1 之间的标准差为 $s=0.026463$。s_0 与 s 之间的差值非常小，仅为 0.004874，再次证明用最大熵方法获得可靠性估计真值函数评估机械产品的可靠性是有效且可行的。

3. 小样本与概率分布未知

这是一个小样本且概率分布未知的例子。实验设备来自河南科技大学与恩梯恩（中国）投资有限公司共建轴承材料实验研究室的 $\phi 12$ 点接触寿命实验机。实验加载的接触应力为 5.88GPa，驱动轮回转速度为 4080r/min。材料试样为 $\phi 12$ 的 GCr15 圆柱滚子。实验所得圆柱滚子失效数据（$n=5$，单位：h）如图 4-44 所示。

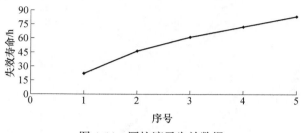

图 4-44　圆柱滚子失效数据

借助于最大熵方法（$m=5$，$q=7$），圆柱滚子失效数据可靠性的估计结果如图 4-45 中 $R(x)$ 所示。假设失效寿命 $x=22.079$h，则根据图 4-45 可知，可靠性取值为 $R=R(22.079)=95.03\%$，即圆柱滚子的累积失效概率为 $1-95.03\%=4.97\%$。

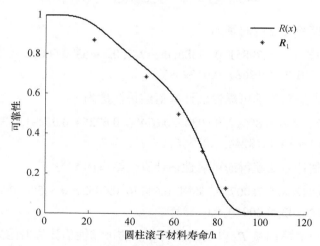

图 4-45　圆柱滚子失效数据的可靠性估计函数

该案例的经验可靠度向量为

$$\boldsymbol{R}_1 = (0.87037, 0.68519, 0.5, 0.31481, 0.12963)$$

由最大熵方法获得的可靠性估计真值结果向量为

$$\boldsymbol{R}_0 = (0.94867, 0.73001, 0.57182, 0.32038, 0.071499)$$

通过经验可靠度向量 $\boldsymbol{R}_1$ 以及最大熵方法的可靠性估计真值结果向量 $\boldsymbol{R}_0$，可以计算出最大熵可靠性估计真值结果向量 $\boldsymbol{R}_0$ 与经验可靠度向量 $\boldsymbol{R}_1$ 之间的标准差很小，为 $s_0 = 0.022168$。研究结果表明，用最大熵方法获得的可靠性估计真值函数评估概率分布未知的失效数据的可靠性是有效且可行的，而且该方法也弥补了现有方法只能解决概率分布已知的可靠性评估问题的缺陷。

从上面的实验案例很容易看出，最大熵方法能够有效分析小样本且概率分布已知或概率分布未知情况下的可靠性，且能够很好地弥补现有可靠性分析理论的不足。在仅有失效数据而没有概率分布任何先验信息的条件下，最大熵方法能够较好地估计出可靠性函数，而且在寿命给定时，最大熵方法获得的可靠度与已知分布获得的可靠度之间的差值非常小，仅为 3.4%。

由以上两种仿真案例研究和实验案例研究可以看到，最大熵可靠性评估方法不仅适用于一些已知的经典分布，同时也适用于未知的分布。对于已知分布的可靠性，最大熵方法获得的结果和现有方法获得的结果一致；但是分布未知时，现有方法无法进行可靠性评估，而这里提出的最大熵方法能够有效地进行可靠性评估。

以经验可靠度公式为基础，获得离散失效频率向量，即统计学中的直方图。

提出失效数据可靠性分析的最大熵模型，得到了概率分未知的乏信息条件下失效数据可靠性估计真值函数。

对仿真案例与实验案例的研究表明，最大熵方法获得的可靠性估计真值函数可以真实有效地评估现有的已知分布以及未知分布的乏信息失效数据的可靠性，是对现有可靠性理论的一种有益补充。

4.7　失效数据可靠性灰自助评估

本节提出失效数据可靠性的灰自助评估方法[19,22,23,25,60]，无需经验可靠度信息，可以直接实施基于失效数据的乏信息可靠性评估。

4.7.1　基于失效数据的灰自助概率密度函数

设寿命 x 是一个随机变量，通过寿命实验，可以得到失效数据的数据序列（原始数据），用向量表示为

$$\boldsymbol{X} = (x(1), x(2), \cdots, x(u), \cdots, x(m_D)), \quad u = 1, 2, \cdots, m_D \tag{4-86}$$

式中，$x(u)$ 表示寿命 x 取得的值，u 表示失效数据的序号，m_D 表示 $\boldsymbol{X}$ 中数据的个数。

对式（4-86）进行等概率可放回再抽样，可以获得灰自助样本，即容量为 m_D 的 B 个模拟数据序列，用矩阵表示为

$$Y_{\text{Bootstrap}} = (Y_{\text{B}1}, Y_{\text{B}2}, \cdots, Y_{\text{B}b}, \cdots, Y_{\text{B}B}) \qquad (4\text{-}87)$$

式中

$$Y_{\text{B}b} = (y_{\text{B}1}(u), y_{\text{B}2}(u), \cdots, y_{\text{B}b}(u), \cdots, y_{\text{B}B}(u))\}, \quad b = 1, 2, \cdots, B \qquad (4\text{-}88)$$

式中，$Y_{\text{B}b}$ 为第 b 个自助样本，$y_{\text{B}b}(u)$ 为 $Y_{\text{B}b}$ 中的第 u 个自助再抽样样本，B 为自助再抽样样本个数。

根据灰色系统理论，$Y_{\text{B}b}$ 的一阶累加生成序列用向量表示为

$$X_{\text{B}b} = (x_{\text{B}1}(u), x_{\text{B}2}(u), \cdots, x_{\text{B}b}(u), \cdots, x_{\text{B}B}(u))$$

$$x_{\text{B}b}(u) = \sum_{j=1}^{u} y_{\text{B}b}(j) \qquad (4\text{-}89)$$

一阶累加生成序列可以用灰微分方程描述为

$$\frac{\mathrm{d}x_{\text{B}b}(u)}{\mathrm{d}u} + c_1 x_{\text{B}b}(u) = c_2 \qquad (4\text{-}90)$$

式中，u 为变量，c_1 和 c_2 为待估计系数。

设均值生成序列用向量表示为

$$Z_{\text{B}b} = (z_{\text{B}b}(2), z_{\text{B}b}(3), \cdots, z_{\text{B}b}(u), \cdots, z_{\text{B}b}(m_{\text{D}}))$$

$$z_{\text{B}b}(u) = 0.5x_{\text{B}b}(u) + 0.5x_{\text{B}b}(u-1), \quad u = 2, 3, \cdots, m_{\text{D}} \qquad (4\text{-}91)$$

灰微分方程的最小二乘解(初始条件为 $x_{\text{B}b}(1) = y_{\text{B}b}(1)$)为

$$\hat{x}_{\text{B}b}(m_{\text{D}} + 1) = (y_{\text{B}b}(1) - c_2 / c_1)\exp(-c_1 m_{\text{D}}) + c_2 / c_1 \qquad (4\text{-}92)$$

式中，系数 c_1 和 c_2 的解为

$$(c_1, c_2)^{\text{T}} = (D^{\text{T}}D)^{-1}D^{\text{T}}Y_{\text{B}b}^{\text{T}}, \quad u = 2, 3, \cdots, m_{\text{D}} \qquad (4\text{-}93)$$

且有

$$D = (-Z_{\text{B}b}, I)^{\text{T}} \qquad (4\text{-}94)$$

和

$$I = (\underbrace{1, 1, \cdots, 1}_{\text{共计}m_{\text{D}}-1\text{个}}) \qquad (4\text{-}95)$$

根据一阶累减生成，第 b 个数据为

$$\hat{y}_{\text{B}b}(m_{\text{D}} + 1) = \hat{x}_{\text{B}b}(m_{\text{D}} + 1) - \hat{x}_{\text{B}b}(m_{\text{D}}) \qquad (4\text{-}96)$$

于是，可以获得 B 个灰自助失效数据：

$$X_{\text{B}} = (\hat{y}_{\text{B}1}(m_{\text{D}} + 1), \cdots, \hat{y}_{\text{B}b}(m_{\text{D}} + 1), \cdots, \hat{y}_{\text{B}B}(m_{\text{D}} + 1)) \qquad (4\text{-}97)$$

由统计学的直方图原理，由式（4-97）可以获得一个概率密度函数：

$$f = f(x) \qquad (4\text{-}98)$$

式中，f 为估计的灰自助概率密度函数，简称估计概率密度函数；x 为描述失效数据 $x(u)$ 的一个随机变量。

4.7.2　基于失效数据的可靠性函数

根据可靠性理论，估计积累函数 F 为

$$F = F(x) = \int_0^x f(x)\mathrm{d}x \qquad （4\text{-}99）$$

估计可靠性函数为

$$R = R(x) = \int_x^\infty f(x)\mathrm{d}x = 1 - F \qquad （4\text{-}100）$$

在寿命为 x 时，失效概率 S 为

$$S = 1 - R = F \qquad （4\text{-}101）$$

由式（4-86）～式（4-101）可以看出，所建立的可靠性模型不依赖于原始数据的概率分布，即所提出的方法允许概率分布是未知的。

4.7.3　案例研究

1. 未知概率分布与小样本

这是一个未知概率分布与小样本的案例。由计算机仿真的装备 M1 的失效数据如图 4-46 所示。借助灰自助法，装备 M1 的灰自助失效数据 X_B 如图 4-47 所示（m_D=10 和 B=10000），估计结果见表 4-13 和图 4-48。

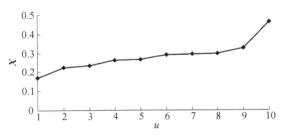

图 4-46　装备 M1 的失效数据

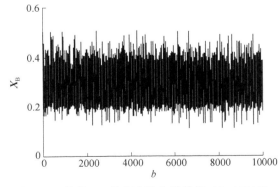

图 4-47　装备 M1 的灰自助失效数据（B=10000）

表 4-13　未知概率分布与小样本的估计结果

寿命 x	估计概率密度函数 f	估计积累分布函数 F	估计可靠性函数 R	估计失效概率 S
0.109	0.00170	0.0017	0.9983	0.0017
0.158	0.01170	0.0134	0.9866	0.0134
0.208	0.16090	0.1743	0.8257	0.1743
0.258	0.31710	0.4914	0.5086	0.4914
0.308	0.27410	0.7655	0.2345	0.7655
0.358	0.16690	0.9324	0.0676	0.9324
0.407	0.05520	0.9876	0.0124	0.9876
0.457	0.01070	0.9983	0.0017	0.9983
0.507	0.00170	1	0	1

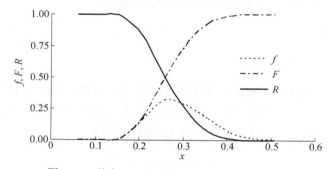

图 4-48　装备 M1 失效数据的估计可靠性函数

由图 4-48，设寿命 $x=0.1857$，可靠性取值为 $R=R(0.1857)=0.9=90\%$，于是装备 M1 的失效概率为 $S=1-0.9=0.1=10\%$。

2. 二参数 Weibull 分布

这是一个二参数 Weibull 分布的案例。某直升机部件 206-011-147-005 的失效数据如图 4-49 所示[48]。借助灰自助法，直升机部件 206-011-147-005 的灰自助失效数据 X_B 如图 4-50 所示（$m_D=13$ 和 $B=10000$），估计结果见表 4-14 和图 4-51。

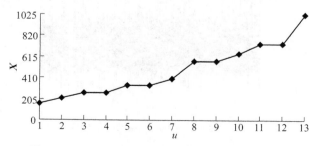

图 4-49　直升机部件 206-011-147-005 的失效数据

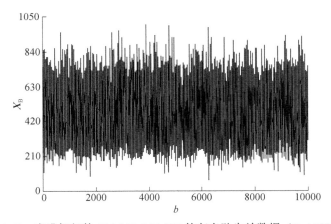

图 4-50　直升机部件 206-011-147-005 的灰自助失效数据（*B*=10000）

表 4-14　二参数 Weibull 分布的估计结果

寿命 *x*	估计概率密度函数 *f*	估计积累分布函数 *F*	估计可靠性函数 *R*	估计失效概率 *S*
66.6467	0.00110	0.0011	0.9989	0.0011
183.9962	0.04970	0.0508	0.9492	0.0508
301.3456	0.20690	0.2577	0.7423	0.2577
418.6951	0.25230	0.5100	0.4900	0.5100
536.0445	0.25240	0.7624	0.2376	0.7624
653.394	0.17550	0.9379	0.0621	0.9379
770.7434	0.05260	0.9905	0.0095	0.9905
888.0928	0.00890	0.9994	0.0006	0.9994
1005.4423	0.00060	1	0	1

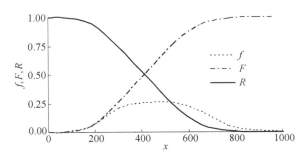

图 4-51　直升机部件 206-011-147-005 失效数据的估计可靠性函数

由图 4-51，设寿命 *x*=211.85，可靠性取值为 *R*=*R*(211.85)=0.9=90%，于是直升机部件 206-011-147-005 的失效概率为 *S*=1−0.9=0.1=10%。

用极大似然法可以估计出本案例的二参数 Weibull 分布的两个参数值，即形

状参数 β=2.1011 和尺度参数 η=548.7575。若设失效概率 S=10%，则寿命 x 的值为

$$x = \eta[-\ln(1-S)]^{1/\beta} = 548.7575 \times [-\ln(1-0.1)]^{1/2.1011} = 188.0324$$

可靠性 R 的取值为

$$R = R(x) = \exp[-(x/\eta)^{\beta}] = \exp[-(188.0324/548.7575)^{2.1011}] = 0.9 = 90\%$$

上述两个寿命值，灰自助法获得的值 x=211.85 与极大似然方法获得的值 x=188.0324 之间的相对误差 E 为

$$E = \frac{211.85 - 188.0324}{188.0324} = 12.7\%$$

3. 二参数 Weibull 分布与小样本

这是一个二参数 Weibull 分布与小样本的案例。某滚动轴承的失效数据如图 4-52 所示[41]。借助灰自助法，滚动轴承的灰自助失效数据 X_B 如图 4-53 所示（m_D=10 和 B=10000），估计结果见表 4-15 和图 4-54。

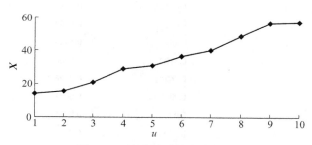

图 4-52　滚动轴承的失效数据

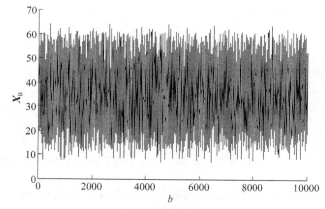

图 4-53　滚动轴承的灰自助失效数据（$B = 10000$）

表 4-15　两参数 Weibull 分布与小样本的估计结果

寿命 x	估计概率密度函数 f	估计积累分布函数 F	估计可靠性函数 R	估计失效概率 S
6.99	0.00520	0.0052	0.9948	0.0052
14.13	0.04600	0.0512	0.9488	0.0512
21.28	0.15520	0.2064	0.7936	0.2064
28.43	0.21810	0.4245	0.5755	0.4245
35.58	0.21720	0.6417	0.3583	0.6417
42.72	0.19640	0.8381	0.1619	0.8381
49.87	0.11640	0.9545	0.0455	0.9545
57.02	0.04140	0.9959	0.0041	0.9959
64.17	0.00410	1	0	1

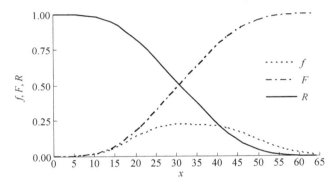

图 4-54　滚动轴承失效数据的估计可靠性函数

由图 4-54，设寿命 x=16.35，可靠性取值为 $R = R(16.35)=0.9=90\%$，于是滚动轴承的失效概率为 $S=1-0.9=0.1=10\%$。

用极大似然法可以估计出本案例的二参数 Weibull 分布的两个参数值，即形状参数 β=2.5835 和尺度参数 η=39.5578。若设失效概率 S=10%，则寿命 x 的值为

$$x = \eta[-\ln(1-S)]^{1/\beta} = 39.5578 \times [-\ln(1-0.1)]^{1/2.5835} = 16.5553$$

可靠性 R 的取值为

$$R = R(x) = \exp[-(x/\eta)^{\beta}] = \exp[-(16.5553/39.5578)^{2.5835}] = 0.9 = 90\%$$

上述两个寿命值，灰自助法获得的值 x=16.35 与极大似然方法获得的值 x=16.5553 之间的相对误差 E 为

$$E = \frac{|16.35 - 16.5553|}{16.5553} = 1.2\%$$

4. 未知概率分布与极小样本

这是一个未知概率分布与极小样本的案例。由计算机仿真机床 M2 的 4 个失

效数据为

$$98.04849, 98.69074, 100.13782, 101.25171$$

借助灰自助法，滚动轴承的灰自助失效数据 X_B 如图 4-55 所示（m_D=4 和 B=10000），估计结果见表 4-16 和图 4-56。

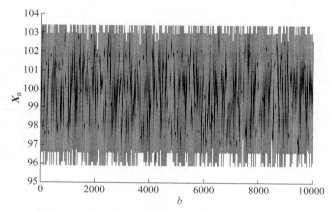

图 4-55　机床 M2 的灰自助失效数据（B=10000）

表 4-16　未知概率分布与小样本的估计结果

寿命 x	估计概率密度函数 f	估计积累分布函数 F	估计可靠性函数 R	估计失效概率 S
95.91	0.02220	0.0222	0.9778	0.0222
96.84	0.09510	0.1173	0.8827	0.1173
97.78	0.17010	0.2874	0.7126	0.2874
98.71	0.12050	0.4079	0.5921	0.4079
99.65	0.15240	0.5603	0.4397	0.5603
100.58	0.06980	0.6301	0.3699	0.6301
101.51	0.18770	0.8178	0.1822	0.8178
102.45	0.11230	0.9301	0.0699	0.9301
103.38	0.06990	1	0	1

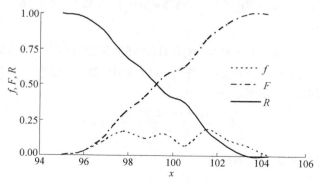

图 4-56　机床 M2 失效数据的估计可靠性函数

由图 4-56，设寿命 x=96.6767，可靠性取值为 R=R(96.6767)=0.9=90%，于是机床 M2 的失效概率为 S=1−0.9=0.1=10%。

由于未知的概率分布与极少的失效数据，所以现有可靠性理论是很难解决本案例的可靠性评估问题的。

4.7.4　结果分析

从上述 4 个案例容易看出，在已知和未知概率分布以及小样本条件下，灰自助法是有效的。无需原始失效数据的任何概率分布的先验信息，灰自助法可以估计可靠性函数 $R(x)$。对于已知概率分布的情形，当可靠性取值为 R=90% 时，灰自助法获得的寿命值与极大似然法获得的寿命值基本一致，二者之间的相对误差很小，最大相对误差仅为 12.7%。

在小样本条件下，灰自助法不依赖于原始失效数据概率分布先验信息的原因，一是借助自助法对很少的原始失效数据进行再抽样，生成大量的模拟数据；二是借助灰预测方法预测出模拟数据的频率信息，估计出概率密度函数。

4.8　本 章 小 结

1. 可靠性模型的对比评估

针对 GCr15 材料的耐久性实验，首先用二参数对数正态分布和二参数 Weibull 分布作为可靠性模型进行可靠性评估。结果显示，经验可靠度公式适用于二参数对数正态分布和二参数 Weibull 分布这两种可靠性模型。之后以极大似然法作为参数评估方法，对实验数据进行可靠性分析。又用三参数对数正态分布和三参数 Weibull 分布作为可靠性模型，采用概率加权矩法、线性矩法、积分变换矩法等参数评估方法对三参数对数正态分布进行参数估计。经验证，这 3 种方法均可用于三参数对数正态分布的参数评估。在对实验数据进行评估分析并与三参数 Weibull 分布对比后发现，三参数对数正态分布作为失效数据的可靠性模型并不理想。

2. 改进的最大熵可靠性评估方法

基于经验可靠度信息，提出改进的最大熵可靠性评估方法，并通过将可靠性真值向量与经验值向量的标准差以及相对误差同 Weibull 分布和对数正态分布的对比，发现改进的最大熵可靠性评估方法表现出良好的准确度。

3. 改进的最大熵可靠性评估方法的适应性

仿真案例与实验案例研究表明，基于经验可靠度信息，改进的最大熵可靠性评估方法获得的可靠性估计真值函数可以真实有效地评估现有的已知分布以及未知分布的乏信息失效数据的可靠性。

4. 灰自助评估方法

提出失效数据可靠性的灰自助评估方法，无需经验可靠度信息，可以直接实施基于失效数据的乏信息可靠性评估。

第 5 章　无失效数据的可靠性预测

在寿命概率分布未知和小样本无失效数据条件下，本章研究单元可靠性真值函数及其上下界函数的预测方法，主要内容涉及乏信息失效数据可靠性预测的灰自助法、自助最大熵法和多层自助最大熵法，为静态乏信息无失效数据的可靠性分析提供一些新思路。

5.1　概　　述

为确保安全运行，许多机械系统，如航天器、飞机、高铁、汽车等，对服役时期的可靠性要求越来越高。为避免意外事故发生，在实验或服役期间无失效时或者没有发现失效时，应事先分析无失效数据，对滚动轴承的失效概率进行估计，即根据无失效数据对寿命及其可靠性进行预测。

对于静态无失效数据的可靠性预测问题，应当注意，无失效数据不同于失效数据。根据统计学，作为一个事先的假设，失效数据通常被看成一个服从某种概率分布的随机变量。无失效数据通常属于一个未知的和不确定的概率分布，即基于这样的事实：无失效数据不是来自任何随机变量，而是来自一个主观拟定的实验程序[61]。

目前，静态无失效数据的可靠性评估方法主要有经典统计方法（如最小二乘法、极大似然法、准极大似然法、准似然法、改进的极大似然法、等效失效数法、广义线性模型法等）和贝叶斯统计方法（如经典贝叶斯法、多层贝叶斯法、改进的贝叶斯法等），最流行的是贝叶斯统计方法。现有方法的基本依据是研究对象寿命的概率分布必须是已知的，如 Weibull 分布、指数分布、正态分布、对数正态分布、二项式分布、伽马分布、均匀分布等。

在寿命概率分布未知和小样本无失效数据条件下，现有的可靠性理论存在困难。为此，本章研究乏信息单元可靠性真值函数及其上下界函数的预测方法，主要内容涉及乏信息无失效数据可靠性预测的灰自助法、自助最大熵法和多层自助最大熵法，为静态乏信息无失效数据的可靠性分析提供某些新思路。

5.2　无失效数据可靠性的灰自助预测

5.2.1　失效数据累积分布的灰自助法评估

设所获得的单元的原始数据为无失效数据的数据序列，用一个向量 X 表示为

$$X = (x(1), x(2), \cdots, x(u), \cdots, x(m)), \quad u = 1, 2, \cdots, m \tag{5-1}$$

式中，u 表示无失效数据的序号，m 表示 X 中的数据个数。

对式（5-1）即 X 中的数据进行多重等概率可放回抽样，可以获得容量为 m 的 B 个自助再抽样样本，即自助样本或模拟样本，用向量表示为

$$Y_{\text{Bootstrap}} = (Y_{B1}, Y_{B2}, \cdots, Y_{Bb}, \cdots, Y_{BB}) \tag{5-2}$$

式中，Y_{Bb} 为第 b 个自助样本，其表达式为

$$Y_{Bb} = (y_{B1}(u), y_{B2}(u), \cdots, y_{Bb}(u), \cdots, y_{BB}(u)), \quad b = 1, 2, \cdots, B \tag{5-3}$$

式中，$y_{Bb}(u)$ 为 Y_{Bb} 中的第 u 个自助样本，B 为自助样本的个数。

根据灰色系统理论，Y_{Bb} 的一阶生成序列为

$$X_{Bb} = (x_{B1}(u), x_{B2}(u), \cdots, x_{Bb}(u), \cdots, x_{BB}(u))$$
$$x_{Bb}(u) = \sum_{j=1}^{u} y_{Bb}(j) \tag{5-4}$$

用灰微分方程描述 Y_{Bb} 的一阶生成序列，即

$$\frac{\mathrm{d}x_{Bb}(u)}{\mathrm{d}u} + c_1 x_{Bb}(u) = c_2 \tag{5-5}$$

式中，u 可以看成一个变量，c_1 和 c_2 是待估计的系数。

设均值序列用向量表示为

$$Z_{Bb} = (z_{Bb}(2), z_{Bb}(3), \cdots, z_{Bb}(u), \cdots, z_{Bb}(m))$$
$$z_{Bb}(u) = \{0.5x_{Bb}(u) + 0.5x_{Bb}(u-1)\}, \quad u = 2, 3, \cdots, m \tag{5-6}$$

式（5-5）灰微分方程的最小二乘解（初始条件 $x_{Bb}(1) = y_{Bb}(1)$）为

$$\hat{x}_{Bb}(m+1) = (y_{Bb}(1) - c_2/c_1)\exp(-c_1 m) + c_2/c_1 \tag{5-7}$$

式中，系数 c_1 和 c_2 为

$$(c_1, c_2)^{\mathrm{T}} = (D^{\mathrm{T}}D)^{-1}D^{\mathrm{T}}Y_{Bb}^{\mathrm{T}}, \quad u = 2, 3, \cdots, m \tag{5-8}$$

且有

$$D = (-Z_{Bb}, I)^{\mathrm{T}} \tag{5-9}$$

和

$$I = (\underbrace{1, 1, \cdots, 1}_{\text{共计 } m-1 \text{ 个}}) \tag{5-10}$$

根据式（5-7），可以得到累减生成序列的第 b 个数据：

$$\hat{y}_{Bb}(m+1) = \hat{x}_{Bb}(m+1) - \hat{x}_{Bb}(m) \tag{5-11}$$

因此，可以模拟出 B 个无失效数据，用向量表示为

$$\boldsymbol{X}_{\mathrm{B}} = (\hat{y}_{\mathrm{B1}}(m+1), \cdots, \hat{y}_{\mathrm{B}b}(m+1), \cdots, \hat{y}_{\mathrm{B}B}(m+1)) \tag{5-12}$$

对式（5-12），即模拟的 B 个无失效数据，进行直方图分析，可以获得一个关于无失效数据的概率密度函数：

$$f = f(x) \tag{5-13}$$

式中，f 为无失效数据的估计灰自助概率密度函数，x 是描述无失效数据 $x(u)$ 的一个变量。

关于无失效数据的估计累积分布 F 为

$$F = F(x) = \int_0^x f(x)\mathrm{d}x \tag{5-14}$$

式中，F 为无失效数据的估计累积分布。

5.2.2　基于估计累积分布的失效数据可靠性模型

无失效数据可靠性分析的关键是仅依赖于无失效数据建立失效数据的失效概率。根据现有的可靠性理论，基于无失效数据的失效概率很难用纯理论的方法获得。因此，不得不采纳一些先验信息、经验知识、经验分布以及专家经验等，以探索一种合适的方法，使可靠性分析结果与工程实践相一致。一个可以被接受的想法是，仅依赖于无失效数据的失效概率是关于寿命 x 的一个升函数，即寿命越长，失效率越高。据此，在寿命 x 处，定义一个总体的经验失效概率函数为[61]

$$P = P(x) = \frac{c}{M(x)+1} \tag{5-15}$$

式中，c 表示一个经验概率系数，$M(x)$ 表示一个关于总体无失效数据个数的估计参数。

在本研究中，定义 $M(x)$ 为

$$M(x) = m(1 - F(x)) \tag{5-16}$$

根据可靠性理论，估计可靠性函数为

$$R = R(x) = 1 - P \tag{5-17}$$

从式（5-1）～式（5-17）可以看出，所获得的可靠性模型不依赖于任何先验的概率分布函数，即允许寿命概率密度函数是事先未知的。

5.2.3　案例研究

1. 案例 1

这是一个关于导弹无失效数据的可靠性评估案例。在某型导弹的 3 年服役期

间，每半年进行一次随机的小样本抽样，获得的无失效数据如表 5-1[62]所示。根据现有的可靠性研究[62]，导弹寿命的概率分布被认为是指数分布。

表 5-1　导弹无失效数据

项目	数据					
时间 x/a	0.5	1.0	1.5	2.0	2.5	3.0
数量/个	2	3	3	4	4	3

由表 5-1 可知，导弹无失效数据的数据序列用向量表示为（$m=19$）

X=(0.5, 0.5, 1.0, 1.0, 1.0, 1.5, 1.5, 1.5, 2.0, 2.0, 2.0, 2.0, 2.5, 2.5, 2.5, 2.5, 3.0, 3.0, 3.0)

有关的计算结果如图 5-1~图 5-3 所示（设 $c=0.1$，$B=10000$）。

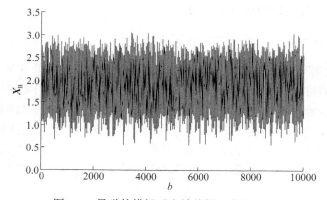

图 5-1　导弹的模拟无失效数据（案例 1）

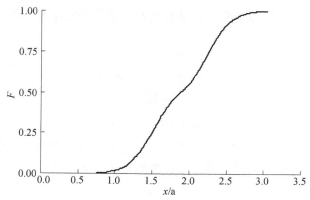

图 5-2　导弹无失效数据的估计积累分布（案例 1）

在寿命 x 取值范围内，下面考虑灰自助法获得结果与现有方法获得结果之间的最大差异。设 $x=2$，根据图 5-3，估计可靠性取值为 $R=R(2)=0.9894=98.94\%$。

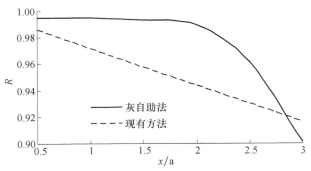

图 5-3　导弹寿命的估计可靠性函数（案例 1）

因此，到第 2 年年底，导弹的失效概率为 $P=1.06\%$。根据现有的计算方法[62]，若假设导弹失效数据服从指数分布，则到第 2 年年底，导弹的可靠性取值为 94.35%。显然，两种计算方法获得可靠性结果之间的差异是很小的。

2. 案例 2

这是一个滚动轴承无失效数据可靠性评估的案例。某滚动轴承的无失效数据如表 5-2 所示。根据现有的可靠性研究[63]，滚动轴承寿命被认为服从 Weibull 分布。

表 5-2　滚动轴承无失效数据

项目	数据					
时间 x/h	190.4	250.2	783.0	850.0	870.0	909.8
数量/个	1	1	4	3	1	1

由表 5-2 得到滚动轴承无失效数据的数据序列，用向量表示为（$m=11$）

X=(190.4, 250.2, 783.0, 783.0, 783.0, 783.0, 850.0, 850.0, 850.0, 870.0, 909.8)

有关计算结果见图 5-4～图 5-6（设 $c=0.1$，$B=10000$）。

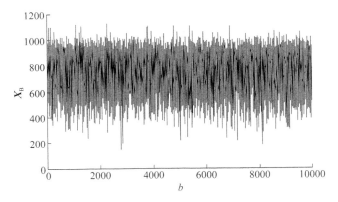

图 5-4　滚动轴承的模拟无失效数据（案例 2）

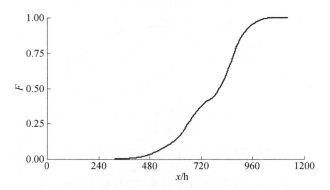

图 5-5　滚动轴承无失效数据的估计积累分布（案例 2）

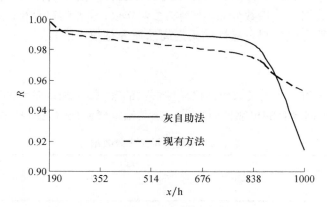

图 5-6　滚动轴承寿命的估计可靠性函数（案例 2）

在寿命 x 取值范围内，下面考虑灰自助法获得结果与现有计算方法获得结果之间的最大差异。设 $x=1000h$，根据图 5-6，估计可靠性取值为 $R=R(1000)=0.9139=91.39\%$，因此当 $x=1000h$ 时，滚动轴承的失效概率为 $P=P(1000)=8.61\%$。根据现有的计算方法[63]，若假设滚动轴承失效数据服从 Weibull 分布，则当 $x=1000h$ 时，滚动轴承的可靠性取值为 95.27%。显然，两种计算方法获得可靠性结果之间的差异是很小的。

3. 案例 3

这是一个液压泵无失效数据可靠性评估案例。某液压泵无失效数据如表 5-3 所示。根据现有的可靠性研究[64]，液压泵寿命被认为服从对数正态分布。

表 5-3　液压泵无失效数据

项目	数据						
时间 x/h	142	369	460	466	478	501	668
数量/个	3	4	6	10	8	9	5

有关计算结果见图 5-7～图 5-9（设 $c=0.1$，$B=10000$）。

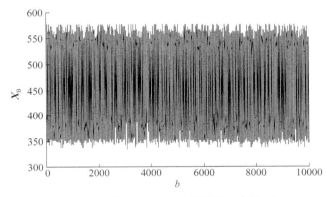

图 5-7　液压泵的模拟无失效数据（案例 3）

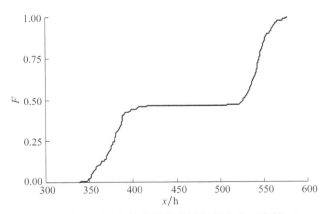

图 5-8　液压泵无失效数据的估计积累分布（案例 3）

　　在寿命 x 取值范围内，下面考虑灰自助法获得结果与现有计算方法获得结果之间的最大差异。设 $x=577.037h$，根据图 5-9，估计可靠性取值为 $R=R(577.037)=0.90=90\%$，因此当 $x=577.037h$ 时，液压泵的失效概率为 $P=P(577.037)=10\%$。根据现有的计算方法[64]，若假设液压泵失效数据服从对数正态分布，则当 $x=577.037h$ 时，液压泵的可靠性取值为 95.2%。显然，两种计算方法获得可靠性结果之间的差异是很小的。

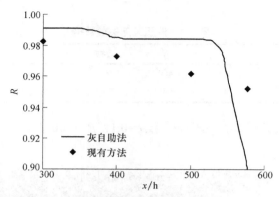

图 5-9　液压泵寿命的估计可靠性函数（案例 3）

4. 案例 4

这是一个小样本与未知概率分布的模拟案例，模拟的无失效数据的数据序列用向量表示为(m=10)

X=(14.01, 15.38, 20.94, 29.44, 31.15, 36.72, **40.32**, **48.61**, **56.42**, **56.97**)

有关计算结果见图 5-10～图 5-12（设 c=0.1，B=10000）。

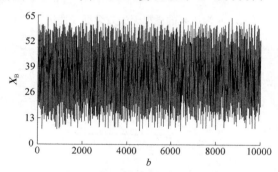

图 5-10　模拟无失效数据（案例 4）

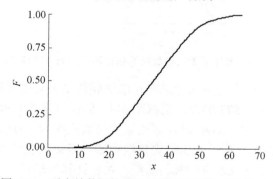

图 5-11　无失效数据的估计累积分布函数（案例 4）

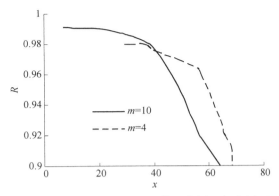

图 5-12　寿命的估计可靠性函数（案例 4 与案例 5）

设 x=56.97，根据图 5-12（m=10），估计可靠性的取值为 $R=R(56.97)=0.9183=$ 91.83%。

5. 案例 5

这是一个很小样本与未知概率分布的模拟案例，无失效数据是案例 4 中末尾的 4 个数据，即无失效数据的数据序列为（m=4）

$$X=(40.32, 48.61, 56.42, 56.97)$$

有关计算结果见图 5-12～图 5-14（设 c=0.1，B=10000）。

设 x=56.97，根据图 5-12（m=4），估计可靠性的取值为 $R=R(56.97)=0.9601=$ 96.01%。

现有的可靠性理论难以求解案例 4 和案例 5 的可靠性问题，因为在这两个案例中，寿命的概率分布是未知的。

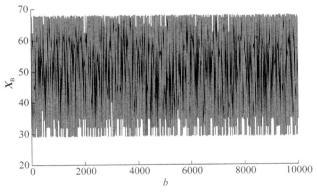

图 5-13　模拟无失效数据（案例 5）

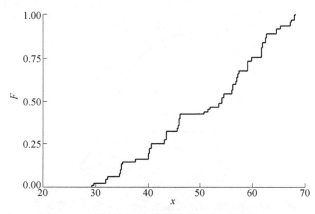

图 5-14　失效数据的累积分布函数（案例 5）

5.2.4　讨论

为便于对比分析，案例 1～案例 3 的计算结果见表 5-4。由表可知，在给定的寿命 x 下，灰自助法获得的结果与现有方法获得的结果基本一致，二者的最大差异只有 5%。这意味着灰自助法，如同现有的可靠性计算方法一样值得信赖。

表 5-4　可靠性计算结果的对比（案例 1～案例 3）

案例	寿命的概率分布	寿命 x	用现有方法计算的可靠性结果 $R(x)$/%	用灰自助法计算的可靠性结果(c=0.1)$R(x)$/%	结果的最大差异/%
1	指数分布	2a	94.35	98.94	4.59
2	Weibull 分布	1000h	95.27	91.39	3.88
3	对数正态分布	577.037h	95.2	90	5.2

更重要的是，用现有方法获得的结果基于给定的寿命概率分布。若概率分布未知，则现有方法可能变得无效，但是灰自助法仍然有效，因为灰自助法允许概率分布事先是未知的，也就是说，灰自助法不依赖于任何概率分布，如指数分布、Weibull 分布以及对数正态分布等（表 5-4）。

在式（5-15）～式（5-17）中，c 是一个经验概率系数，其取值大小对可靠性 R 的计算结果有影响。为便于叙述，以案例 4 为例，如图 5-15 所示，可靠性 R 随着 c 的增大而减小。随着 c 的变化（c=0.01～0.5），当寿命 x 取值小时，如 x<30，R 的变化范围是很小的（在 x=15.38 处，R 在 99.91%与 96.32%之间变化）；当寿命 x 取值大时，如 x>40，R 的变化范围是很大的（在 x=56.97 处，R 在 99.18%与 59.18%之间变化）。

在寿命实验中，假设无失效数据的取值区间是[x_{min}, x_{max}]=[$x(1)$, $x(m)$]。根据现有的可靠性研究成果和工程实践，当寿命 x 的取值接近 x_{min} 时，失效数据的可靠

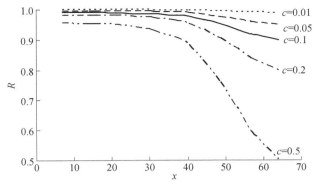

图 5-15　可靠性 R 与经验可靠性系数 c 之间的关系

性应当是高的；当寿命 x 的取值接近 x_{max} 时，失效数据的可靠性应当是低的。在 $x=x_{max}$ 之前，寿命实验中没有出现失效，即仅获得了无失效数据，在 $x=x_{max}$ 时，失效数据的估计可靠性通常应当是 85%～95%[1,62,64]。因此，在大多数情况下，$c=0.1$ 是合适的，如图 5-15 和表 5-4 所示。

由图 5-12 可知，当 $x>40$ 时，在案例 4（$m=10$）中，对于 X=(14.01, 15.38, 20.94, 29.44, 31.15, 36.72, **40.32**, **48.61**, **56.42**, **56.97**)，可靠性是低的；而在案例 5（$m=4$）中，对于 X=(**40.32**, **48.61**, **56.42**, **56.97**)，可靠性是高的。为便于叙述，将 $x=56.97$（即 $x=x(m)=x_{max}$）的失效数据看成当前时间的新鲜数据，而将 $x<40.32$（即 $x=x(u)$，$u=1, 2, \cdots, m-4$）的失效数据看成历史时间的陈旧数据。可以发现，若历史时间靠近当前时间，则寿命可靠性高；否则，寿命可靠性低。也就是说，无失效数据越新鲜，寿命可靠性越高。因此，在寿命实验中，一旦出现新鲜的无失效数据，就可以丢弃在历史时间获得的陈旧的无失效数据。根据灰自助法，新鲜无失效数据的合适个数是 $m>3$[61]。

在无失效数据可靠性评估中，灰自助法的机制是：首先对很少的无失效数据进行自助再抽样，生成许多模拟的无失效数据；然后对模拟的无失效数据的频率信息进行灰预测，估计出无失效数据的概率分布；最后以此为基础，建立失效数据总体的经验失效概率函数。

5.3　无失效数据可靠性的自助最大熵预测

本节融合自助法和最大熵原理，提出自助最大熵法。首先处理单元寿命实验中概率分布已知和未知时的无失效数据，然后构建寿命失效数据的可靠性函数，最后预测寿命失效数据可靠性的真值函数及其上下界函数。在寿命概率分布已知的情况下，将自助最大熵法预测的结果与现有方法的结果作比较，以证明自助最大熵法适用于无失效数据可靠性评估方面的研究。在寿命概率分布未知的情况下，用该方法得到寿命失效数据可靠性的真值函数及其上下界函数，以实现寿命无失效数据可靠性评估[65]。

5.3.1　无失效数据可靠性模型建立

1. 采集无失效数据

假设所考查的单元无失效数据为随机变量 x，在实验研究期间，对其寿命无失效数据进行定期采样，获取原始数据，将原始数据构成一个无失效数据序列，用向量表示为

$$\boldsymbol{X} = (x(1), x(2), \cdots, x(n), \cdots, x(N)), \quad n = 1, 2, \cdots, N \tag{5-18}$$

式中，$x(n)$ 表示 $\boldsymbol{X}$ 中的第 n 个无失效数据，n 表示无失效数据的序号，N 表示无失效数据的个数。

2. 生成大量无失效数据

根据自助原理，通过自助再抽样将无失效原始数据生成大量无失效数据。在进行自助抽样前，选定抽样个数。首先，令第 1 组选取的抽样个数为 L_1，然后在第 1 组选择的抽样个数 L_1 的基础上，等间隔地选择抽样个数，直到选择的抽样个数 L_i 等于采集的无失效原始数据的个数 N，其中，i 为选择抽样个数的组号，一般取 i=4~10。然后，对抽样个数不同的多组无失效原始数据分别进行自助再抽样，根据自助原理从无失效数据序列 $\boldsymbol{X}$ 中按照一定规律，等概率可放回地进行抽样，抽取 n 次，可得到一个自助样本 $\boldsymbol{X}_{ib}$，且其共有 N 个数据。连续重复抽取 B 次，得到 B 个自助再抽样样本，即大量无失效数据，用 $\boldsymbol{X}_i$ 表示为

$$\boldsymbol{X}_i = (\boldsymbol{X}_{i1}, \boldsymbol{X}_{i2}, \cdots, \boldsymbol{X}_{ib}, \cdots, \boldsymbol{X}_{iB}), \quad b = 1, 2, \cdots, B \tag{5-19}$$

式中，i 表示选择抽样个数为 L_i 的组号，一般取 4~10；$\boldsymbol{X}_{ib}$ 表示第 i 组自助样本 $\boldsymbol{X}_i$ 的第 b 个自助样本；B 是一个很大的整数，一般取 1000~100000。

其中，自助样本 $\boldsymbol{X}_{ib}$ 是一个数据序列，可表示为

$$\boldsymbol{X}_{ib} = (x_{ib}(1), x_{ib}(2), \cdots, x_{ib}(n), \cdots, x_{ib}(N)), \quad n = 1, 2, \cdots, N \tag{5-20}$$

式中，$x_{ib}(n)$ 表示自助样本 $\boldsymbol{X}_{ib}$ 中的第 n 个数据，N 表示自助样本 $\boldsymbol{X}_{ib}$ 的数据个数。

自助样本 $\boldsymbol{X}_{ib}$ 的均值为

$$\bar{X}_{ib} = \frac{1}{N} \sum_{n=1}^{N} x_{ib}(n) \tag{5-21}$$

3. 预测无失效数据的概率分布

根据最大熵原理，无失效原始数据生成的大量无失效数据应满足最大熵准

则。用最大熵法可以获取大量无失效数据的概率分布密度的最好估计。

对于无失效原始数据生成的大量无失效数据，用一连续变量 u 来表示大量无失效数据序列中的自助样本 $\boldsymbol{X}_{ib}$，定义最大熵 $H(u)$ 为

$$H(u) = -\int_{\Omega} f(u) \ln f(u) \mathrm{d}u \qquad （5\text{-}22）$$

式中，$f(u)$ 表示无失效数据的概率密度函数，Ω 表示变量 u 的积分区间。

式（5-22）的约束条件为

$$\int_{\Omega} f(u)\mathrm{d}u = 1 \qquad （5\text{-}23）$$

$$\int_{\Omega} u^k f(u)\mathrm{d}u = m_k, \quad k = 1,2,\cdots,m \qquad （5\text{-}24）$$

式中，m 表示所用原点矩的阶数；m_k 表示第 k 阶原点矩。

根据式（5-20），可以得到无失效数据的各阶原点矩为

$$m_k = \frac{1}{B}\sum_{b=1}^{B} x_{ib}^k, \quad k = 1,2,\cdots,m \qquad （5\text{-}25）$$

令

$$H(u) \to \max \qquad （5\text{-}26）$$

采用拉格朗日乘子法求解式（5-26）。设 $\overline{H}$ 为拉格朗日函数，拉格朗日乘子为 λ_0，$\lambda_1,\cdots,\lambda_k,\cdots,\lambda_m$，可得

$$\overline{H} = H(u) + (\lambda_0 + 1)\left(\int_{\Omega} f(u)\mathrm{d}u - 1\right) + \sum_{k=1}^{m} \lambda_k \left(\int_{\Omega} u^k f(u)\mathrm{d}u - m_k\right) \qquad （5\text{-}27）$$

令

$$\frac{\mathrm{d}\overline{H}}{\mathrm{d}f(u)} = 0 \qquad （5\text{-}28）$$

可得

$$-\int_{\Omega}(\ln f(u) + 1)\mathrm{d}u + (\lambda_0 + 1)\int_{\Omega}\mathrm{d}u + \sum_{k=1}^{m}\lambda_k\left(\int_{\Omega} u^k\mathrm{d}u\right) = 0 \qquad （5\text{-}29）$$

整理可得

$$\int_{\Omega}\left(-\ln f(u) + \lambda_0 + \sum_{k=1}^{m}\lambda_k u^k\right)\mathrm{d}u = 0 \qquad （5\text{-}30）$$

$$-\ln f(u) + \lambda_0 + \sum_{k=1}^{m}\lambda_k u^k = 0 \qquad （5\text{-}31）$$

$$f(u) = \exp\left(\lambda_0 + \sum_{k=1}^{m} \lambda_k u^k\right) \tag{5-32}$$

式（5-32）为最大熵概率密度函数的解析式。

将式（5-32）代入式（5-23），可得

$$\int_{\Omega} \exp\left(\lambda_0 + \sum_{k=1}^{m} \lambda_k u^k\right) du = 1 \tag{5-33}$$

可解得

$$\mathrm{e}^{-\lambda_0} = \int_{\Omega} \exp\left(\sum_{k=1}^{m} \lambda_k x^k\right) du \tag{5-34}$$

$$\lambda_0 = -\ln\left[\int_{\Omega} \exp\left(\sum_{k=1}^{m} \lambda_k x^k\right) du\right] \tag{5-35}$$

将式（5-34）对 λ_k 进行微分，可得

$$\frac{\partial \lambda_0}{\partial \lambda_k} = -\int_{\Omega} u^k \exp\left(\lambda_0 + \sum_{k=1}^{m} \lambda_k u^k\right) du = -m_k \tag{5-36}$$

将式（5-35）对 λ_k 进行微分，可得

$$\frac{\partial \lambda_0}{\partial \lambda_k} = -\frac{\displaystyle\int_{\Omega} u^k \exp\left(\sum_{k=1}^{m} \lambda_k u^k\right) du}{\displaystyle\int_{\Omega} \exp\left(\sum_{k=1}^{m} \lambda_k u^k\right) du} \tag{5-37}$$

比较式（5-36）和式（5-37），可得 m 阶原点矩应满足式（5-38），即

$$m_k \int_{\Omega} \exp\left(\sum_{k=1}^{m} \lambda_k u^k\right) du - \int_{\Omega} u^k \exp\left(\sum_{k=1}^{m} \lambda_k u^k\right) du = 0 \tag{5-38}$$

通过式（5-38）可建立求解 $\lambda_1, \cdots, \lambda_k, \cdots, \lambda_m$ 的 m 个方程组，求出 $\lambda_1, \cdots, \lambda_k, \cdots, \lambda_m$，再根据式（5-35）求出 λ_0，然后可以得到无失效数据的概率密度函数 $f(u)$ 的解析式。

由无失效数据的概率密度函数 $f(u)$ 的解析式，可得无失效数据的概率分布函数 $F(u)$ 为

$$F(u) = \int_0^u f(u) du = \int_0^u \exp\left(\lambda_0 + \sum_{k=1}^{m} \lambda_k u^k\right) du \tag{5-39}$$

式中，u 是描述大量无失效数据的一个变量。

4. 构建寿命失效数据的可靠性函数

定义一个有关产品寿命无失效数据个数的估计参数 $G(u)$ 为

$$G(u) = N(1 - F(u)) \qquad （5-40）$$

式中，N 表示寿命无失效数据的个数。此时，u 可变为描述寿命失效数据的一个变量。

假设一个有关单元寿命的经验失效概率分布函数 $P(u)$ 为

$$P = P(u) = \frac{c}{G(u) + 1} \qquad （5-41）$$

式中，c 表示一个经验概率系数，$c=0.1$。

根据可靠性理论，预测单元寿命失效数据的可靠性函数 r 为

$$r = r(u) = 1 - P = 1 - \frac{c}{G(u) + 1} \qquad （5-42）$$

根据式（5-42），借助生成的多组大量无失效数据，可预测出单元寿命失效数据的多组可靠性函数。

5. 预测寿命失效数据可靠性的真值函数及其上下界函数

借助单元寿命失效数据的多组可靠性函数，设有 S 个失效数据，分别获取同一失效数据所对应的多组可靠性函数的取值，将其构成一个单元寿命失效数据的可靠性数据序列 R，表示为

$$R = (R_1, R_2, \cdots, R_s, \cdots, R_S), \quad s = 1, 2, \cdots, S \qquad （5-43）$$

式中，s 表示失效数据可靠性数据序列的序号；R_s 表示第 s 个失效数据的可靠性数据序列；S 表示失效数据可靠性数据序列的序列个数。

其中，第 s 个寿命失效数据的可靠性数据序列 R_s 是某一失效数据所对应的可靠性数据序列，表示为

$$R_s = (r_s(1), r_s(2), \cdots, r_s(j), \cdots, r_s(i)), \quad j = 1, 2, \cdots, i \qquad （5-44）$$

式中，j 表示寿命失效数据的可靠性数据的序号；$r_s(j)$ 表示 R_s 中的第 j 个数据；i 表示寿命失效数据的可靠性数据的个数，且对应无失效原始数据的抽样组数。

根据自助原理，从失效数据的可靠性数据序列 R_s 中按照一定规律，等概率可放回地进行抽样，抽取 i 次，可得到一个自助样本 R_{sb}，且其共有 i 个数据。连续重复抽取 B 次，得到 B 个自助再抽样样本，即失效数据的大量可靠性数据序列，用 R_B 表示为

$$R_B = (R_{s1}, R_{s2}, \cdots, R_{sb}, \cdots, R_{sB}), \quad b = 1, 2, \cdots, B \qquad （5-45）$$

式中，R_{sb} 表示失效数据的可靠性数据的第 b 个自助样本；B 表示失效数据的大量可靠性数据的个数，且 B 是一个很大的整数，一般取 1000~100000。

运用最大熵原理，对于由式（5-45）模拟出的 B 个失效数据的可靠性数据序

列 $\boldsymbol{R}_B$，用一连续变量 z 来表示失效数据的可靠性数据的自助样本 $\boldsymbol{R}_{sb}$，根据式（5-22）～式（5-38），可以得到寿命失效数据的可靠性的概率密度函数：

$$\varphi = \varphi(z) \tag{5-46}$$

式中，φ 表示有关失效数据的可靠性概率密度函数；z 为描述失效数据可靠性的一个随机变量。则可预测失效数据可靠性的真值函数 R_{T} 为

$$R_{\mathrm{T}} = \int_{\Omega} \varphi(z)\mathrm{d}z \tag{5-47}$$

式中，$\varphi(z)$ 表示产品寿命失效数据可靠性的概率密度函数；$\Omega=[\Omega_{\min}, \Omega_{\max}]$ 表示变量 z 的积分区间。

假设显著性水平 $\alpha \in [0,1]$，则置信水平 P 为

$$P = 1 - \alpha \tag{5-48}$$

下界函数 $R_{\mathrm{L}}=R_{\alpha/2}$，且满足

$$\frac{\alpha}{2} = \int_{\Omega_{\min}}^{R_{\alpha/2}} \varphi(z)\mathrm{d}z \tag{5-49}$$

上界函数 $R_{\mathrm{U}}=R_{1-\alpha/2}$，且满足

$$1 - \frac{\alpha}{2} = \int_{\Omega_{\min}}^{R_{1-\alpha/2}} \varphi(z)\mathrm{d}z \tag{5-50}$$

因此，在置信水平 P 下，失效数据可靠性的上界函数和下界函数可以用失效数据可靠性的取值区域 D 表示为

$$D = [R_{\mathrm{L}}, R_{\mathrm{U}}] = [R_{\alpha/2}, R_{1-\alpha/2}] \tag{5-51}$$

5.3.2　案例研究

1. 已知分布无失效数据的实际案例

本案例是一个有关某型号滚动轴承的无失效数据可靠性评估案例。某滚动轴承的无失效数据如表 5-5 所示，共有 6 组 11 个数据。根据现有的可靠性研究[63]，滚动轴承寿命被认为服从 Weibull 分布。

表 5-5　滚动轴承的无失效数据

序号	时间 x/h	数量/个
1	190.4	1
2	250.2	1
3	783.0	4
4	850.0	3
5	870.0	1
6	909.8	1

由表 5-5 可得滚动轴承的无失效数据序列 $\boldsymbol{X}_{11}(N=11)$，如图 5-16 所示。

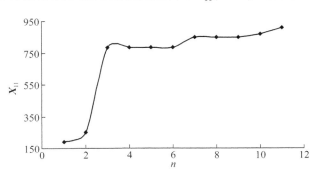

图 5-16　滚动轴承的无失效数据序列 $\boldsymbol{X}_{11}$

首先将这 11 个滚动轴承的无失效数据通过选择抽样个数进行分组。选择抽样个数的分组结果为：抽样个数分别为 $L_1=5$，$L_2=7$，$L_3=9$，$L_4=11$，共四组自助抽样。

然后设置信水平 $P=95\%$，根据自助最大熵法，分别对这四种情况的无失效数据建立失效数据的可靠性模型。

由自助最大熵法可得，理论上 B 的取值越大，预测的结果就越准确。在实际的案例分析中，当 B 的取值过大时，会导致生成大量数据所用的时间过长；而且当 B 的取值大到一定程度时，预测的结果就不再发生变化。因此，结合实际研究情况，在确保快速获取最佳预测结果的前提下，优选 $B=30000$。

在建立失效数据的可靠性模型时，均令 $B=30000$、$c=0.1$，进而可预测出四组滚动轴承寿命失效数据的可靠性函数，如图 5-17 所示。

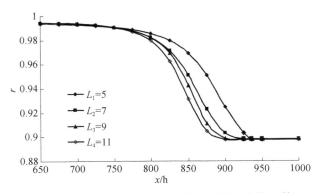

图 5-17　四组滚动轴承寿命失效数据的可靠性函数

基于滚动轴承寿命同一失效数据对应的可靠性数据序列，运用自助最大熵法，令 $B=30000$，可得到滚动轴承寿命失效数据的可靠性真值函数及其上下界函数，预测结果如图 5-18 所示。

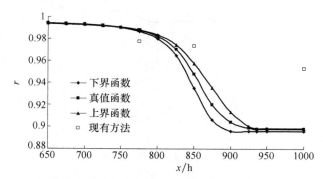

图 5-18　滚动轴承寿命失效数据可靠性的真值函数及其上下界函数

图 5-18 中还给出了文献[63]中运用多层贝叶斯估计法对该滚动轴承无失效数据可靠性的分析结果，并将其与自助最大熵法的预测结果进行了比较。

由图 5-17 可知，对于所考查的四组有关滚动轴承的自助样本，由于样本的抽样个数不同，获得的每组有关滚动轴承失效数据的可靠性函数的具体变化会有一定的差别，但总体上来看，随着滚动轴承实验或服役时间的不断增加，其寿命的可靠性均呈现出下降的趋势。这种变化趋势符合滚动轴承寿命在轴承实验或服役过程中逐渐衰减的实际规律。

由图 5-18 可知，在滚动轴承寿命 x 取值范围内，考虑自助最大熵法预测的结果与现有方法得到的结果之间的最大差异，可以看出当 $x=1000\mathrm{h}$ 时，由这两种方法得到的结果之间的差异最大。设 $x=1000\mathrm{h}$，用自助最大熵法预测的滚动轴承寿命失效数据可靠性估计真值 $R_\mathrm{T}(1000)=89.82\%$。根据现有方法即文献[63]中的多层贝叶斯估计法，在滚动轴承寿命概率分布已知的条件下，假设滚动轴承寿命失效数据服从 Weibull 分布，当 $x=1000\mathrm{h}$ 时，计算的滚动轴承寿命失效数据可靠性为 95.27%。二者最大差异值 $\varDelta=95.27\%-89.82\%=5.45\%$，可见这两种方法获得的滚动轴承寿命失效数据的可靠性结果之间的差异很小，说明用自助最大熵法对滚动轴承寿命无失效数据的可靠性进行评估是可行的。

2. 未知分布无失效数据的仿真实验

本案例是一个概率分布未知的模拟案例。因产品寿命无失效数据来源于产品的运行时间，现人为地拟定一组数据作为产品寿命无失效数据，构成一个模拟无失效数据序列 $\boldsymbol{X}_{10}(N=10)$，如图 5-19 所示。由于模拟无失效数据是主观规定出来的，其概率分布可以认为是未知的。

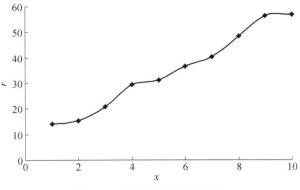

图 5-19　模拟的无失效数据

　　首先将这 10 个模拟无失效数据通过选择抽样个数进行分组，选择抽样个数的分组结果为：抽样个数分别为 L_1=4，L_2=6，L_3=8，L_4=10，共四组自助抽样。

　　然后设置信水平 P=95%，根据自助最大熵法，分别对这四种情况的无失效数据建立失效数据的可靠性模型。在建立失效数据的可靠性模型时，均令 B=30000、c=0.1，进而预测出四组模拟失效数据的可靠性函数，如图 5-20 所示。

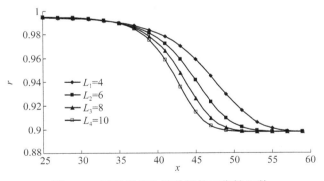

图 5-20　四组模拟失效数据的可靠性函数

　　基于同一模拟失效数据对应的可靠性数据序列，运用自助最大熵法，令 B=30000，可得模拟失效数据的可靠性真值函数及其上下界函数，预测的结果如图 5-21 所示。

　　由图 5-20 可知，对于模拟的四组自助样本，由于样本的抽样个数不同，获得的每组模拟的失效数据可靠性函数的具体变化有一定差别，但总体上，随着模拟失效数据的不断增大，产品寿命的可靠性都呈现出下降趋势。这种趋势符合产品寿命随着时间的推移逐渐衰减的实际规律。

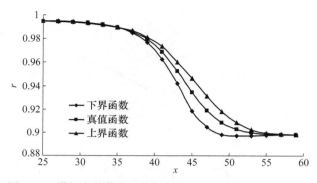

图 5-21　模拟失效数据可靠性的真值函数及其上下界函数

由图 5-21 可知，在模拟失效数据 x 取值范围内，模拟失效数据可靠性的真值函数及其上下界函数都呈现出单调递减的变化规律，则预测的模拟失效数据可靠性的真值函数及其上下界函数符合单元可靠性逐渐衰减的实际情况，说明用自助最大熵法在概率分布未知条件下评估某产品寿命无失效数据的可靠性是可行的。

5.3.3　讨论

对于服从 Weibull 分布的寿命无失效数据可靠性评估案例，由实际案例的结果可得，在概率分布已知的情况下，用自助最大熵法预测的寿命失效数据可靠性真值与现有方法得到的寿命失效数据可靠性取值相差很小，说明运用自助最大熵法可以较准确地预测寿命无失效数据的可靠性真值函数。另外，用自助最大熵法还可以预测出寿命无失效数据的可靠性上下界函数,而用现有方法是无法计算的。因此，在现有方法的可靠性研究中，可将用自助最大熵法得到的寿命无失效数据可靠性上下界函数作为参考。

对于概率分布未知的寿命无失效数据可靠性评估案例，由仿真实验的结果可得，在概率分布未知的情况下，用自助最大熵法可以得到寿命失效数据可靠性的真值函数及其上下界函数。图 5-21 与图 5-18 作比较可得，概率分布未知时预测的寿命失效数据可靠性真值函数及其上下界函数的变化规律与概率分布已知时预测的结果大致相同，说明自助最大熵法能够解决在概率分布未知条件下对无失效数据的可靠性进行评估这一难题。

5.4　无失效数据可靠性的多层自助最大熵预测

根据测量理论和统计理论，任何参数估计都伴随不确定性，可靠性评估中的不确定性可以用可靠性估计区间来表示[66,67]。现有可靠性理论把拉格朗日乘子当做常数，而贝叶斯理论认为统计学上的参数可以当做随机变量，进而对参数进行区间估计，也能对可靠性函数做出区间估计。因此，本节对于只有无失效数据而没有概率分布先验信息条件下的机械产品可靠性评估问题，提出多层自助最大熵评估模型。具体过程如下：首先，运用自助法对小样本数据进行等概率可放回地再抽样，获得大量样本数据。改变每次抽样个数，基于最大熵法，可得到多个不同的拉格朗日乘子。然后，再次运用自助法对拉格朗日乘子进行再抽样，多次使用最大熵法获得每个拉格朗日乘子的区间估计。最后，对各个拉格朗日乘子的上下界进行排列组合，得到多个概率密度函数和可靠性函数，根据最小不确定性原理，获得可靠性函数的区间估计。通过实验证明，运用多层自助最大熵法能够对可靠性函数做出合理的区间估计，分析结果真实可信。

5.4.1　多层自助最大熵预测原理

1. 运用自助法对无失效数据样本进行抽样

假设通过实验获得无失效数据序列，用向量 $\boldsymbol{X}$ 表示为

$$\boldsymbol{X} = (x_1, x_2, \cdots, x_l, \cdots, x_n), \ l = 1, 2, \cdots, n \tag{5-52}$$

式中，x_l 为第 l 个无失效数据；n 为无失效数据的个数。

从无失效数据样本 $\boldsymbol{X}$ 中随机地抽样，每次抽取 t 个数据，抽取 B 次，得到子样本 $\boldsymbol{X}_t$ 为

$$\boldsymbol{X}_t = (x_t(1), x_t(2), \cdots, x_t(k), \cdots, x_t(B)), \ t = 4, 5, \cdots, n; k = 1, 2, \cdots, B \tag{5-53}$$

式中，t 为每次抽取样本数据的个数；k 为生成自助样本的数据序号；$x_t(k)$ 为每次抽取 t 个数据时生成的自助样本的第 k 个数据。

2. 运用最大熵原理计算概率密度函数

运用最大熵原理，计算无失效数据自助样本的概率密度函数。满足最大熵的概率密度函数形式为

$$f(x) = \exp\left[c_0 + \sum_{\lambda=1}^{v} c_\lambda (ax+b)^\lambda\right] \tag{5-54}$$

式中，c_0 为首个拉格朗日乘子；c_λ 为第 $\lambda+1$ 个拉格朗日乘子，$\lambda = 1, 2, \cdots, v$；$v$ 为原点矩阶数，一般取 $v=5$；a、b 为映射参数。

$$c_0 = -\ln\left[\int_S \exp\left(\sum_{\lambda=1}^{v} c_\lambda x^\lambda\right) dx\right] \tag{5-55}$$

式中，S 为随机变量 x 的积分区间。

其他 v 个拉格朗日乘子应满足：

$$1 - \frac{\int_S x^\lambda \exp\left(\sum_{\lambda=1}^v c_\lambda x^\lambda\right) \mathrm{d}x}{m_\lambda \int_S \exp\left(\sum_{\lambda=1}^v c_\lambda x^\lambda\right) \mathrm{d}x} = 0 \tag{5-56}$$

式中，m_λ 为第 λ 阶原点矩。

3. 各个拉格朗日乘子的区间估计

改变抽样个数 t，基于自助最大熵法可以得到不同的拉格朗日乘子向量 C_λ 和映射参数向量 a、b。

$$C_\lambda = (c_0, c_1, \cdots, c_\lambda, \cdots, c_v) \tag{5-57}$$

$$c_\lambda = (c_\lambda(4), c_\lambda(5), \cdots, c_\lambda(t), \cdots, c_\lambda(n)) \tag{5-58}$$

$$a = (a(4), a(5), \cdots, a(t), \cdots, a(n)) \tag{5-59}$$

$$b = (b(4), b(5), \cdots, b(t), \cdots, b(n)) \tag{5-60}$$

式中，$c_\lambda(t)$ 为每次抽取 t 个数据时的第 $\lambda+1$ 个拉格朗日乘子系数；$a(t)$、$b(t)$ 为每次抽取 t 个数据时的区间映射参数。

将各个拉格朗日乘子当做源信息样本，再进行等概率可放回的抽样。基于最大熵方法，求解得到各个拉格朗日乘子的区间估计。

假设显著性水平为 α，$\alpha \in [0,1]$，则置信水平 P 为

$$P = (1-\alpha) \times 100\% \tag{5-61}$$

各个拉格朗日乘子 c_λ 在置信水平 P 下的下边界值 $c_{\lambda\mathrm{L}} = c_{\lambda,\alpha/2}$，且有

$$\frac{\alpha}{2} = \int_{c_{\lambda 0}}^{c_{\lambda\mathrm{L}}} f(x) \mathrm{d}x \tag{5-62}$$

式中，$c_{\lambda 0}$ 为积分变量 c_λ 的初始值。

各个拉格朗日乘子 c_λ 在置信水平 P 下的上边界值 $c_{\lambda\mathrm{U}} = c_{\lambda,1-\alpha/2}$，且有

$$1 - \frac{\alpha}{2} = \int_{c_{\lambda 0}}^{c_{\lambda\mathrm{U}}} f(x) \mathrm{d}x \tag{5-63}$$

因此，各个拉格朗日乘子 c_λ 在置信水平 P 下的参数估计区间为

$$[c_{\lambda\mathrm{L}}, c_{\lambda\mathrm{U}}] = [c_{\lambda,\alpha/2}, c_{\lambda,1-\alpha/2}] \tag{5-64}$$

4. 映射参数的点估计

参数 a 的点估计值为

$$\overline{a} = \frac{1}{n-4+1} \sum_{t=4}^{n} a(t) \tag{5-65}$$

参数 b 的点估计值为

$$\overline{b} = \frac{1}{n-4+1} \sum_{t=4}^{n} b(t) \tag{5-66}$$

5.4.2　可靠性函数的真值估计与区间估计

1. 概率密度函数的上下界求解

分别将拉格朗日乘子的上界值或下界值、映射参数的点估计值代入式（5-54）中，由排列组合原理可得 2^{v+1} 条概率密度函数曲线的表达式为

$$f_i(x) = \exp\left[c_{0i} + \sum_{\lambda=1}^{v} c_{\lambda i} (\overline{a}x + \overline{b})^{\lambda} \right], \quad i = 1, 2, \cdots, 2^{v+1} \tag{5-67}$$

式中，i 为概率密度函数的序号；c_{0i} 为第 i 个概率密度函数的首个拉格朗日系数，$c_{0i} = c_{0L}$ 或 $c_{0i} = c_{0U}$；$c_{\lambda i}$ 为第 i 个概率密度函数的第 $\lambda+1$ 个拉格朗日系数，$c_{\lambda i} = c_{\lambda L}$ 或 $c_{\lambda i} = c_{\lambda U}$，$c_{\lambda U}$、$c_{\lambda L}$ 分别为拉格朗日乘子 c_{λ} 的上下界值。

定义概率密度估计真值函数 $f_0(x)$ 为

$$f_0(x) = \exp\left[c_{00} + \sum_{\lambda=1}^{v} c_{\lambda 0} (a_0 x + b_0)^{\lambda} \right] \tag{5-68}$$

式中，$f_0(x)$ 为每次抽取 n 个数据时的概率密度函数；c_{00}、$c_{\lambda 0}$ 分别为每次抽取 n 个数据时的第 1 个和第 $\lambda+1$ 个拉格朗日系数；a_0、b_0 为每次抽取 n 个数据时的区间映射参数。

根据最小不确定性原理，可以从概率密度函数曲线中得到距离概率密度估计真值函数 $f_0(x)$ 最近的上下两条曲线，即最大熵概率密度函数的上下界函数 $f_U(x)$ 和 $f_L(x)$。

2. 可靠性函数的真值估计

将每次抽取 n 个数据时的可靠性函数作为可靠性估计真值函数 $R_0(x)$，对最大熵概率密度估计真值函数 $f_0(x)$ 积分，得到最大熵概率分布估计真值函数 $F_0(x)$：

$$F_0(x) = \int_{S_0}^{x} f_0(x) \mathrm{d}x \tag{5-69}$$

式中，S_0 为积分区间的下界值。

设可靠性系数为 r_c，由无失效数据个数 n 可得总体的失效概率估计真值函数 $P_0(x)$ 为

$$P_0(x) = \frac{r_c}{n(1 - F_0(x)) + 1} \qquad (5-70)$$

总体可靠性估计真值函数，即最大熵可靠性估计真值函数，用 $R_0(x)$ 表示为

$$R_0(x) = 1 - P_0(x) \qquad (5-71)$$

3. 可靠性函数的区间估计

将最大熵概率密度函数的上下界函数 $f_U(x)$、$f_L(x)$ 分别代入式（5-69）～式（5-71）中，求解出可靠性函数的上下界曲线 $R_U(x)$、$R_L(x)$：

$$R_U(x) = 1 - \frac{r_c}{n\left(1 - \int_{S_0}^{x} f_L(x)\mathrm{d}x\right) + 1} \qquad (5-72)$$

$$R_L(x) = 1 - \frac{r_c}{n\left(1 - \int_{S_0}^{x} f_U(x)\mathrm{d}x\right) + 1} \qquad (5-73)$$

给定置信水平 P，根据可靠性估计真值函数曲线 $R_0(x)$，得到估计真值 x_0，将其代入可靠性函数的上下界中，计算出可靠性函数的区间估计：

$$[R_L, R_U] = [R_L(x_0), R_U(x_0)] \qquad (5-74)$$

5.4.3　案例研究

1. 案例 1

根据文献[68]，认为轴承的寿命概率分布为 Weibull 分布。对 20 套轴承进行寿命实验，获得的无失效数据样本为（单位：h）

X = (422, 422, 539, 539, 539, 539, 602, 602, 770, 770, 770, 770, 847, 847, 847, 847, 924, 924, 924, 924)

用自助法每次抽取 20 个数据，共抽取 30000 次，所得数据如图 5-22 所示。

基于最大熵法计算可得：映射参数 a_0=0.0168，b_0= −11.9740。

拉格朗日乘子 $(c_{00}, c_{10}, c_{20}, c_{30}, c_{40}, c_{50})$=(−4.6019, 0.3515, −1.1350, −0.0226, −0.0252, −0.0038)。

由式（5-68）计算出概率密度估计真值函数 $f_0(x)$，再根据式（5-69）～式（5-71）计算可靠性估计真值函数 $R_0(x)$，如图 5-23 所示。

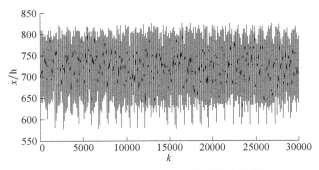

图 5-22　运用自助法获取轴承样本数据

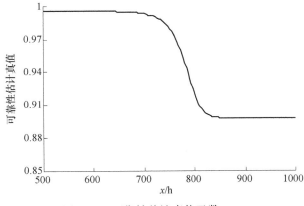

图 5-23　可靠性估计真值函数

由图 5-23 可知，运用多层自助最大熵法计算出 $R_0(577)=0.9952$ 与文献[68]中运用贝叶斯方法计算出的 $R(577)= 0.9845$ 相差 0.0107；$R_0(677)=0.9945$ 与文献[68]中运用贝叶斯方法计算出的 $R(677)=0.9762$ 相差 0.0183。这表明运用自助最大熵法获得的可靠性估计真值函数的拟合效果与用贝叶斯方法的估计结果基本一致。因此，用自助最大熵方法评估机械产品的可靠性是有效且可行的。但是自助最大熵法对概率分布没有要求，而且能解决小样本数据的可靠性评估问题。

改变每次抽样个数 t，抽取 30000 次，得到拉格朗日乘子的样本数据，如表 5-6 所示。

表 5-6　改变抽样个数所得各个拉格朗日乘子

t	$c_0(t)$	$c_1(t)$	$c_2(t)$	$c_3(t)$	$c_4(t)$	$c_5(t)$
4	−5.6036	0.6629	−0.4363	−0.0077	−0.0853	0.0042
5	−5.4157	0.6815	−0.6536	−0.0478	−0.0514	0.0036
6	−5.3129	0.6288	−0.8127	0.0279	−0.0469	−0.0051

续表

t	$c_0(t)$	$c_1(t)$	$c_2(t)$	$c_3(t)$	$c_4(t)$	$c_5(t)$
7	−5.2053	0.5522	−0.7531	0.0161	−0.0281	−0.0081
8	−5.1011	0.5278	−0.9026	−0.0317	−0.0547	−0.0056
9	−5.2319	1.0225	−0.9638	−0.0042	−0.0596	0.0059
10	−5.0329	0.7269	−1.0041	0.0069	−0.0172	−0.0086
11	−4.9519	0.5832	−0.9890	0.0213	−0.0184	−0.0108
12	−4.8778	0.4530	−1.0477	0.0394	−0.0275	−0.0144
13	−5.3618	0.7683	−0.8562	0.0243	−0.0391	−0.0074
14	−5.2342	0.3966	−0.6986	0.0107	−0.0569	−0.0112
15	−4.7553	0.4770	−1.1217	0.0178	−0.0231	−0.0093
16	−4.6925	0.3758	−1.1238	−0.0499	−0.0244	−0.0008
17	−4.6657	0.3557	−1.0203	−0.0429	−0.0236	0.0025
18	−4.6280	0.1996	−1.0790	0.0156	−0.0281	−0.0029
19	−4.6103	0.2696	−1.0040	−0.0215	−0.0263	−0.0014
20	−4.6019	0.3515	−1.1350	−0.0226	−0.0252	−0.0038

设置信水平 $P=90\%$，即 $\alpha=0.10$，将所得的 17 个 c_0 值作为样本进行自助再抽样可得置信区间的下边界值 $c_{0L}=-5.1564$；置信区间的上边界值 $c_{0U}=-4.8691$。因此，参数 c_0 的估计区间$[c_{0L}, c_{0U}]=[-5.1564, -4.8691]$。同样算得参数 c_1 的估计区间 $[c_{1L}, c_{1U}]=[0.4367, 0.6340]$；参数 c_2 的估计区间$[c_{2L}, c_{2U}]=[-1.0048, -0.8428]$；参数 c_3 的估计区间$[c_{3L}, c_{3U}]=[-0.0157, 0.0099]$；参数 c_4 的估计区间$[c_{4L}, c_{4U}]=[-0.0441, -0.0284]$；参数 c_5 的估计区间$[c_{5L}, c_{5U}]=[-0.0076, -0.0023]$。

改变每次抽样个数，共抽取 30000 次，可得映射参数如表 5-7 所示。

表 5-7 改变抽样个数所得映射参数

t	$a(t)$	$b(t)$	t	$a(t)$	$b(t)$
4	0.0097	−6.5596	13	0.0101	−6.9236
5	0.0102	−6.9999	14	0.0110	−7.7361
6	0.0104	−7.1320	15	0.0149	−10.5440
7	0.0118	−8.2250	16	0.0154	−10.9880
8	0.0115	−8.0558	17	0.0166	−11.8250
9	0.0118	−8.0162	18	0.0165	−11.8080
10	0.0128	−8.9075	19	0.0175	−12.5030
11	0.0135	−9.4274	20	0.0168	−11.9740
12	0.0136	−9.5861			

根据式（5-65）和式（5-66），计算出参数 a、b 的点估计值。然后分别将拉格朗日乘子的上界值或下界值，以及映射参数的点估计值代入式（5-67）中，由排列组合原理和最大熵方法，可得 64 个概率密度函数。

由最小不确定性原理，当 $c_0=c_{0L}=-5.1564$、$c_1=c_{1U}=0.6340$、$c_2=c_{2U}=-0.8428$、$c_3=c_{3U}=0.0099$、$c_4=c_{4U}=-0.0284$、$c_5=c_{5U}=-0.0023$ 时，可得到可靠性函数的上界曲线 $R_U(x)$；当 $c_0=c_{0U}=-4.8691$、$c_1=c_{1L}=0.4367$、$c_2=c_{2L}=-1.0048$、$c_3=c_{3L}=-0.0157$、$c_4=c_{4L}=-0.0441$、$c_5=c_{5L}=-0.0076$ 时，可得到可靠性函数的下界曲线 $R_L(x)$，如图 5-24 所示。

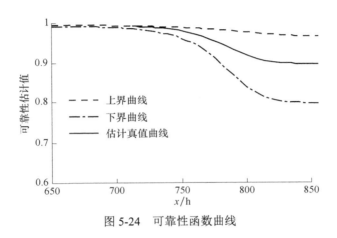

图 5-24　可靠性函数曲线

由图 5-24 可知，可靠性函数取值随着自变量时间的增大而逐渐减小，这是符合工程实际的。而且，在 $x=700\text{h}$ 之前，可靠性函数上下界曲线均与可靠性估计真值曲线基本重合。在 $x=700\text{h}$ 之后，随着自变量（时间）的增大，可靠性函数上下界曲线均越来越偏离可靠性估计真值曲线。这是因为在当前时间段内，对可靠性函数估计的不确定度较小。随着时间变量的增大，对可靠性函数估计的难度逐渐增大，因此估计结果的不确定度也逐渐增大，即上下界值越来越偏离估计真值。

设可靠性系数 $r_c=0.1$，置信水平 $P=90\%$，即显著性水平为 $\alpha=0.1$，计算出估计真值为 $x_0=826\text{h}$。

可靠性函数的区间估计为

$$[R_L, R_U]=[R_L(826), R_U(826)]=[0.7919, 0.9698]$$

2. 案例 2

根据文献[62]，导弹寿命的概率分布为指数分布。对 19 个导弹进行寿命实验，

获得的无失效数据样本为（单位：a）

X=(0.5, 0.5, 1.0, 1.0, 1.0, 1.5, 1.5, 1.5, 2.0, 2.0, 2.0, 2.0, 2.5, 2.5, 2.5, 2.5, 3.0, 3.0, 3.0)

　　用自助法每次抽取 19 个数据，共抽取 30000 次，所得自助样本数据如图 5-25 所示。

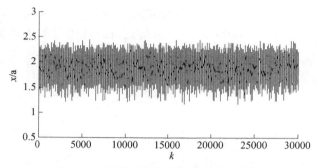

图 5-25　运用自助法获取导弹样本数据

　　基于最大熵法计算可得映射参数 a_0=3.5756，b_0= −6.7748。

　　拉格朗日乘子(c_{00}, c_{10}, c_{20}, c_{30}, c_{40}, c_{50})=(0.7304, −0.1508, −0.9395, 0.0096, −0.1039, −0.0131)。

　　由式（5-68）计算出概率密度估计真值函数 $f_0(x)$，再根据式（5-69）～式（5-71），计算可靠性估计真值函数 $R_0(x)$，如图 5-26 所示。

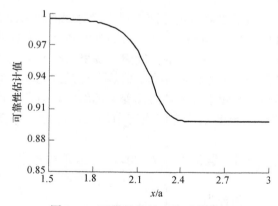

图 5-26　可靠性估计真值函数曲线

　　文献[62]中运用贝叶斯方法计算出 $R(3)$=0.9164，而本节运用多层自助最大熵法计算出 $R_0(3)$=0.8980，二者相差 0.0184。这表明运用多层自助最大熵法计算出的可靠性估计真值结果与用贝叶斯方法计算出的可靠性估计真值结果相差很小。可见，运用自助最大熵法获得的可靠性估计真值函数的拟合效果与贝叶斯方法的估计结果基本一致。因此，运用多层自助最大熵法评估机械产品的性能可靠性是有效且可行的。然而，自助最大熵法对产品性能的概率分布没有要求，而且能解决小样本数据（$n=19$）的可靠性评估问题。

改变每次抽样个数 t，共抽取 30000 次，所得拉格朗日乘子如表 5-8 所示。

表 5-8　改变抽样个数所得各个拉格朗日乘子

t	$c_0(t)$	$c_1(t)$	$c_2(t)$	$c_3(t)$	$c_4(t)$	$c_5(t)$
4	0.0350	0.3758	−1.0387	0.0988	0.0383	−0.0218
5	0.1055	0.4308	−0.9347	−0.2055	−0.0199	0.0345
6	0.1306	0.5436	−0.9762	0.0467	−0.0142	−0.0196
7	0.1915	0.3089	−0.8645	0.2593	−0.0889	−0.0628
8	0.3564	0.1862	−0.9626	0.0004	−0.0385	−0.0071
9	0.2961	0.3040	−0.6585	−0.1133	−0.1455	0.0271
10	0.5300	0.1940	−1.4388	−0.0360	0.0534	0.0005
11	0.4900	0.2900	−1.2065	−0.0534	−0.0280	0.0031
12	0.5991	0.2752	−1.1759	0.0280	0.0344	−0.0109
13	0.5614	0.3139	−1.0116	−0.0125	−0.0241	0.0025
14	0.6534	0.2372	−1.0972	−0.1751	0.0012	0.0291
15	0.7248	0.2127	−1.4443	0.0117	0.0461	−0.0084
16	0.7317	−0.0724	−1.3420	−0.0777	0.0053	0.0134
17	0.7625	0.2999	−1.2394	0.0090	0.0350	−0.0068
18	0.6686	0.5750	−1.2535	0.2533	−0.0004	−0.0576
19	0.7304	−0.1509	−0.9395	0.0096	−0.1038	−0.0131

取置信水平 $P=90\%$，即 $\alpha=0.10$，将所得的 16 个 c_0 值作为新样本，进行自助再抽样可得置信区间的下界值 $c_{0L}=0.3594$；置信区间的上界值 $c_{0U}=0.5924$。因此，参数 c_0 的估计区间 $[c_{0L},\ c_{0U}]=[0.3594,\ 0.5924]$。同样算得参数 c_1 的估计区间 $[c_{1L},$ $c_{1U}]=[0.1934,\ 0.3630]$；参数 c_2 的估计区间 $[c_{2L},\ c_{2U}]=[-1.2131,\ -0.9988]$；参数 c_3 的估计区间 $[c_{3L},\ c_{3U}]=[-0.0163,\ 0.0103]$；参数 c_4 的估计区间 $[c_{4L},\ c_{4U}]=[-0.0432,$ $0.0111]$；参数 c_5 的估计区间 $[c_{5L},\ c_{5U}]=[-0.0193,\ 0.0076]$。

改变每次抽样个数，共抽取 30000 次，可得映射参数如表 5-9 所示。

表 5-9　改变抽样个数所得映射参数

t	$a(t)$	$b(t)$	t	$a(t)$	$b(t)$
4	1.9572	−3.4250	7	2.2834	−4.0775
5	2.0387	−3.6697	8	2.5254	−4.6562
6	2.1746	−3.8962	9	2.5903	−4.7490

续表

t	$a(t)$	$b(t)$	t	$a(t)$	$b(t)$
10	2.5752	−4.7641	15	3.1233	−5.778
11	2.6255	−4.8333	16	3.1953	−6.0411
12	3.0903	−5.6656	17	3.5397	−6.5068
13	3.1029	−5.6688	18	3.4537	−6.1879
14	3.2619	−6.0577	19	3.5756	−6.7748

根据式（5-65）和式（5-66），计算出参数 a、b 的点估计值。分别将拉格朗日乘子的上界值或下界值，以及映射参数的点估计值代入式（5-67）中，由排列组合原理和最大熵法，可得 64 个概率密度函数。经过计算，由最小不确定性原理可得：当 $c_0=c_{0L}=0.3594$、$c_1=c_{1U}=0.3631$、$c_2=c_{2U}=-0.9988$、$c_3=c_{3U}=0.0103$、$c_4=c_{4U}=0.0111$、$c_5=c_{5L}=-0.0193$ 时，可得可靠性函数的上界曲线 $R_U(x)$；当 $c_0=c_{0U}=0.5924$、$c_1=c_{1L}=0.1934$、$c_2=c_{2L}=-1.2131$、$c_3=c_{3L}=-0.0163$、$c_4=c_{4L}=-0.0432$、$c_5=c_{5L}=-0.0193$ 时，可得可靠性函数的下界曲线 $R_L(x)$，如图 5-27 所示。

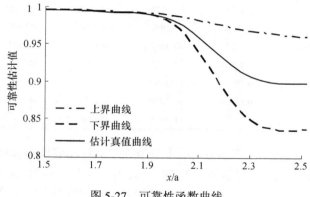

图 5-27　可靠性函数曲线

由图 5-27 可知，可靠性函数取值随着自变量（时间）的增大而逐渐减小，这是符合工程实际的。而且，在 $x=1.9a$ 之前，可靠性函数上下界曲线均与可靠性估计真值曲线基本完全重合。在 $x=1.9a$ 之后，随着时间的增加，可靠性函数上下界曲线均越来越偏离可靠性估计真值曲线。这是因为在当前时间段内，对可靠性函数估计的不确定度较小。随着时间变量的增大，对可靠性函数进行估计的难度逐渐增大，因此估计结果的不确定度也逐渐增大，即可靠性函数的上下界越来越偏离估计真值。

设可靠性系数 $r_c=0.1$，置信水平 $P=90\%$，即显著性水平为 $\alpha=0.1$，计算出估计真值 $x_0=2.375a$。

可靠性函数的区间估计为

$$[R_L, R_U]=[R_L(2.375), R_U(2.375)]=[0.8373, 0.9627]$$

3. 案例 3

某电子产品寿命的概率分布未知，对其进行模拟实验，得到的无失效数据样本为（单位：h）

$$\boldsymbol{X} = (14.01, 15.38, 20.94, 29.44, 31.15, 36.72, 40.32, 48.61, 56.42, 56.97)$$

用自助法每次抽取 10 个数据，共抽取 30000 次，所得数据如图 5-28 所示。

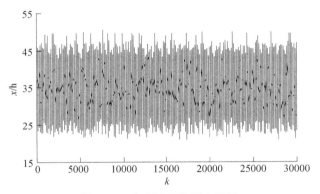

图 5-28　自助法获取样本数据

基于最大熵法可得映射参数 $a_0=0.1504$，$b_0=-5.4128$。

拉格朗日乘子 $(c_{00}, c_{10}, c_{20}, c_{30}, c_{40}, c_{50})=(-2.4738, -0.3211, -0.9948, -0.0234, -0.0312, 0.0047)$。

由式（5-68）计算出概率密度估计真值函数 $f_0(x)$，再根据式（5-69）～式（5-71），计算可靠性估计真值函数 $R_0(x)$，如图 5-29 所示。

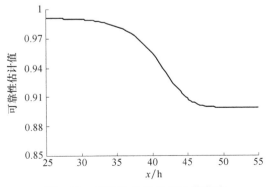

图 5-29　可靠性估计真值函数曲线

改变每次抽样个数 t，共抽取 30000 次，可得拉格朗日乘子如表 5-10 所示。

表 5-10　改变抽样个数所得各个拉格朗日乘子

t	$c_0(t)$	$c_1(t)$	$c_2(t)$	$c_3(t)$	$c_4(t)$	$c_5(t)$
4	−2.9458	−0.1929	−0.5739	0.0376	−0.0370	−0.0015
5	−2.8194	−0.2182	−0.7677	0.0472	−0.0385	−0.0066
6	−2.7181	−0.0766	−0.8583	−0.0025	−0.0418	0.0036
7	−2.6332	−0.0879	−0.9646	0.0131	−0.0367	0.0042
8	−2.5762	−0.2451	−0.9537	0.0142	−0.0200	0.0001
9	−2.5110	−0.0619	−1.0449	0.0265	−0.0374	−0.0005
10	−2.4738	−0.3211	−0.9948	−0.0234	−0.0312	0.0046

设置信水平 $P=90\%$，即 $\alpha=0.1$，将所得的 7 个 c_0 值作为新样本进行自助再抽样，可得置信区间的下界值 $c_{0L}=-2.7724$，置信区间的上界值 $c_{0U}=-2.5612$。因此，参数 c_0 的估计区间 $[c_{0L}, c_{0U}]=[-2.7724, -2.5612]$。同样算得参数 c_1 的估计区间 $[c_{1L}, c_{1U}]=[-0.2247, -0.0956]$；参数 c_2 的估计区间 $[c_{2L}, c_{2U}]=[-0.9853, -0.7854]$；参数 c_3 的估计区间 $[c_{3L}, c_{3U}]=[0.0020, 0.0325]$；参数 c_4 的估计区间 $[c_{4L}, c_{4U}]=[-0.0581, 0.0225]$；参数 c_5 的估计区间 $[c_{5L}, c_{5U}]=[-0.0026, 0.0031]$。

改变每次抽样个数，共抽取 30000 次，可得映射参数如表 5-11 所示。

表 5-11　改变抽样个数所得映射参数

t	$a(t)$	$b(t)$
4	0.1161	−4.1528
5	0.1167	−4.1777
6	0.1218	−4.2930
7	0.1263	−4.4404
8	0.1375	−4.9203
9	0.1375	−4.8191
10	0.1504	−5.4128

根据式（5-65）和式（5-66），计算出参数 a、b 的点估计值。然后分别将拉格朗日乘子的上界值或下界值，映射参数的点估计值代入式（5-67）中，由排列组合原理和最大熵法，可得 64 个概率密度函数。

由最小不确定性原理可得：当 $c_0=c_{0L}=-2.7724$、$c_1=c_{1U}=-0.0956$、$c_2=c_{2U}=$
-0.7854、$c_3=c_{3U}=0.0325$、$c_4=c_{4U}=0.0225$、$c_5=c_{5L}=-0.0026$ 时，可得可靠性函数
的上界曲线 $R_U(x)$；当 $c_0=c_{0U}=-2.5612$、$c_1=c_{1L}=-0.2247$、$c_2=c_{2L}=-0.9853$、$c_3=c_{3U}=$
0.0020、$c_4=c_{4L}=-0.0581$、$c_5=c_{5U}=0.0031$ 时，可得可靠性函数的下界曲线 $R_L(x)$，
如图 5-30 所示。

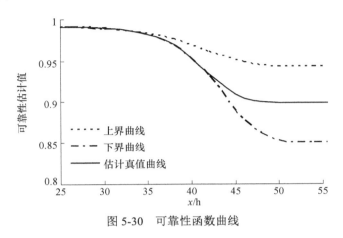

图 5-30　可靠性函数曲线

由图 5-30 可知，可靠性函数取值随着自变量（时间）的增大而减小，这是符
合工程实际的。而且在 $x=33h$ 之前，可靠性函数上下界曲线均与可靠性估计真值
曲线基本重合。在 $x=33h$ 之后，随着自变量（时间）的增大，可靠性函数的上下
界曲线均越来越偏离可靠性估计真值曲线。这是因为在当前时间段内，对可靠性
函数估计的不确定度较小。随着时间变量的增大，对可靠性函数估计的难度逐渐
增大，因此估计结果的不确定度也逐渐增大，即上下界值越来越偏离估计真值。

取可靠性系数 $r_c=0.1$，置信水平 $P=90\%$，即显著性水平为 $\alpha=0.1$，计算出估
计真值 $x_0=47.5h$。

可靠性函数的估计区间为

$$[R_L, R_U]=[R_L(47.5), R_U(47.5)]=[0.8633, 0.9453]$$

4. 案例 4

根据文献[69]，机电设备寿命 T 服从对数正态分布 $LN(\mu, \sigma^2)$。4 台电机分别
工作到 3782.2h、4212.6h、4219.2h 和 4476.2h 均未失效。由于实验数据收集的困
难性，希望利用上述数据对该型号电机的可靠性进行评估。

用自助法每次抽取 4 个数据，共抽取 10000 次，所得数据如图 5-31 所示。

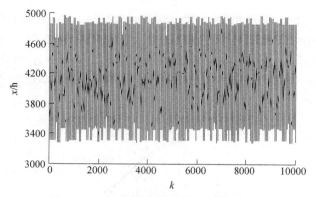

图 5-31 运用自助法获取轴承数据样本图

基于最大熵法计算可得映射参数 a_0=0.0030，b_0= −12.4767。

拉格朗日乘子(c_{00}, c_{10}, c_{20}, c_{30}, c_{40}, c_{50})=(−7.2725, 1.1766, 0.0382, −0.6374, −0.0538, 0.0710)。

由式（5-68）计算出概率密度估计真值函数 $f_0(x)$，再根据式（5-69）～式（5-71），计算可靠性估计真值函数 $R_0(x)$，如图 5-32 所示。

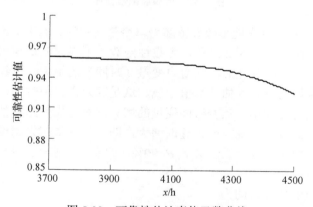

图 5-32 可靠性估计真值函数曲线

运用多层自助最大熵法计算出 $R_0(4000)$=0.9558，$R_0(4500)$=0.9250。文献[69]中运用贝叶斯方法计算出当 λ=0.2 时，μ 的估计值为 10.7218，σ 的估计值为 1.7673，从而可得 $R(4000)$=0.9152，$R(4500)$=0.9044，两种方法计算结果分别相差 0.0406和 0.0206。从而可以得出结论，运用自助最大熵法获得的可靠性估计真值函数的拟合效果与运用贝叶斯方法计算出的估计结果基本一致。因此，运用多层自助最大熵法评估机械产品的可靠性是可行的。值得注意的是，本案例由于样本数据较少，无法通过改变抽样个数获得拉格朗日乘子的自助样本数据，因此无法进行可靠性区间估计。进行可靠性区间估计需要实验样本数据个数 $n \geqslant 7$。

5. 案例 5

针对案例 4 进行模拟实验，得到的无失效数据为

$$\boldsymbol{X} = (3782.2, 4212.6, 4212.6, 4219.2, 4219.2, 4476.2, 4476.2)$$

用自助法每次抽取 7 个数据，共抽取 10000 次，所得数据如图 5-33 所示。

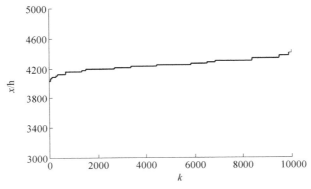

图 5-33　运用自助法获取样本数据

基于最大熵法可得映射参数 $a_0 = 0.0092$，$b_0 = -38.3540$。

拉格朗日乘子 $(c_{00}, c_{10}, c_{20}, c_{30}, c_{40}, c_{50}) = (-5.6538, 1.2946, -1.3455, 0.4125, 0.0450, 0.0924)$。

由式（5-68）计算概率密度估计真值函数 $f_0(x)$，再根据式（5-69）～式（5-71），可得可靠性估计真值函数 $R_0(x)$，如图 5-34 所示。

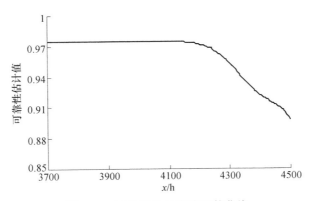

图 5-34　可靠性估计真值函数曲线

改变每次抽样个数 t，共抽取 30000 次，可得拉格朗日乘子如表 5-12 所示。

表 5-12　改变抽样个数所得各个拉格朗日乘子

t	$c_0(t)$	$c_1(t)$	$c_2(t)$	$c_3(t)$	$c_4(t)$	$c_5(t)$
4	−5.8150	1.0448	−0.6838	−0.0543	0.0010	−0.0106
5	−5.8059	1.5981	−0.6357	−0.5524	−0.1348	0.1033
6	−5.7430	1.6329	−1.6910	0.3232	0.0926	−0.0869
7	−5.6538	1.2946	−1.3455	0.4125	0.0450	0.0924

取置信水平 $P=90\%$，即 $\alpha=0.1$，将所得的 7 个 c_0 值作为新样本进行自助再抽样，可得置信区间的下界值 $c_{0L}=-5.8049$，置信区间的上界值 $c_{0U}=-5.7032$。因此，参数 c_0 的估计区间 $[c_{0L}, c_{0U}]=[-5.8049, -5.7032]$。同样算得参数 c_1 的估计区间 $[c_{1L}, c_{1U}]=[1.2486, 1.6240]$；参数 c_2 的估计区间 $[c_{2L}, c_{2U}]=[-1.5824, -0.7044]$；参数 c_3 的估计区间 $[c_{3L}, c_{3U}]=[0.0020, 0.0325]$；参数 c_4 的估计区间 $[c_{4L}, c_{4U}]=[-0.0987, 0.0826]$；参数 c_5 的估计区间 $[c_{5L}, c_{5U}]=[-0.0652, 0.0915]$。

改变每次抽样个数，共抽取 30000 次，可得映射参数如表 5-13 所示。

表 5-13　改变抽样个数所得映射参数

t	$a(t)$	$b(t)$
4	0.0083	−34.9030
5	0.0080	−33.5820
6	0.0079	−32.8110
7	0.0092	−38.3540

根据式（5-65）和式（5-66），计算出参数 a、b 的点估计值。分别将拉格朗日乘子的上界值或下界值，以及映射参数的点估计值代入式（5-67）中，由排列组合原理和最大熵法，可得 64 个概率密度函数。

由最小不确定性原理可得：当 $c_0=c_{0L}=-5.8049$、$c_1=c_{1U}=1.6240$、$c_2=c_{2U}=-0.7044$、$c_3=c_{3U}=0.0325$、$c_4=c_{4U}=0.0826$、$c_5=c_{5U}=0.0915$ 时，可得可靠性函数的上界曲线 $R_U(x)$；当 $c_0=c_{0U}=-5.7032$、$c_1=c_{1L}=1.2486$、$c_2=c_{2U}=-0.7044$、$c_3=c_{3L}=0.0020$、$c_4=c_{4L}=-0.0987$、$c_5=c_{5L}=-0.0652$ 时，得到可靠性函数的下界曲线 $R_L(x)$，如图 5-35 所示。

由图 5-35 可知，可靠性函数取值随着自变量（时间）的增大而逐渐减小，这是符合工程实际的。而且在 $x=4230h$ 之前，可靠性函数上下界曲线均与可靠性估计真值曲线基本重合。在 $x=4230h$ 之后，随着自变量（时间）的增大，可靠性函

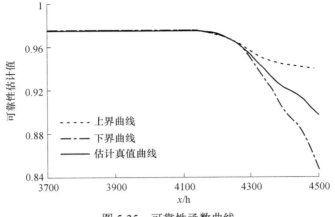

图 5-35　可靠性函数曲线

数的上下界曲线均越来越偏离可靠性估计真值曲线。这是因为在当前时间段内，对可靠性函数估计的不确定度较小。随着时间变量的增大，对可靠性函数估计的难度逐渐增大，因此估计结果的不确定度也逐渐增大，即上下界值越来越偏离估计真值。

取可靠性系数 r_c=0.1，置信水平 P=90%，即显著性水平为 α=0.1，计算出估计真值 x_0=4425.4h。

可靠性函数的估计区间为

$$[R_L, R_U]=[R_L(4425.4), R_U(4425.4)]=[0.8907, 0.9414]$$

综上所述，对于概率分布已知的产品寿命可靠性评估问题，自助最大熵法的评估误差很小。案例 1 用多层自助最大熵法计算出 $R_0(577)$=0.9952 与文献[68]中运用贝叶斯方法计算出的 $R(577)$=0.9845 相差 0.0107；$R_0(677)$=0.9945 与文献[68]中运用贝叶斯方法计算出的 $R(677)$=0.9762 相差 0.0183。文献[62]中运用贝叶斯方法计算出 $R(3)$=0.9164，案例 2 运用多层自助最大熵法计算出 $R_0(3)$=0.8980，二者相差 0.0184。案例 4 运用多层自助最大熵法计算出 $R_0(4000)$=0.9558，$R_0(4500)$=0.9250。文献[69]中运用贝叶斯方法计算出 $R(4000)$=0.9152，$R(4500)$=0.9044，两种方法计算结果分别相差 0.0406 和 0.0206。实验案例 1、2、4 表明，运用自助最大熵法得到的可靠性评估结果与运用贝叶斯方法得到的评估结果基本相同。这是因为最大熵法能够对未知的概率分布做出最无偏的估计，可以自动识别样本数据的内部规律，从而计算出样本数据个数极少条件下的概率分布函数。多层自助最大熵法在数据处理过程中，并未利用已知概率分布（Weibull 分布、指数分布、对数正态分布）这一信息。

对于概率分布未知的产品寿命可靠性评估问题，古典统计理论难以解决。实验案例 3 和 5 表明，多层自助最大熵法也适用于概率分布未知的产品寿命可靠性评估问题。

对于可靠性区间估计问题，现有方法无法解决。所提出的多层自助最大熵法把拉格朗日乘子当做变量，对可靠性函数进行区间估计，最后得出结论：可靠性函数取值随着自变量（时间）的增大而逐渐减小，在一定范围内，可靠性函数上下界曲线与可靠性估计真值函数曲线基本重合。超出该范围，可靠性函数上下界曲线均越来越偏离可靠性估计真值函数曲线。实际应用中，一般在达到产品性能数据最大值的一半之前，可靠性函数上下界曲线与可靠性估计真值函数曲线基本完全重合。例如，案例 1 中 $x=700\mathrm{h}>1/2\times924=462\mathrm{h}$；案例 2 中 $x=1.9\mathrm{a}>1/2\times3=1.5\mathrm{a}$；案例 3 中 $x=33\mathrm{h}>1/2\times56.97=28.485\mathrm{h}$。

通过上述案例研究可以看出，把拉格朗日乘子当做变量，本节提出的多层自助最大熵评估模型，解决了乏信息条件下机械产品的可靠性区间估计问题。实验结果表明，多层自助最大熵评估模型可以对概率分布已知或未知的小样本无失效数据进行可靠性真值估计，其计算结果与传统可靠性理论的分析结果基本相同。同时，该评估模型还可以对小样本数据进行可靠性区间估计，从而为现有可靠性评估方法做出有益补充。

5.5　本　章　小　结

仅仅依赖于无失效数据，本章提出了乏信息灰自助法，构建出经验失效概率函数，进而实施无失效数据的可靠性函数预测。基于构建的失效概率函数，本章又提出了乏信息自助最大熵法和乏信息多层自助最大熵法，预测出基于无失效数据的可靠性真值函数及其上下界函数。案例研究表明，在已知寿命概率分布条件下，本章提出方法的预测结果与现有方法的预测结果相一致；在未知寿命概率分布与小样本无失效数据条件下，现有方法难以进行预测，不能获得预测结果，但本章提出的方法则可以有效地预测乏信息无失效数据的可靠性真值函数及其上下界函数。因此，本章提出的乏信息无失效数据可靠性预测方法，可以认为是对现代可靠性理论的一种有益的补充。

第二篇　品质实现可靠性评估

第6章　机械制造过程的可靠性评估

以乏信息系统理论为基础,本章综合多种研究方法,即灰自助法、最大熵法、自助法、模糊集合理论、泊松过程、非排序灰关系等,以制造过程中输出的质量参数数据为研究对象,在概率分布已知、概率分布未知以及小样本的条件下,对机械制造过程的可靠性进行系统的研究,并根据研究结果对判断磨削过程的可靠性提供有参考价值的理论依据。在具体的研究案例中,主要涉及滚动轴承零件磨削过程的可靠性评估与预测问题。

6.1　概　　述

众所周知,机械零部件,如轴承、齿轮、活塞等,具有优良的加工质量是非常重要的,这直接影响整套机械装备的工作性能与可靠[5]。目前,机械制造过程的研究已经取得了很多成果,但大部分都是针对制造过程的最优水平、估计真值、估计区间以及不确定度等问题进行的研究,还没有涉及制造过程的可靠性评估问题。

在机械制造过程中,系统较复杂、外界影响因素较多、总体属性不确定,导致制造出的产品的某些参数数据可能不满足技术要求,这对所制造产品的品质有一定的影响[70]。当不满足技术要求的参数数据过多时,就须考虑制造过程的可靠性问题。因此,为了提高合格率和降低生产成本,必须对制造过程的可靠性进行评估。

机械制造过程是机械产品质量形成过程中的重要环节,制造系统的良好运行是制造过程能够可靠地保障产品质量的关键[21,28,38,71]。因此,长期以来,制造系统运行状态评估是机械制造理论与实践的一个重要议题,并在制造过程的质量控制、稳定性与可靠性的评估方面取得了许多成果。

基于乏信息系统理论,本章运用灰自助法、最大熵法、自助法、模糊集合理论、泊松过程、非排序灰关系等，探讨与分析制造过程的可靠性问题。在具体的研究案例中，主要涉及滚动轴承零件磨削过程的可靠性评估与预测问题[31,72,73]。

6.2　基于乏信息融合技术的机床加工误差调整

本节融合隶属函数法、最大隶属度法、滚动均值法、算术平均值法和自助法，提出一种乏信息融合技术[31]，以实现机床加工误差的调整。

6.2.1　引言

一个复杂的机械加工过程是由若干个工序组成的，在机械加工的每一道工序中总是需要对制造系统进行各种各样的调整工作，调整工作又不可能绝对的准确，因此会产生调整误差。现采用试切法调整，即对工件进行试切—测量—调整—再试切，直到工件达到要求的精度为止。

在制造过程中，大批量加工之前，需对制造系统进行调试。在短期内连续试加工得到的工件参数数据个数往往是很少的（如 4～10 个）。根据统计学，仅仅借助少量的数据，无法找出数据的概率分布规律，很难对机床加工误差实施调整工作。

运用乏信息理论分析，可以不考虑随机变量的概率分布问题，即便是少量数据也可以进行评估。由于信息量不足，需用多种方法对计算结果进行校正、融合与综合考虑。用多种方法研究，可以从多方面获取系统的属性信息。综合多方面获取的属性信息，构成一个估计真值集合。再将多方面获取的信息进行融合，可较为准确地估计出系统的属性真值。这就是真值融合技术。主要融合方法包括均值滚动法、隶属函数法、最大隶属度法、自助法等。真值融合技术包括两个内容：第一个是用多种方法从原始数据序列获取多个估计真值；第二个是将多个估计真值作为新的融合序列，再用多种方法对融合序列进行多次融合，最后满足极差准则的融合值就是最终估计真值。

本节通过融合隶属函数法、最大隶属度法、滚动均值法、算术平均值法和自助法等 5 种方法所获得的乏信息融合技术，对有关工件的小样本数据进行多次融合，预测机床调整过程中输出的小样本数据的估计真值；根据工件要求加工的参数数据，计算机床的调整误差，参照规定的允许调整误差，对机床的加工误差进行合理的调整。运用模糊集合理论，借助机床调整好以后输出的小样本可靠数据，在给定的置信水平下，预测机床调整好以后的估计区间，来判断调整好以后的机床是否可靠，以验证运用乏信息融合技术调整机床的可行性。

6.2.2　有关机床加工误差调整的乏信息融合技术

乏信息融合技术包括两个步骤：第一步是用隶属函数法、最大隶属度法、滚动均值法、算术平均值法和自助法等 5 种方法，从原始数据序列获取 5 个初始估计真值；第二步是将这 5 个初始估计真值作为真值融合序列，再用这 5 种方法对真值融合序列进行多次融合，将获得的满足极差准则的最终融合值作为机床调整时有关工件的最终估计真值。

假设一个机床调整阶段，机床试加工过程中输出的小样本数据，构成一个小样本原始数据序列，用向量 $\boldsymbol{X}_0$ 表示为

$$\boldsymbol{X}_0 = (x(1), x(2), \cdots, x(n), \cdots, x(N)), \quad n = 1, 2, \cdots, N \tag{6-1}$$

式中，$\boldsymbol{X}_0$ 为机床调整时输出的小样本原始数据序列；$x(n)$ 为 $\boldsymbol{X}_0$ 中的第 n 个数据；N 为 $\boldsymbol{X}_0$ 的数据个数，且 N 为很小的整数，取值范围为 4~10。

1. 用乏信息融合技术预测估计真值

1）隶属函数法

将小样本原始数据序列 $\boldsymbol{X}_0$ 从小到大排序并重新编号，可得到排序数据序列 $\boldsymbol{X}$：

$$\boldsymbol{X} = (x_1, x_2, \cdots, x_i, \cdots, x_N) \tag{6-2}$$

且有

$$x_i \leqslant x_{i+1}, \quad i = 1, 2, \cdots, N-1 \tag{6-3}$$

定义差值序列 $\boldsymbol{d}$ 为

$$\boldsymbol{d} = (d_1, d_2, \cdots, d_i, \cdots, d_{N-1}) \tag{6-4}$$

式中

$$d_i = x_{i+1} - x_i, \quad i = 1, 2, \cdots, N-1 \tag{6-5}$$

一般 d_i 越小，数据分布越密集；反之越疏松，即 d_i 与 x_i 的分布密度相关。因此，假设线性隶属函数 m_i 即概率密度因子为

$$m_i = 1 - \frac{d_i - d_{\min}}{d_{\max}}, \quad i = 1, 2, \cdots, N-1 \tag{6-6}$$

式中，最小差值和最大差值分别为

$$d_{\min} = \min_{i=1}^{N-1} d_i \tag{6-7}$$

$$d_{\max} = \max_{i=1}^{N-1} d_i \tag{6-8}$$

设紧邻均值序列向量 Z 为

$$Z = (z_1, z_2, \cdots, z_i, \cdots, z_{N-1}) \tag{6-9}$$

式中

$$z_i = \frac{1}{2}(x_{i+1} + x_i), \quad i = 1, 2, \cdots, N-1 \tag{6-10}$$

机床加工系统的一个初始估计真值 X_{01} 为

$$X_{01} = \frac{1}{\sum\limits_{i=1}^{N-1} m_i} \sum_{i=1}^{N-1} m_i z_i \tag{6-11}$$

2）最大隶属度法

基于隶属函数法，设最大隶属度 $m_{\max}$ 为

$$m_{\max} = \max_{i=1}^{N-1} m_i = 1 \tag{6-12}$$

取对应 $m_{\max}$ 的 x_{v+1} 和 x_v 的均值作为原始数据序列的初始估计真值 X_0：

$$X_0 = \frac{1}{2}(x_{v+1} + x_v)\big|v, v+1 \to m_{\max}, \quad v \in (1, 2, \cdots, N-1) \tag{6-13}$$

若有 T 个重复的 $m_{\max}$，则设

$$X_{t0} = \frac{1}{2}(x_{v+1} + x_v)_t, \quad t = 1, 2, \cdots, T-1 \tag{6-14}$$

机床加工系统的一个初始估计真值 X_{02} 为

$$X_{02} = \frac{1}{T} \sum_{t=1}^{T} X_{t0} \tag{6-15}$$

3）自助法

从 X_0 中等概率可放回地抽样，每次抽取 1 个数据共抽取 N 个数据，得到一个自助样本 X_b，连续重复抽取 B 次，得到 B 个自助再抽样样本。

$$X_b = (x_b(1), x_b(2), \cdots, x_b(n), \cdots, x_b(N)), \quad n = 1, 2, \cdots, N; b = 1, 2, \cdots, B \tag{6-16}$$

式中，X_b 为第 b 个自助样本；$x_b(n)$ 为 X_b 中的第 n 个数据；N 为 X_b 的数据个数。

自助样本 X_b 的均值为

$$\overline{X}_b = \frac{1}{N} \sum_{n=1}^{N} x_b(n), \quad b = 1, 2, \cdots, B \tag{6-17}$$

从而得到一个样本含量为 B 的自助大样本 X_G：

$$X_{\mathrm{G}} = (X_1, X_2, \cdots, X_b, \cdots, X_B), \quad b = 1, 2, \cdots, B \tag{6-18}$$

将 X_{G} 从小到大排序，并分为 Q 组，得到各组的组中值 $X_{\mathrm{N}q}$ 和离散频率 F_q，其中 $q=1, 2, \cdots, Q$。以频率 F_q 为权重，用加权均值表示机床加工系统的一个初始估计真值 X_{03} 为

$$X_{03} = \sum_{q=1}^{Q} F_q X_{\mathrm{N}q}, \quad q = 1, 2, \cdots, Q \tag{6-19}$$

4）滚动均值法

滚动均值法来源于自助再抽样原理，是从 1 到 N 之间进行抽样，并且依次序从前到后滚动，反复抽样，抽样数据个数逐步增加，直到全部抽完为止。

基于排序数据序列 X，设逐步均值累加项为

$$\xi_j = \frac{1}{N-j+1} \sum_{i=1}^{N-j+1} \sum_{k=i}^{i+j-1} \frac{x_k}{j}, \quad j = 1, 2, \cdots, N \tag{6-20}$$

融合得到的机床加工系统的一个初始估计真值 X_{04} 为

$$X_{04} = \frac{1}{N} \sum_{j=1}^{N} \xi_j \tag{6-21}$$

5）算术平均值法

基于小样本原始数据序列 X_0，可得机床加工系统的一个初始估计真值 X_{05} 为

$$X_{05} = \frac{1}{N} \sum_{n=1}^{N} x(n) \tag{6-22}$$

将以上 5 种方法得到的 5 个初始估计真值构成一个真值融合序列，用向量表示为

$$X_{\mathrm{F}} = (X_{01}, X_{02}, \cdots, X_{0i}, \cdots, X_{05}), \quad i = 1, 2, \cdots, 5 \tag{6-23}$$

再用这 5 种方法对真值融合序列 X_{F} 进行多次融合，得到满足极差准则的最终融合值，即机床加工系统的最终估计真值 X_{Fusion}。

2. 机床加工误差的调整方法

在试切法调整机床的过程中，首先对试加工工件进行测量，获取工件某质量参数的测量值，然后将测量值与工件该质量参数要求的理想值作比较，来判断机床是否调整到良好的运行状态。但不管是哪种精密量具和精确的测量方法，其测量都不可能绝对准确，机床在加工过程中必然会存在误差，即机床的调整误差不可避免。因此，在机床调整过程中，根据工件的加工质量要求，在保证加工工件

满足质量要求的前提下，须合理规定机床的允许调整误差。

在实际调整操作过程中，每次调整都应尽量使实际加工工件的测量值接近工件要求的理想值，由于机床结构较复杂，且其影响因素较多、较难控制，每次调整以后得到的测量值的估计真值与工件的理想值会有一定的偏差。因此，应参照机床的允许调整误差决定调整机床的次数。

在调整机床的过程中，已知产品某质量参数要求加工的理想值 X_T 和机床的允许调整误差 μ。按照试切法调整机床，即在较短时间内连续试加工很少的几个工件，可依次获取该工件质量参数的测量值，并构成小样本原始数据序列 X_0。

第 1 次试切时，给定工件的加工尺寸 X_{c1} 等于工件的理想值 X_T，运用乏信息融合技术得到该工件某质量参数的估计真值 $X_{Fusion1}$。

机床第 1 次调整产生的调整误差为

$$\mu_1 = \left| X_T - X_{Fusion1} \right| \tag{6-24}$$

若 $\mu_1 \leqslant \mu$，则表明机床的加工误差能满足产品某质量参数的允许调整误差，可认为此时机床已调整良好，即机床调整完毕，可对工件进行正常加工生产。

若 $\mu_1 > \mu$，则表明机床的加工误差不能满足产品某质量参数的允许调整误差，可认为此时机床仍没有调整好，须对机床的加工误差继续调整。当 $X_T > X_{Fusion1}$，即工件的理想值大于测量值的估计真值 $X_{Fusion1}$ 时，应以给定工件的理想值 X_T 为基础，在第 2 次试切时给定工件的加工尺寸 X_{c2} 为

$$X_{c2} = \begin{cases} X_T - \mu_1, & \text{轴类} \\ X_T + \mu_1, & \text{孔类} \end{cases} \tag{6-25}$$

当 $X_T < X_{Fusion1}$ 时，即工件的理想值 X_T 小于测量值的估计真值 $X_{Fusion1}$ 时，仍以给定工件的理想值 X_T 为基础，在第 2 次试切时给定工件的加工尺寸 X_{c2} 为

$$X_{c2} = \begin{cases} X_T + \mu_1, & \text{轴类} \\ X_T - \mu_1, & \text{孔类} \end{cases} \tag{6-26}$$

比较估计真值与理想值的大小，由式（6-25）和式（6-26），来确定第 2 次试切时给定的工件加工尺寸 X_{c2}，然后运用乏信息融合技术得到该工件某质量参数的估计真值 $X_{Fusion2}$。

此时，机床第 2 次调整产生的调整误差为

$$\mu_2 = \left| X_T - X_{Fusion2} \right| \tag{6-27}$$

若 $\mu_2 \leqslant \mu$，则表明机床的加工误差能满足产品某质量参数的允许调整误差，可认为此时机床已调整良好，即机床调整完毕，可对工件进行正常加工生产。若

第 2 次调整不满足要求，则须继续调整机床，直到其加工误差满足规定的允许调整误差为止。

由于机床结构较复杂，随着加工时间的不断累积，会出现各种扰动等不稳定现象，机床加工误差的调整不可能一次完成，可能需要进行多次调整。因此，应根据调整过程中的实际情况，合理有序地完成机床加工误差的调整工作，从而使机床加工出的产品满足质量要求。

3. 预测机床调整好后的估计区间

1）确定小样本可靠数据

假设机床调整好以后，满足加工质量要求的小样本可靠数据，构成一个小样本可靠数据序列（表示系统本身的能力）X_r：

$$X_r = (x(1), x(2), \cdots, x(j), \cdots, x(g)), \quad j = 1, 2, \cdots, g \tag{6-28}$$

式中，X_r 为小样本可靠数据序列；$x(j)$ 为 X_r 中的第 j 个数据；g 为 X_r 的数据个数。

2）预测机床调整好以后的估计区间

用模糊集合理论预测机床调整好以后的估计区间。首先，基于可靠数据序列 X_r，运用隶属函数法，建立有关可靠数据的隶属函数。

设离散值 $h_{1s}(x_s)$ 和 $h_{2s}(x_s)$ 分别为

$$h_{1s}(x_s) = m_s, \quad s = 1, 2, \cdots, \tau \tag{6-29}$$

$$h_{2s}(x_s) = m_s, \quad s = \tau, \tau+1, \cdots, g-1 \tag{6-30}$$

式中，m_s 为概率密度因子，见式（6-6）；τ 的含义与式（6-13）中的 v 相同。

若离散值 $h_{1s}(x_s)$ 和 $h_{2s}(x_s)$ 已知，则可以用下面的最大模范数最小法得到隶属函数 $h_1(x)$ 和 $h_2(x)$。

用两个多项式 f_1 和 f_2：

$$f_1 = f_1(x) = 1 + \sum_{l=1}^{L} a_l (X_0 - x)^l, \quad x \leqslant X_0 \tag{6-31}$$

$$f_2 = f_2(x) = 1 + \sum_{l=1}^{L} b_l (x - X_0)^l, \quad x \geqslant X_0 \tag{6-32}$$

分别逼近离散值 $h_{1s}(x_s)$ 和 $h_{2s}(x_s)$。即用式（6-31）和式（6-32）分别逼近式（6-29）和式（6-30），使 $h_1(x) = f_1(x)$ 和 $h_2(x) = f_2(x)$，从而可以得到隶属函数 $h_1(x)$ 和 $h_2(x)$。

在式（6-31）和式（6-32）中，L 为多项式 f_1 和 f_2 的阶次，通常，L 取 3 或 4 时可获得较高的逼近精度；l 为 X_0-x 的指数；X_0 为用最大隶属度法计算的有关机床加工系统的一个估计真值；a_l 和 b_l 为 f_1 和 f_2 的待定系数。

设 f_1 和 f_2 对应的逼近值 $f_1(x)$ 和 $f_2(x)$ 与离散值 $h_{1s}(x_s)$ 和 $h_{2s}(x_s)$ 的差值分别为

$$r_{1s} = f_1(x_s) - h_{1s}(x_s), \quad s = 1, 2, \cdots, \tau \tag{6-33}$$

$$r_{2s} = f_2(x_s) - h_{2s}(x_s), \quad s = \tau, \tau+1, \cdots, g-1 \tag{6-34}$$

定义最大模范数

$$\|r\|_\infty = \max_{s=1}^{g-1} |r_s|, \quad s = 1, 2, \cdots, g-1 \tag{6-35}$$

为了得到最精确的逼近值，应使差值 r_{1s} 和 r_{2s} 的最大模范数最小化。为此，选择待定系数 a_l 和 b_l 分别满足

$$r_{1\min} = \min_{a_l} \|r_1\|_\infty \tag{6-36}$$

$$r_{2\min} = \min_{b_l} \|r_2\|_\infty \tag{6-37}$$

则可以确定待定系数 a_l 和 b_l，进而得到隶属函数 $h_1(x)$ 和 $h_2(x)$。式中，r_1 和 r_2 分别对应逼近值 $f_1(x)$ 和 $f_2(x)$ 与离散值 $h_{1s}(x_s)$ 和 $h_{2s}(x_s)$ 的最大差值的绝对值取最小时的 r_{1s} 和 r_{2s}。其中，式（6-36）和式（6-37）的约束条件分别为

$$\mathrm{d}f_1/\mathrm{d}x \geqslant 0, \quad 0 \leqslant f_1 \leqslant 1 \tag{6-38}$$

$$\mathrm{d}f_2/\mathrm{d}x \geqslant 0, \quad 0 \leqslant f_2 \leqslant 1 \tag{6-39}$$

由模糊集合理论可知，某机床加工系统的属性从真到假变化有一个过渡区间，即

$$G(x) = \begin{cases} 1\,(\text{true}), & \lambda \geqslant \lambda^* \\ 0\,(\text{false}), & \lambda < \lambda^* \end{cases} \tag{6-40}$$

式中，$G(x)$ 为机床总体属性的特征函数；λ 为水平，且 $\lambda \in [0, 1]$；λ^* 为最优水平。

设机床总体属性参数的变化区间为 $[X_L, X_U]$，由式（6-40）表示，在区间 $[X_L, X_U]$ 内 x 是可用的，特征值为 1；而在区间 $[X_L, X_U]$ 外 x 是不可用的，特征值为 0。根据水平 λ，机床系统总体属性参数的变化区间可以描述为

$$x\big|_{h(x)=\lambda} \Rightarrow [X_L, X_U] \tag{6-41}$$

式中，$h(x)$ 为机床总体属性变化的隶属函数；$|_{h(x)=\lambda}$ 表示在 $h(x)=\lambda$ 条件下；$\Rightarrow$ 表示获取 x 的估计区间；X_L 为估计区间的下界值；X_U 为估计区间的上界值。

设机床总体属性变化的隶属函数为

$$h(x) = \begin{cases} h_1(x), & x \geqslant X_0 \\ h_2(x), & x < X_0 \end{cases} \tag{6-42}$$

选择水平 $\lambda = \lambda^*$，且满足

$$\min\left|h_1(x) - \lambda^*\right| \Big| x = X_{\mathrm{L}} \tag{6-43}$$

$$\min\left|h_2(x) - \lambda^*\right| \Big| x = X_{\mathrm{U}} \tag{6-44}$$

可以求出机床总体属性参数的变化区间为 $[X_{\mathrm{L}}, X_{\mathrm{U}}]$。

机床总体属性参数的置信水平 P 可以用隶属函数表示为

$$P = \frac{\int_{X_{\mathrm{L}}}^{X_0} h_1(x)\mathrm{d}x\big|_{\lambda} + \int_{X_0}^{X_{\mathrm{U}}} h_2(x)\mathrm{d}x\big|_{\lambda}}{\int_{X_{\mathrm{L}}}^{X_0} h_1(x)\mathrm{d}x\big|_{\lambda=0} + \int_{X_0}^{X_{\mathrm{U}}} h_2(x)\mathrm{d}x\big|_{\lambda=0}} \times 100\% \tag{6-45}$$

式中，$|_\lambda$ 表示在水平 λ 下。式（6-45）必须满足 $0 \leqslant P \leqslant 1$。

由式（6-45）可知，P 受 λ 和 L 的共同影响。若要求 P 为某一常数，则可调节 λ 和 L 来满足这个要求。此外，因获得的可靠数据较少，L 值一般是很小的，如 $L = 1, 2, 3, 4$。在实际计算中，一般给定 P，优选 $L = 3$，再调节 λ 以满足 P，就可以得到在置信水平 P 下的估计区间 $[X_{\mathrm{L}}, X_{\mathrm{U}}]$。

根据模糊集合理论，在给定的置信水平 P 下，可预测出可靠数据序列的估计区间 $[X_{\mathrm{L}}, X_{\mathrm{U}}]$，即机床调整好以后的估计区间。

4. 预测调整好后机床的可靠性

1）采集实际输出数据

假设机床在调整好以后，磨削过程中实际输出的数据信息构成一个数据序列，用向量表示为

$$\boldsymbol{X}_{\mathrm{A}} = (x_{\mathrm{A}}(1), x_{\mathrm{A}}(2), \cdots, x_{\mathrm{A}}(i), \cdots, x_{\mathrm{A}}(K)), \quad i = 1, 2, \cdots, K \tag{6-46}$$

式中，$\boldsymbol{X}_{\mathrm{A}}$ 为实际输出的数据序列；$x_{\mathrm{A}}(i)$ 为 $\boldsymbol{X}_{\mathrm{A}}$ 中的第 i 个数据；K 为 $\boldsymbol{X}_{\mathrm{A}}$ 的数据个数。

若实际输出的数据个数较少，预测的机床可靠性就会不准确。为能够更准确地预测调整好以后机床的可靠性，可以运用灰自助原理，将实际输出的少量数据生成大量数据，然后用生成的大量数据来预测调整好以后机床的可靠性。

按照自助法中的等概率可放回地抽样方法，对 $\boldsymbol{X}_{\mathrm{A}}$ 进行抽样，得到的第 b 个自助样本 $\boldsymbol{X}_{\mathrm{A}b}$ 为

$$\boldsymbol{X}_{\mathrm{A}b} = (x_{\mathrm{A}b}(1), x_{\mathrm{A}b}(2), \cdots, x_{\mathrm{A}b}(i), \cdots, x_{\mathrm{A}b}(K)), \quad i = 1, 2, \cdots, K; b = 1, 2, \cdots, B \tag{6-47}$$

式中，$x_{\mathrm{A}b}(i)$ 为 $\boldsymbol{X}_{\mathrm{A}b}$ 中的第 i 个数据；K 为 $\boldsymbol{X}_{\mathrm{A}b}$ 的数据个数。

由灰预测模型 GM(1, 1)，设 $\boldsymbol{X}_{Ab}$ 的一次累加生成序列向量为

$$\boldsymbol{Y}_b = (y_b(1), y_b(2), \cdots, y_b(u), \cdots, y_b(K))$$

$$y_b(u) = \sum_{i=1}^{u} x_{Ab}(i), \quad u = 1, 2, 3, \cdots, K \tag{6-48}$$

$\boldsymbol{Y}_b$ 可用灰微分方程描述为

$$\frac{\mathrm{d}y_b(u)}{\mathrm{d}u} + c_1 y_b(u) = c_2 \tag{6-49}$$

式中，u 为连续变量；c_1、c_2 为待定系数。

设均值生成序列向量为

$$\boldsymbol{Z}_b = (z_b(2), z_b(3), \cdots, z_b(u), \cdots, z_b(K))$$

$$z_b(u) = 0.5 y_b(u) + 0.5 y_b(u-1), \quad u = 2, 3, \cdots, K \tag{6-50}$$

在初始条件 $y_b(1)=x_{Ab}(1)$ 下，设灰微分方程的最小二乘解为

$$\eta_b(u+1) = \left(y_b(1) - \frac{c_2}{c_1} \right) \exp(-c_1 u) + \frac{c_2}{c_1} \tag{6-51}$$

式中，系数 c_1 和 c_2 为

$$(c_1, c_2)^{\mathrm{T}} = ((-\boldsymbol{Z}_b, \boldsymbol{I})(-\boldsymbol{Z}_b, \boldsymbol{I})^{\mathrm{T}})^{-1}(-\boldsymbol{Z}_b, \boldsymbol{I})(\boldsymbol{X}_{Ab})^{\mathrm{T}} \tag{6-52}$$

式中，$\boldsymbol{I}$ 为维数为 $K-1$ 的单位向量。

由式（6-51），可以得到累减生成的第 b 个数据为

$$\alpha(b) = \eta_b(u+1) - \eta_b(u) \tag{6-53}$$

根据灰自助原理，由式（6-53）可将实际输出的少量数据生成大量数据，并构成一个大样本数据序列 $\boldsymbol{\beta}$：

$$\boldsymbol{\beta} = (\alpha(1), \alpha(2), \cdots, \alpha(b), \cdots, \alpha(B)), \quad b = 1, 2, \cdots, B \tag{6-54}$$

由统计学可得实际输出信息的区间为$[I_L, I_U]$，其中 I_L 表示实际输出信息的下界值，I_U 表示实际输出信息的上界值。

2）建立机床可靠性函数

在置信水平 P 下，预测的估计区间与实际输出信息区间之间的关系为

$$x \in [X_L, X_U] \subseteq [I_L, I_U] \tag{6-55}$$

机床调整好以后，加工过程中实际输出的数据信息应满足式（6-55）；若不满足则需对机床进行可靠性分析。

设 $\boldsymbol{X}_A$ 中有 w 个元素在估计区间$[X_L, X_U]$之外，则机床的可靠性函数 R 为

$$R = \frac{K - w}{K} \times 100\% \qquad (6\text{-}56)$$

式中，若 X_A 中的 K 值较小，应根据式（6-47）～式（6-56），令 $X_A = X_{Ab}$，$K = B$。

根据式（6-56），预测调整好以后的机床可靠性。可靠性 R 越大，表明运用乏信息融合技术获取的估计真值越准确，调整好的机床越可靠。若 $R \geqslant P$，则认为调整好以后的机床是可靠的；否则，认为调整好以后的机床是不可靠的。通过判断调整好以后的机床是否可靠，可以验证运用乏信息融合技术调整机床的可行性。

6.2.3　案例研究

1. 调整机床的仿真实验

在仿真实验中，已知待加工的 30206 圆锥滚子轴承内圈内径的理想值 $X_T = 30\text{mm}$，规定的允许调整误差 $\mu = 0.002\text{mm}$。

在第 1 次试切加工时，应按 $X_{c1} = X_T = 30\text{mm}$ 调整机床。由于 30206 圆锥滚子轴承内圈内径的尺寸数据服从正态分布，用蒙特卡罗法仿真出 8 个数学期望 $E = 30$ 和标准差 $s = 0.01$ 的服从正态分布的实验数据作为本次调整后获得的 8 个轴承内径测量值，并构成一个小样本原始数据序列 X_0（$N = 8$），且有 $X_0 =$ (30.00538, 30.00099, 29.98985, 29.99196, 30.00432, 29.99993, 29.99579, 29.9879)，如图 6-1 所示。

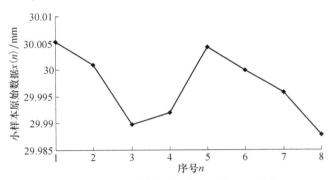

图 6-1　小样本原始数据序列 X_0（第 1 次调整）

在置信水平 $P = 95\%$ 下，令 $B = 20000$，运用乏信息融合技术的第一步内容，处理小样本原始数据序列 X_0，可以得到 5 个初始估计真值，并将这 5 个初始估计真值构成本次调整机床后获得的真值融合序列 $X_F =$ (29.99746, 30.00265, 29.99708, 29.99701, 29.99705)，如图 6-2 所示。

运用乏信息融合技术的第二步内容，对真值融合序列 X_F 进行了 5 次融合，从而得到满足极差准则的最终估计真值 $X_{\text{Fusion1}} = 29.99759\text{mm}$。

计算可得，第 1 次调整误差 $\mu_1 = 0.00241\text{mm}$，且 $\mu_1 > \mu$，则机床的加工误差不

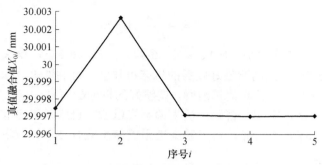

图 6-2　真值融合序列 X_F（第 1 次调整）

能满足轴承该质量参数的允许调整误差。因预测的估计真值 $X_{Fusion1}=29.99759\text{mm} <$ $X_{c1}=30\text{mm}$，此时，加工的轴承内圈内径的概率分布呈现左偏态分布现象，应对机床进行调整。

在第 2 次试切加工时，应按 $X_{c2}=X_T+\mu_1=30.00241\text{mm}$ 调整机床，用蒙特卡罗法仿真出 8 个数学期望 $E=30.00241$ 和标准差 $s=0.01$ 的服从正态分布的实验数据作为本次调整后获得的 8 个轴承内径测量值，并构成一个小样本原始数据序列 X_0'（$N=8$），且有 $X_0'=(29.99907, 30.00468, 30.01053, 30.01265, 29.985, 29.99061, 30.00948, 29.99858)$，如图 6-3 所示。

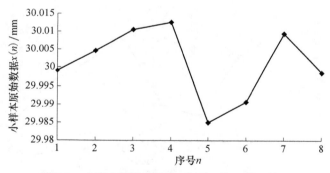

图 6-3　小样本原始数据序列 X_0'（第 2 次调整）

同理，在置信水平 $P=95\%$ 下，令 $B=20000$，运用乏信息融合技术的第一步内容，处理小样本原始数据序列 X_0'，可以得到 5 个初始估计真值，并将这 5 个初始估计真值构成本次调整机床后获得的真值融合序列 $X_F'=(30.00418, 29.99882, 30.00173, 30.00132, 30.0017)$，如图 6-4 所示。

运用乏信息融合技术的第二步内容，对真值融合序列 X_F' 进行 4 次融合，从而得到满足极差准则的最终估计真值 $X_{Fusion2}=30.00162\text{mm}$。

计算可得，第 2 次调整误差 $\mu_2=0.00162\text{mm}$，且 $\mu_2<\mu$，则此时机床的加工误

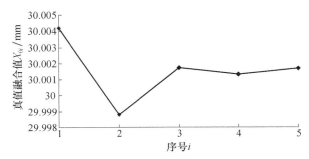

图 6-4　真值融合序列 X_F'（第 2 次调整）

差能满足轴承该质量参数的允许调整误差。此时，可认为机床已调整良好，机床调整完毕，可对工件进行正常加工生产。

在本次实验中，因第 2 次调整时机床已调整好，可根据模糊集合理论对第 2 次调整时获得的小样本原始数据序列 X_0'（此时可看作小样本可靠数据）进行处理，在置信水平 $P=95\%$ 下，优选 $L=3$，再调节 λ 以满足 $P=95\%$，得到最优水平 $\lambda^*=0.33332$，可预测出该机床调整好以后加工的轴承内圈内径的估计区间$[X_L, X_U]=$[29.98371, 30.0261]。以这样的结果可以预测在后续的正常生产中加工的轴承内圈内径的尺寸数据落在预测区间[29.98371, 30.0261]内的概率至少为95%。此时调整完毕。

2. 机床调整好后的仿真实验

本实验仿真一个服从正态分布的系统数据，模拟机床调整好以后的实际加工过程，预测调整好以后机床的可靠性，以验证运用乏信息融合技术调整机床的可行性。

用蒙特卡罗法仿真出 20000 个数学期望 $E=0$ 和标准差 $s=0.01$ 的服从正态分布的实验数据，并构成一个仿真数据序列 X_{20000}，如图 6-5 所示。

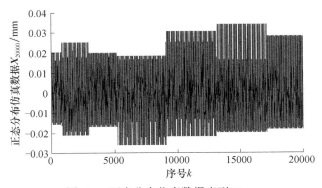

图 6-5　正态分布仿真数据序列 X_{20000}

　　选取仿真数据序列 X_{20000} 中的前 10 个仿真数据作为小样本数据序列 X_{10}（对应 X_{20000} 中的序号为从 1 到 10）。小样本数据序列 X_{10} 可认为是机床调整好以后获取的满足加工质量要求的小样本可靠数据序列 $X_r(g=10)$，如图 6-6 所示。选取仿真数据序列 X_{20000} 中的后 19990 个仿真数据作为机床实际加工中输出的数据信息，构成机床实际输出的一个数据序列 X_{19990}（对应 X_{20000} 中的序号为从 11 到 20000），构成机床实际输出的数据序列 $X_A(K=19990)$。

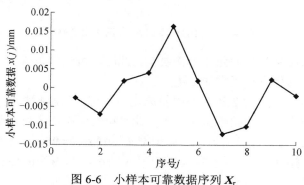

图 6-6　小样本可靠数据序列 X_r

　　根据模糊集合理论，在置信水平 $P=95\%$ 下，优选 $L=3$，调节 λ 以满足 $P=95\%$，得到最优水平 $\lambda^*=0.3702$，能够预测出小样本可靠数据序列 X_r 的估计区间 $[X_L, X_U]=$ $[-0.02077, 0.0215]$。

　　在本次仿真实验中，模拟机床实际输出的数据序列 X_A 的数据个数为 $K=19990$，数据个数较多，可根据式（6-46）预测机床的可靠性。由统计学原理，计算出机床实际输出的数据序列 X_A 中不在估计区间 $[-0.02077, 0.0215]$ 内的数据个数为 $w=637$ 个，根据式（6-55）和式（6-56），可得预测的可靠性 $R=96.81\%>$ $P=95\%$，说明调整好以后的机床是可靠的，验证了运用乏信息融合技术调整机床的方法是可行的。

3. 机床调整好后的实际案例

　　本实验选定 30204 圆锥滚子轴承的外滚道圆度数据，预测调整好以后磨床的可靠性，以验证运用乏信息融合技术调整磨床的可行性。

　　在某专用磨床调整之后系统正常运行的一个磨削周期中，随机连续抽取 30 套轴承，按顺序编号后测量其外滚道圆度数据，测得的圆度数据依次为（单位：μm）

1.74	1.76	2.04	0.80	1.46	1.62	1.73	1.76	2.70	1.19
1.60	1.47	1.04	1.56	1.19	1.32	1.23	2.23	0.90	1.24
1.77	1.21	1.88	1.34	1.98	1.30	1.64	2.03	2.73	0.95

所测的外滚道圆度数据构成一个数据序列 X_{30}，如图 6-7 所示。

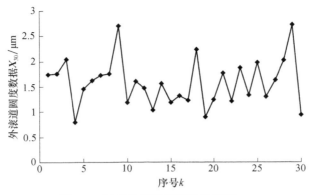

图 6-7　轴承外滚道圆度数据序列 X_{30}

选取外滚道圆度数据序列 X_{30} 中的前 5 个实验数据作为小样本数据序列 X_5（对应 X_{30} 中的序号从 1 到 5）。小样本数据序列 X_5 可认为是机床调整好以后获取的满足加工质量要求的小样本可靠数据序列 X_r，如图 6-8 所示。

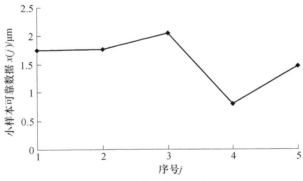

图 6-8　小样本可靠数据序列 X_r

选取外滚道圆度数据序列 X_{30} 中的后 25 个实验数据作为机床实际加工中输出的数据信息（对应 X_{30} 中的序号从 6 到 30），构成机床实际输出的数据序列 X_A（$K=25$）。因 $K=25$ 即实际输出的数据个数较少，预测出的机床可靠性结果可能不准确。为能够准确预测机床的可靠性，应运用灰自助原理，令 $B=20000$，将 X_A 中的机床实际输出的 25 个数据生成 20000 个数据，构成一个大量生成数据序列 β，并将大量生成数据序列 β 作为机床调整好以后机床加工过程中实际输出的大量数据序列 β（$B=20000$），如图 6-9 所示。

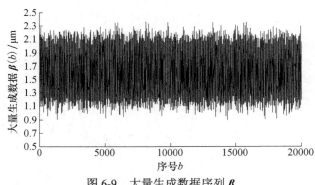

图 6-9　　大量生成数据序列 **β**

在置信水平 P=95%下，优选 L=3，调节 λ 以满足 P=95%，得到最优水平 λ^*=0.2399，能够预测出小样本可靠数据序列 X_r 的估计区间$[X_L, X_U]$=[0, 0.0215]。计算出机床实际输出的大量数据序列 **β** 中不在估计区间[0, 0.0215]内的数据个数为 w=11 个，根据式（6-47）～式（6-56），可得预测的可靠性 R=99.45%>P=95%，说明调整好以后的机床是可靠的，验证了运用乏信息融合技术调整机床的方法是可行的。

本节融合隶属函数法、最大隶属度法、滚动均值法、算术平均值法和自助法这 5 种方法，提出了一种乏信息融合技术，实现了机床加工误差的调整。

调整机床的仿真实验表明，运用乏信息融合技术，可实现对机床加工误差的调整，认为该调整方法是可行的。机床调整好以后的实验结果表明，在置信水平 P=95%下，运用模糊集合理论预测的机床可靠性 $R \geqslant$95%，即机床可靠性 R 大于等于置信水平 P，说明调整好以后的机床是可靠的，从而验证了运用乏信息融合技术调整机床的可行性。

6.3　磨削系统运行状态的可靠性评估

本节推荐一种乏信息评估方法，以解决小样本与未知概率分布条件下的磨削系统运行状态的可靠性评估问题[72-79]。

6.3.1　引言

磨削过程中干扰因素很多，这些因素可能会导致磨削系统运行状态可靠性降低。为确保磨削系统运行状态的高可靠性，需要定期对所加工工件进行质量检测，一旦发现磨削系统的运行状态变得或者开始变得不可靠，就必须终止磨削过程，对磨削系统实施调整和维护工作。

在磨削系统运行状态可靠性评估中，需要关注工件质量检测过程与磨削系调整过程的乏信息情形。

工件质量检测通常是通过抽检几个工件来完成的，即根据抽检工件获得的质量数据进行真值估计与置信区间估计，以评估当前磨削系统的运行状态是否可靠。

磨削系统调整通常是通过试切几个工件来完成的，即根据试切工件获得的质量数据进行真值估计与置信区间估计，以预测未来磨削系统的运行状态是否可靠。

在实际磨削过程中，无论是工件质量检测还是磨削系统调整，所考查的工件数量很少，通常只有 4~10 个，因此获得的质量数据属于小样本数据。另外，在现有的研究中，为了便于真值估计与置信区间估计，通常给定获得的质量数据为正态分布。但是，有很多质量数据的概率分布函数不符合正态分布或者分布未知，如圆度、平行度、垂直度、同轴度、跳动、烧伤与裂纹等质量数据。这样，难以用现有方法解决磨削系统运行状态可靠性评估问题。

为此，推荐一种乏信息评估方法，以解决小样本与未知概率分布条件下的磨削系统运行状态可靠性评估问题。在磨削系统概率分布及趋势未知的条件下，基于工件质量检测获得的小样本数据，用灰自助法生成大量的模拟数据；借助大量模拟数据，用最大熵法构建磨削系统运行状态的概率密度函数；在给定置信水平下，获取磨削系统运行状态的置信区间；根据磨削过程中加工工件的质量数据，通过泊松计数过程，计算磨削系统运行状态的变异强度；借助泊松过程的无失效概率，得到磨削系统运行状态可靠性函数。

6.3.2　构建磨削系统运行状态的可靠性模型

1. 建立磨削系统运行状态的概率密度函数

1）采集小样本数据

假设在磨削系统调整好以后，通过质量检测，采集到关于工件加工质量满足要求的小样本数据，构成一个数据序列，称为本征数据序列，用向量 $\boldsymbol{X}$ 表示为

$$\boldsymbol{X} = (x(1), x(2), \cdots, x(n), \cdots, x(N)), \quad n = 1, 2, \cdots, N \tag{6-57}$$

式中，$\boldsymbol{X}$ 为本征数据序列；$x(n)$ 为 $\boldsymbol{X}$ 中的第 n 个数据；N 为 $\boldsymbol{X}$ 的数据个数，且 N 为很小的整数，取值范围为 4～10。

本征数据序列是指能表征磨削系统最佳运行状态的数据序列，具体体现为能够满足加工质量参数总体分布的特征要求。

基于所采集的本征数据序列 $\boldsymbol{X}$，采用灰自助法可以预测出大量的本征生成数据，为获取能表征磨削系统运行状态的概率密度函数奠定基础。

2）预测大量本征生成数据

灰自助法由自助法和灰预测模型构成。自助法可以借助采集的小样本数据模拟出大量的自助再抽样样本，灰预测模型可以借助自助再抽样样本预测出大量的

生成数据。

根据自助法，从 X 中等概率可放回地进行 B 步自助再抽样，每步抽取 N 次，每次抽取 1 个数据。这样可获得 B 个自助再抽样样本，用向量 $\boldsymbol{\Theta}$ 表示为

$$\boldsymbol{\Theta} = (\boldsymbol{\Theta}_1, \boldsymbol{\Theta}_2, \cdots, \boldsymbol{\Theta}_b, \cdots, \boldsymbol{\Theta}_B), \quad b = 1, 2, \cdots, B \tag{6-58}$$

式中，B 为自助再抽样样本个数，且 B 为很大的整数，取 $B \geqslant 1000$；$\boldsymbol{\Theta}_b$ 为 $\boldsymbol{\Theta}$ 中的第 b 个自助再抽样样本。

$\boldsymbol{\Theta}_b$ 可表示为

$$\boldsymbol{\Theta}_b = (\theta_b(1), \theta_b(2), \cdots, \theta_b(n), \cdots, \theta_b(N)) \tag{6-59}$$

式中，$\theta_b(n)$ 为 $\boldsymbol{\Theta}_b$ 中的第 n 个模拟数据。

由灰预测模型，定义 $\boldsymbol{\Theta}_b$ 的一次累加生成序列向量为

$$\boldsymbol{\Phi}_b = (\phi_b(1), \phi_b(2), \cdots, \phi_b(n), \cdots, \phi_b(N)) \tag{6-60}$$

式中

$$\phi_b(n) = \sum_{j=1}^{n} \theta_b(j) \tag{6-61}$$

由灰生成模型，$\boldsymbol{\Phi}_b$ 可描述为灰微分方程：

$$\frac{\mathrm{d}\phi_b(n)}{\mathrm{d}n} + c_{b1}\phi_b(n) = c_{b2} \tag{6-62}$$

式中，n 为连续变量；c_{b1}、c_{b2} 为待定系数。

设均值生成序列向量为

$$\boldsymbol{Z}_b = (z_b(2), z_b(3), \cdots, z_b(n), \cdots, z_b(N)), \quad n = 2, 3, \cdots, N \tag{6-63}$$

式中

$$z_b(n) = 0.5\phi_b(n) + 0.5\phi_b(n-1) \tag{6-64}$$

在初始条件 $\varphi_b(1) = \theta_b(1)$ 下，式（6-62）的最小二乘解为

$$\eta_b(N+1) = \left(\theta_b(1) - \frac{c_{b2}}{c_{b1}}\right)\exp(-c_{b1}N) + \frac{c_{b2}}{c_{b1}} \tag{6-65}$$

其中，系数 c_{b1} 和 c_{b2} 满足

$$(c_{b1}, c_{b2})^{\mathrm{T}} = (\boldsymbol{D}^{\mathrm{T}}\boldsymbol{D})^{-1}\boldsymbol{D}^{\mathrm{T}}\boldsymbol{\Theta}_b^{\mathrm{T}}, \quad n = 2, 3, \cdots, N \tag{6-66}$$

且

$$\boldsymbol{D} = (-\boldsymbol{Z}_b \boldsymbol{I})^{\mathrm{T}} \tag{6-67}$$

式中，$\boldsymbol{I}$ 为维数为 $N-1$ 的单位向量。

根据灰理论中的累减生成方法，可以预测出第 b 个本征生成数据 $x(b)$：

$$x(b) = \eta_b(N+1) - \eta_b(N) \tag{6-68}$$

由灰预测模型可以得到大量的本征生成数据，构成一个大量本征生成数据序列，用向量 $\boldsymbol{X}_{GB}$ 表示为

$$\boldsymbol{X}_{GB} = (x(1), x(2), \cdots, x(b), \cdots, x(B)) \tag{6-69}$$

式中，$\boldsymbol{X}_{GB}$ 为大量本征生成数据序列，是用灰自助法由本征数据序列 $\boldsymbol{X}$ 获得的。

基于大量本征生成数据序列 $\boldsymbol{X}_{GB}$，用最大熵原理可以得出能表征磨削系统运行状态的概率密度函数。

3）构建概率密度函数

根据信息论中的最大熵原理，使信息熵取最大值的概率密度函数是对一个信息源的最无偏的估计。

在信息论中，信息熵 H 定义为

$$H = -\int_{\Omega} f(x)\ln f(x)\mathrm{d}x \tag{6-70}$$

式中，x 为描述 $\boldsymbol{X}_{GB}$ 中 $x(b)$ 的随机变量，Ω 为 x 的可行域，$f(x)$ 为磨削系统运行状态的概率密度函数。

令信息熵取最大值，即

$$H \to \max \tag{6-71}$$

且满足约束条件：

$$\int_{\Omega} f(x)\mathrm{d}x = 1 \tag{6-72}$$

和

$$\int_{\Omega} x^i f(x)\mathrm{d}x = m_i, \quad i = 1, 2, \cdots, M \tag{6-73}$$

式中，m_i 为第 i 阶原点矩，i 为原点矩阶次，M 为最高原点矩阶次。

根据统计学原理，第 i 阶原点矩的估计值为

$$m_i = \frac{1}{B}\sum_{b=1}^{B} x_b^i \tag{6-74}$$

用拉格朗日乘子法，由式（6-70）～式（6-73）可得磨削系统运行状态的概率密度函数 $f(x)$：

$$f(x) = \exp\left(\lambda_0 + \sum_{i=1}^{M} \lambda_i x^i \right) \tag{6-75}$$

式中，λ_0 表示为

$$\lambda_0 = -\ln\left[\int_{\Omega} \exp\left(\sum_{i=1}^{M} \lambda_i x^i \right) \mathrm{d}x \right] \tag{6-76}$$

λ_i 为第 i 个拉格朗日乘子，可以由式（6-77）求出：

$$m_i \int_{\Omega} \exp\left(\sum_{i=1}^{M} \lambda_i x^i \right) \mathrm{d}x - \int_{\Omega} x^i \exp\left(\sum_{i=1}^{M} \lambda_i x^i \right) \mathrm{d}x = 0, \quad i = 1, 2, \cdots, M \tag{6-77}$$

式（6-75）是用最大熵原理获取的能无偏地表征磨削系统运行状态的概率密度函数。

根据统计学原理，由式（6-75）可以对磨削系统运行状态实施真值估计与置信区间估计。

2. 预测磨削系统运行状态的估计真值与置信区间

根据统计学原理，估计真值为

$$X_0 = \int_{\Omega} x f(x) \mathrm{d}x \tag{6-78}$$

式中，X_0 为磨削系统运行状态的估计真值；$f(x)$ 为磨削系统运行状态的概率密度函数。

估计真值是评估磨削系统运行状态的特征指标，是对加工工件质量参数的尺度的估计。

设显著性水平 $\alpha \in [0, 1]$，则置信水平 P 为

$$P = (1 - \alpha) \times 100\% \tag{6-79}$$

置信水平 P 是指总体样本值落在参数值某一区间内的概率，可以用来表征总体样本值的精确度。

在给定的置信水平 P 下，置信区间为

$$[X_L, X_U] = [X_{\alpha/2}, X_{1-\alpha/2}] \tag{6-80}$$

式中，X_L 为置信区间的下界值，X_U 为置信区间的上界值，$X_{\alpha/2}$ 为对应于概率为 $\alpha/2$ 的随机变量 x 的取值，$X_{1-\alpha/2}$ 为对应于概率为 $1-\alpha/2$ 的随机变量 x 的取值。

置信区间 $[X_L, X_U]$ 是评估磨削系统运行状态的特征指标，是对加工工件质量参数的尺度取值范围的估计。

由式（6-80），定义扩展不确定度 U：

$$U = \frac{1}{2}(X_U - X_L) \tag{6-81}$$

扩展不确定度 U 可以用于评估磨削系统运行状态的不确定性。扩展不确定度越小，磨削系统运行状态越好，运行品质越高，加工工件的质量波动越小；否则，磨削系统运行状态越差，运行品质越低，加工工件的质量波动越大。在评估时，运行状态的可靠性表征为 2 倍扩展不确定度 $2U$，可以用 2 倍扩展不确定度 $2U$ 定量描述加工工件的质量波动范围。

滚动轴承加工工件的质量最终可以用估计真值 X_0 和在置信水平 P 下的置信区间 $[X_L, X_U]$ 来表示。

3. 建立磨削系统运行状态的可靠性函数

1）泊松过程的定义及应用

假设磨削过程中加工工件的质量数据没有落在磨削系统运行品质良好时的质量数据波动范围内为事件 A，$N(t)$ 表示到某一时刻 t 为止已发生的事件 A 的次数，那么事件 A 的次数 $N(t)$ 是一个随机变量，可以称随机过程 $N(t)$（$t \geq 0$）为计数过程。

实际磨削过程中加工工件的质量数据不在磨削系统运行品质良好时的质量数据波动范围内的次数总是大于等于零的，且都是正整数值。当时间 $t=0$ 时，磨削过程中加工工件的质量数据不在磨削系统运行品质良好时的质量数据波动范围内的次数 $N(0)=0$，且随着时间 t 的延长，加工工件的质量数据不在磨削系统运行品质良好时的质量数据波动范围内的次数 $N(t)$ 越来越大，即当时间 $t_1 < t_2$，则 $N(t_1) \leq N(t_2)$，且 $N(t_2) - N(t_1)$ 等于区间 $[t_1, t_2]$ 中发生事件 A 的次数。

该计数过程 $N(t)$（$t \geq 0$）在互不重叠的时间间隔内，事件 A 发生的次数是相互独立的，即当 $t_1 < t_2 \leq t_3 < t_4$ 时，在 $[t_1, t_2]$ 内事件 A 发生的次数 $N(t_2) - N(t_1)$ 与在 $[t_3, t_4]$ 内事件 A 发生的次数 $N(t_4) - N(t_3)$ 相互独立，并且仅与时间差有关，与某一时刻 t 无关，此时该计数过程 $N(t)$（$t \geq 0$）是一个平稳独立增量过程。所以，计数过程 $N(t)$（$t \geq 0$）可以用泊松过程进行描述。

根据泊松过程的定义可知，在任一长度为 t 的区间中，事件 A 发生的次数服从参数 $\lambda > 0$ 的泊松分布。

可认为事件 A 是一个失效事件，对于任意时刻 w，且 $t \geq 0$，有

$$P(l,t) = P\{N(t+w) - N(w) = l\} = \exp(-\lambda t)\frac{(\lambda t)^l}{l!}, \quad l = 0,1,2,\cdots,L; t \geq 0 \tag{6-82}$$

式中，$P(l, t)$ 为关于泊松过程的失效分布函数；t 为时间变量；l 为失效事件发生次

数的离散随机变量；L 为失效事件发生的次数；λ 为失效事件发生的频率，又称变异强度，表示磨削系统运行状态的演变特征。

当 $l=0$ 时，即在时间长度为 t 的区间内，发生失效事件的次数为 0，记作关于泊松过程的无失效概率，可用于表征磨削系统运行状态的可靠性。

根据泊松过程的无失效概率（$l=0$），由式（6-82），得到关于泊松过程的无失效分布函数：

$$P(0,t) = P\{N(t+w) - N(w) = 0\} = \exp(-\lambda t), \quad t \in [0,1) \tag{6-83}$$

式中，$P(0, t)$ 为关于泊松过程的无失效分布函数。

2）选取磨削过程中输出的检测数据

在磨削系统调整好之后开始正常运行期间，为了实时评估磨削系统运行状态的可靠性，需要对加工工件的质量参数进行持续检测。假设通过检测获得了加工工件的质量数据，构成一个检测数据序列，用向量 $\boldsymbol{X}_A$ 表示为

$$\boldsymbol{X}_A = (x_A(1), x_A(2), \cdots, x_A(s), \cdots, x_A(S)), \quad s = 1, 2, \cdots, S \tag{6-84}$$

式中，$\boldsymbol{X}_A$ 为检测数据序列，$x_A(s)$ 为 $\boldsymbol{X}_A$ 中的第 s 个数据，S 为 $\boldsymbol{X}_A$ 的数据个数。

考虑到生产成本和生产效益，通常检测数据序列 $\boldsymbol{X}_A$ 的数据个数很少，如 $S=4\sim10$，难以进行统计学意义上的计数。因此，可以用灰自助法将检测数据序列 $\boldsymbol{X}_A$ 生成大量检测数据，得到大量检测生成数据序列，再进行计数。借助检测数据序列 $\boldsymbol{X}_A$，根据式（6-58）～式（6-69），得到大量检测生成数据序列，用向量 $\boldsymbol{X}_{GA}$ 表示为

$$\boldsymbol{X}_{GA} = (x_{GA}(1), x_{GA}(2), \cdots, x_{GA}(a), \cdots, x_{GA}(A)), \quad a = 1, 2, \cdots, A \tag{6-85}$$

式中，$\boldsymbol{X}_{GA}$ 为大量检测生成数据序列；$x_{GA}(a)$ 为 $\boldsymbol{X}_{GA}$ 中的第 a 个数据；A 为 $\boldsymbol{X}_{GA}$ 的数据个数，一般可取 $A \geqslant 1000$。

为方便下文的陈述可以规定：若检测时可以获得很多检测数据，即检测数据序列 $\boldsymbol{X}_A$ 中的检测数据个数较多，则可以不用式（6-85），直接令 $\boldsymbol{X}_{GA} = \boldsymbol{X}_A$ 且 $A=S$，此时 $\boldsymbol{X}_{GA}$ 称为检测数据序列。值得注意的是：①当检测数据序列 $\boldsymbol{X}_A$ 中的检测数据个数较多时，$\boldsymbol{X}_{GA} = \boldsymbol{X}_A$ 且 $A=S$，即用 $\boldsymbol{X}_A$ 替代 $\boldsymbol{X}_{GA}$；②当检测数据序列 $\boldsymbol{X}_A$ 中的检测数据个数较少时，$\boldsymbol{X}_{GA}$ 是用灰自助法由 $\boldsymbol{X}_A$ 生成的一个大数据向量，此时 $\boldsymbol{X}_{GA}$ 和 $\boldsymbol{X}_A$ 是两个相关但不相等的向量。

3）建立磨削系统运行状态的可靠性函数

假设通过计数发现 $\boldsymbol{X}_{GA}$ 中有 Q 个实验数据落在置信区间 $[X_L, X_U]$ 之外，于是可以计算检测数据序列的变异强度 λ：

$$\lambda = \frac{Q}{A} \times 100\% \tag{6-86}$$

根据泊松过程，变异强度 λ 表示事件发生的频率；在评估磨削系统运行状态可靠性时，变异强度 λ 表示加工工件的质量数据落在置信区间 $[X_L, X_U]$ 之外的频率。显然，这是一个计数过程。在这个计数过程中，变异强度 λ 取值越小，磨削系统运行状态就越可靠；否则，磨削系统运行状态就越不可靠。

根据泊松过程的无失效概率（$l=0$），由式（6-83），可以得到磨削系统运行状态的品质实现可靠性函数 $R(t)$：

$$R(t) = P(0, t) \tag{6-87}$$

在式（6-87）中，假设取时间 $t=t_0$，得到在 t_0 时刻磨削系统运行状态的品质实现可靠度 r：

$$r = R(t_0) \tag{6-88}$$

该可靠度可以用于评估磨削系统实现其运行品质的可能性。t_0 时刻，磨削系统运行状态品质实现可靠度越高，磨削系统实现其运行品质的可能性就越大；否则，磨削系统实现其运行品质的可能性就越小。

6.3.3　案例研究

本节一共有 3 个研究案例涉及磨削系统运行状态的评估，且案例研究中，考虑了事先已知与未知概率分布以及趋势等问题。

1. 案例 1

这是一个评估服从正态分布的滚动轴承磨削系统运行状态的仿真案例。本案例通过计算机仿真模拟出一组关于滚动轴承某加工质量参数 Q_1 的实验数据，对一个服从正态分布的磨削系统关于滚动轴承某加工质量参数 Q_1 的运行状态进行评估。

以数学期望 $E=0mm$ 和标准差 $s=0.01mm$ 为已知参数，用蒙特卡罗法仿真出 10 个服从正态分布的实验数据（$N=10$），并假设这些实验数据是调整好以后的一个磨削系统在磨削过程中得到的有关滚动轴承某加工质量参数 Q_1 的实验数据。这些实验数据可以构成一个本征数据序列向量 X=(−0.00418, 0.00493, −0.00271, 0.0029, −0.00824, 0.01387, −0.01377, 0.00184, −0.00231, 0.0198)。用灰自助法处理本征数据序列 X，获得 $B=20000$ 个实验数据，构成一个大量本征生成数据序列 X_{GB}（$B=20000$），如图 6-10 所示。用最大熵法处理大量本征生成数据序列 X_{GB}，可以获得滚动轴承磨削系统运行状态的概率密度函数 $f(x)$，图 6-11 所示。设定置信水平 P，可以获得滚动轴承磨削系统运行状态的置信区间 $[X_L, X_U]$ 与 2 倍扩展不确定度 $2U$。

以数学期望 $E=0mm$ 和标准差 $s=0.01mm$ 为已知参数，用蒙特卡罗法仿真出 $S=20000$ 个服从正态分布的实验数据，并假设这些实验数据是在磨削系统正常运

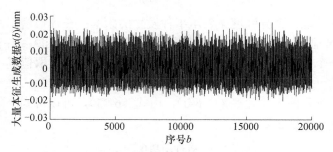

图 6-10 大量本征生成数据序列 X_{GB}（案例 1）

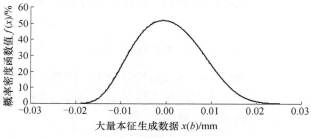

图 6-11 概率密度函数 $f(x)$（案例 1）

行时检测到的有关滚动轴承某加工质量参数 Q_1 的实验数据，并构成检测数据序列 X_A（S=20000），如图 6-12 所示。

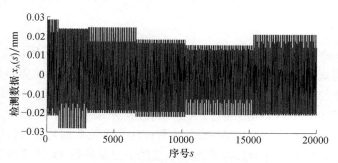

图 6-12 检测数据序列 X_A（案例 1）

由于 S=20000，即获得的检测数据个数较多，可令 $X_{GA}=X_A$ 且 $A=S$，通过计数，得到变异强度 λ；由泊松过程的无失效概率，得到磨削系统运行状态的可靠性函数 $R(t)$；取 t=1 个单位时间，得到磨削系统运行状态的品质实现可靠度 r。为便于研究，图 6-13 给出了 2 倍扩展不确定度 $2U$ 与可靠度 r 的关系。

在图 6-13 中，$r \in [0.3679, 0.9921]$ 和 $2U \in [0\mu m, 56.82\mu m]$，$2U$ 与 r 整体上呈现出非线性关系。该非线性关系可以用具有不同斜率的近似直线划分成 3 个区域：I

区、Ⅱ区、Ⅲ区。

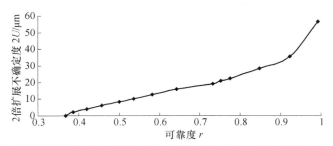

图 6-13 2 倍扩展不确定度 2U 与可靠度 r 的关系（案例 1）

在Ⅰ区，$r \in [0.3679, 0.7315]$ 和 $2U \in [0\mu m, 19.28\mu m]$，2 倍扩展不确定度 2U 和可靠度 r 的取值均较小，且 r 与 2U 的线性关系以小斜率为特征。这表明，在Ⅰ区，所研究的滚动轴承磨削系统可以保持高质量运行状态的可能性比较小。

在Ⅲ区，$r \in [0.9233, 0.9921]$ 和 $2U \in [35.88\mu m, 56.82\mu m]$，2 倍扩展不确定度 2U 和可靠度 r 的取值均较大，且 r 与 2U 的线性关系以大斜率为特征。这表明，在Ⅲ区，所研究的滚动轴承磨削系统可以保持低质量运行状态的可能性比较大。

在Ⅱ区，$r \in [0.7315, 0.9233]$ 和 $2U \in [19.28\mu m, 35.88\mu m]$。与上述两个区域相比，2U、r 以及 r 与 2U 的线性关系的斜率，均取值适中。这表明，在Ⅱ区，所研究的滚动轴承磨削系统可以保持运行状态的质量与保持该质量的可能性是相适应的。

2. 案例 2

这是一个评估服从瑞利分布的滚动轴承磨削系统运行状态的仿真案例。本案例通过计算机仿真模拟出一组关于滚动轴承某加工质量参数 Q_2 的实验数据，对一个服从瑞利分布的磨削系统关于滚动轴承某加工质量参数 Q_2 的运行状态进行评估。

以数学期望 $E=0.0215\text{mm}$ 和标准差 $s=0.01\text{mm}$ 为已知参数，用蒙特卡罗法仿真出 10 个服从瑞利分布的实验数据（$N=10$），并假设这些实验数据是调整好以后的一个磨削系统在磨削过程中得到的有关滚动轴承某加工质量参数 Q_2 的实验数据。这些实验数据可以构成一个本征数据序列向量 $\boldsymbol{X}=(0.01664, 0.01412, 0.02564, 0.01899, 0.02301, 0.01957, 0.01747, 0.02203, 0.03343, 0.02131)$。用灰自助法处理本征数据序列 $\boldsymbol{X}$，获得 $B=20000$ 个实验数据，构成一个大量本征生成数据序列 $\boldsymbol{X}_{GB}(B=20000)$，如图 6-14 所示。用最大熵法处理大量本征生成数据序列 $\boldsymbol{X}_{GB}$，可以获得滚动轴承磨削系统运行状态的概率密度函数 $f(x)$，如图 6-15 所示。设定置信水平 P，可以获得滚动轴承磨削系统运行状态的置信区间 $[X_L, X_U]$ 与 2 倍扩展不确定度 2U。

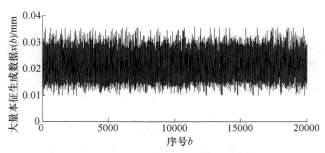

图 6-14　大量本征生成数据序列 X_{GB}（案例 2）

以数学期望 E=0.0215mm 和标准差 s=0.01mm 为已知参数，用蒙特卡罗法仿真出 S=20000 个服从瑞利分布的实验数据，并假设这些实验数据是在磨削系统正常运行时检测到的有关滚动轴承某加工质量参数 Q_2 的实验数据，并构成检测数据序列 X_A(S=20000)，如图 6-16 所示。

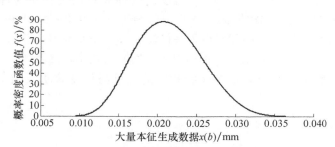

图 6-15　概率密度函数 $f(x)$（案例 2）

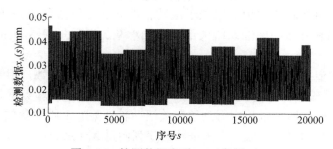

图 6-16　检测数据序列 X_A（案例 2）

由于 S=20000，即得到的检测数据个数较多，可令 X_{GA}=X_A 且 A=S，取 t=1 个单位时间，通过计算得到滚动轴承磨削系统运行状态的品质实现可靠度 r。为便于研究，图 6-17 给出了 2 倍扩展不确定度 2U 与可靠度 r 的关系。

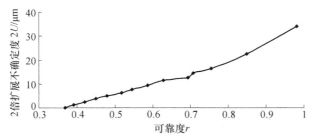

图 6-17　2 倍扩展不确定度 2U 与可靠度 r 的关系（案例 2）

在图 6-17 中，$r \in [0.3679, 0.9817]$ 和 $2U \in [0\mu m, 34.09\mu m]$，$2U$ 与 r 整体上呈现出非线性关系。该非线性关系可以用具有不同斜率的近似直线划分成 I 区、II 区、III 区。

在 I 区，$r \in [0.3679, 0.7072]$ 和 $2U \in [0\mu m, 14.47\mu m]$，2 倍扩展不确定度 $2U$ 和可靠度 r 的取值均较小，且 r 与 $2U$ 的线性关系以小斜率为特征。这表明，在 I 区，所研究的滚动轴承磨削系统可以保持高质量运行状态的可能性比较小。

在 III 区，$r \in [0.8490, 0.9817]$ 和 $2U \in [22.43\mu m, 34.09\mu m]$，2 倍扩展不确定度 $2U$ 和可靠度 r 的取值均较大，且 r 与 $2U$ 的线性关系以大斜率为特征。这表明，在 III 区，所研究的滚动轴承磨削系统可以保持低质量运行状态的可能性比较大。

在 II 区，$r \in [0.7072, 0.8490]$ 和 $2U \in [14.47\mu m, 22.43\mu m]$。与上述两个区域相比，$2U$、$r$ 以及 r 与 $2U$ 的线性关系的斜率，均取值适中。这表明，在 II 区，所研究的滚动轴承磨削系统可以保持运行状态的质量与保持该质量的可能性是相适应的。

3. 案例 3

这是一个评估未知概率分布的滚动轴承磨削系统运行状态的实际案例。用 1 台圆锥滚子轴承内滚道磨床磨削 30204 圆锥滚子轴承内滚道，获得下列 30 个内滚道圆度数据（单位：μm）：

1.08	0.90	1.06	1.28	0.88	1.87	1.16	1.06	0.97	1.01
0.70	1.15	0.72	1.08	0.67	1.10	0.98	1.15	1.14	1.64
0.73	0.87	1.91	1.95	1.19	0.78	1.51	1.39	1.39	3.28

本案例根据这些实验数据对该磨床关于圆锥滚子轴承内滚道的加工质量参数圆度的运行状态进行评估。

将获得的前 5 个实验数据作为本征数据序列 $X(N=5)$，获得的后 25 个实验数据作为检测数据序列 $X_A(S=25)$。用灰自助法处理本征数据序列 X，获得 $B=20000$ 个实验数据，构成一个大量本征生成数据序列 $X_{GB}(B=20000)$，如图 6-18 所示。用最大熵法处理大量本征生成数据序列 X_{GB}，可以获得滚动轴承磨削系统运行状态的概率密度函数 $f(x)$，如图 6-19 所示。设定置信水平 P，可以获得滚动轴承磨削系统运行状态的置信区间$[X_L, X_U]$与 2 倍扩展不确定度 $2U$。检测数据序列 $X_A(S{=}25)$ 如图 6-20 所示。

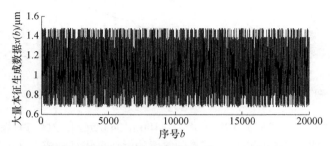

图 6-18 大量本征生成数据序列 X_{GB}（案例 3）

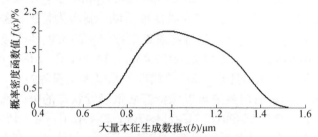

图 6-19 概率密度函数 $f(x)$（案例 3）

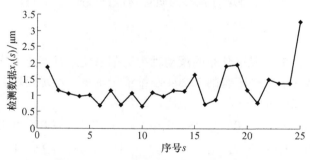

图 6-20 检测数据序列 X_A（案例 3）

由于 $S{=}25$，即得到的检测数据个数大于 10，可令 $X_{GA}{=}X_A$ 且 $A{=}S$，取 $t{=}1$ 个单位时间，通过计算得到滚动轴承磨削系统运行状态的品质实现可靠度 r。为便于研究，图 6-21 给出 2 倍扩展不确定度 $2U$ 与可靠度 r 的关系。

在图 6-21 中，$r{\in}[0.3679, 0.8465]$ 和 $2U{\in}[0\mu m, 1\mu m]$，$2U$ 与 r 整体上呈现出非线性关系。该非线性关系也可以用具有不同斜率的近似直线划分成 Ⅰ 区、Ⅱ 区、Ⅲ 区。

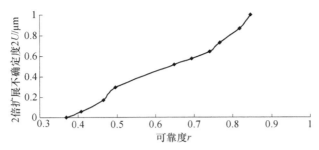

图 6-21　2 倍扩展不确定度 2U 与可靠度 r 的关系（案例 3）

在 Ⅰ 区，$r \in [0.3679, 0.7408]$ 和 $2U \in [0\mu m, 0.65\mu m]$，2 倍扩展不确定度 2U 和可靠度 r 的取值均较小，且 r 与 2U 的线性关系以小斜率为特征。这表明，在 Ⅰ 区，所研究的滚动轴承磨削系统可以保持高质量运行状态的可能性比较小。

在 Ⅲ 区，$r \in [0.8187, 0.8465]$ 和 $2U \in [0.87\mu m, 1\mu m]$，2 倍扩展不确定度 2U 和可靠度 r 的取值均较大，且 r 与 2U 的线性关系以大斜率为特征。这表明，在 Ⅲ 区，所研究的滚动轴承磨削系统可以保持低质量运行状态的可能性比较大。

在 Ⅱ 区，$r \in [0.7408, 0.8187]$ 和 $2U \in [0.65\mu m, 0.87\mu m]$。与上述两个区域相比，2U、r 以及 r 与 2U 的线性关系的斜率，均取值适中。这表明，在 Ⅱ 区，所研究的滚动轴承磨削系统可以保持运行状态的质量与保持该质量的可能性是相适应的。

6.3.4　讨论与分析

1. 讨论

根据这 3 个案例对滚动轴承磨削系统运行状态的评估结果进行对比分析，讨论分析图 6-13、图 6-17 和图 6-21，综合评估滚动轴承磨削系统运行状态的可靠性。

案例 1 和案例 2 分别为服从正态分布和瑞利分布的仿真实验，对比讨论两个仿真案例的评估结果。比较图 6-13 和图 6-17 可得，2U 与 r 整体上都呈现出具有不同斜率的非线性关系的近似直线，在 Ⅰ 区，r 与 2U 的线性关系都以小斜率即变化趋势平缓为特征，在 Ⅲ 区，r 与 2U 的线性关系都以大斜率即变化趋势较陡为特征，在 Ⅱ 区，r 与 2U 的线性关系以适中斜率即变化程度适中为特征。即案例 1 和案例 2 中，2U 与 r 整体上呈现出的特征规律大致相同，且在 Ⅱ 区，所研究的滚动轴承磨削系统可以保持运行状态的质量与保持该质量的可能性是相适应的。

案例 3 为某一未知概率分布的滚动轴承磨削系统运行状态的实际案例，对比讨论实际案例和仿真案例的评估结果。图 6-21 与图 6-13、图 6-17 比较可得，在图 6-21 中，由于实际加工过程中滚动轴承磨削系统的影响因素较多，导致可靠度 r 的最大值略有减小，即 $r \in [0.3679, 0.8465]$。将案例 3 图 6-21 中 $r \in [0.3679, 0.8465]$ 与案例 1 图 6-13 中 $r \in [0.3679, 0.9921]$、案例 2 图 6-17 中 $r \in [0.3679, 0.9817]$ 作比较可得，相对于案例 1 和案例 2，案例 3 除了可靠度 r 的取值范围略有变小外（因可靠度最大值略有减小），在图 6-21 的 3 段区域（Ⅰ区、Ⅱ区、Ⅲ区）中，$2U$ 与 r 整体上呈现出和图 6-13、图 6-17 大致相同的特征规律，且在Ⅱ区，所研究的滚动轴承磨削系统可以保持运行状态的质量与保持该质量的可能性是相适应的。

2. 假设检验分析

由上述有关运行状态评估的 3 个案例讨论结果可知，对于所研究的滚动轴承磨削系统，在Ⅰ区，高质量运行的可能性小；在Ⅲ区，低质量运行的可能性大；在Ⅱ区，运行质量与保持该质量实现可能性的一致性良好。由此可以认为，Ⅱ区是滚动轴承磨削系统实现良好运行状态的区域。图 6-22 是这 3 个案例中置信水平 P 与可靠度 r 的关系图，可以看出，对应于Ⅱ区的可靠度 $r \in [0.7072, 0.9233]$，置信水平 P 的取值为 0.9、0.95 和 0.99。由统计学可知，与这 3 个置信水平对应的显著性水平分别为 0.1、0.05 和 0.01。根据显著性假设检验原理，做出"Ⅱ区是滚动轴承磨削系统保持良好运行状态的区域"这样的陈述，其显著性可以达到 0.1～0.01 的水平。这表明研究结果是显著的，具有理论意义与应用价值。

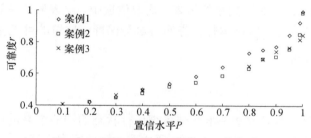

图 6-22　置信水平 P 与可靠度 r 的关系

由可靠度 r 与 2 倍扩展不确定度 $2U$ 的关系结果还可以发现，置信水平 P 为 0.9 时，2 倍扩展不确定度 $2U$ 小，但可靠度 r 为 0.75 左右，其值偏小；置信水平 P 增大到 0.95 时，可靠度 r 为 0.8 左右，其值增大 6.7%，2 倍扩展不确定度 $2U$ 随之增大 3.4%～9.4%；置信水平 P 增大到 0.99 时，可靠度 r 为 0.85 左右，其值增大 13.3%，2 倍扩展不确定度 $2U$ 随之增大 20%～60%。显然，置信水平 P 为 0.95 是Ⅱ区的最佳点。在该点，2 倍扩展不确定度 $2U$ 取值适中，相应的可靠度 r 约为 0.8。因此，置信水平 P 为 0.95 是滚动轴承磨削系统运行状态的最佳选择点，即在该点，一个磨削系统的运行质量与实现该运行质量的可能性的一致性最好。

3. 研究结果

滚动轴承磨削系统运行状态的可靠性评估包含的要素有置信水平 P、加工质量的置信区间$[X_L, X_U]$及其 2 倍扩展不确定度$2U$、品质实现可靠度r等。

由上述综合分析，对所涉及的 3 个案例中滚动轴承磨削系统的最佳运行状态评估如下：

（1）对于案例 1，服从正态分布的滚动轴承磨削系统运行品质是：在$P=0.95$的置信水平下，滚动轴承某加工质量Q_1的置信区间及其 2 倍扩展不确定度分别为$[X_L, X_U]$=[$-$15.75μm, 12.78μm]和$2U$=28.53μm，品质实现可靠度r为 0.8468。

（2）对于案例 2，服从瑞利分布的滚动轴承磨削系统运行品质是：在$P=0.95$的置信水平下，滚动轴承某加工质量Q_2的置信区间及其 2 倍扩展不确定度分别为$[X_L, X_U]$=[12.23μm, 28.63μm]和$2U$=16.4μm，品质实现可靠度r为 0.7552。

（3）对于案例 3，未知概率分布的圆锥滚子轴承内滚道磨床运行品质是：在$P=0.95$的置信水平下，滚动轴承内滚道圆度的置信区间及其 2 倍扩展不确定度分别为$[X_L, X_U]$=[0.65μm, 1.38μm]和$2U$=0.73μm，品质实现可靠度r为 0.7659。

滚动轴承磨削系统运行状态的评估结果表明，根据 2 倍扩展不确定度与可靠度的关系，认为Ⅱ区是滚动轴承磨削系统实现良好运行状态的区域，然后对该结果进行假设性检验和对比分析，验证了置信水平P为 0.95 是Ⅱ区的最佳点。因此，可得置信水平P为 0.95 是滚动轴承磨削系统运行状态的最佳选择点。该结果为合理调整机床提供了理论依据。

仿真实验和实际案例表明，对于滚动轴承磨削系统运行状态的可靠性评估方面，所提出的方法是可行的，且研究结果具有理论价值和实际意义。

6.4　磨削系统运行状态演变的可靠性评估

6.4.1　引言

在 6.3 节，找到了磨削系统运行状态的最佳选择点即置信水平P为 0.95。在此基础上，本节提出乏信息评估方法，借助多组实验数据，更深入地研究磨削系统运行状态发生演变的可靠性。

在实际工况下，磨削系统的运行状态随着加工时间的增加，工况会随机变化，从而形成了磨削系统运行状态的演变过程。由于磨削系统运行状态演变过程的变化方向不确定且变化时间未知，难以运用传统方法来研究。为此，可以根据乏信息系统理论，对磨削系统运行状态演变的可靠性进行评估。

将所研究的工件质量数据分成若干组，每组数据可视为小样本数据，基于灰自助法、最大熵法和泊松过程，借助 6.3 节提出的乏信息评估方法，求解磨削系统运行状态演变的可靠性函数，以实现磨削系统运行状态演变的可靠性评估。并且对乏信息评估方法进行有关样本大小的敏感性分析，以验证该评估方法对小样本数据研究的可行性。该评估结果可以合理判断磨削系统运行状态演变的可靠性，为提高产品合格率、实现低成本制造提供科学的决策与建议。

6.4.2　构建磨削系统运行状态演变的可靠性模型

1. 确立磨削系统运行状态演变的特征函数以及特征参数

在 6.3 节研究的基础上，借助于磨削系统发生演变时输出的实验数据，运用乏信息评估方法，建立磨削系统运行状态演变的特征函数以及特征参数。

在正常磨削过程中输出的满足加工质量要求的小样本数据构成一个数据序列，根据 6.3 节中本征数据序列的定义，该数据序列可称为运行状态演变过程的本征数据序列，用向量 X 表示为

$$X = (x(1), x(2), \cdots, x(n), \cdots, x(N)), \quad n = 1, 2, \cdots, N \quad (6-89)$$

式中，X 为运行状态演变过程的本征数据序列；$x(n)$ 为 X 中的第 n 个数据；n 为数据序号；N 为 X 的数据个数，且 N 为很小的整数，取值范围为 4～10。

根据 6.3 节，运用灰自助原理和最大熵方法，现运用构建磨削系统运行状态概率密度函数的理论方法，借助于运行状态演变过程的本征数据序列 X，根据式（6-58）～式（6-77），建立磨削系统运行状态演变的概率密度函数 $f(x)$。

根据 6.3 节，基于统计学原理，现运用预测磨削系统运行状态的估计真值与置信区间的理论方法，借助于磨削系统运行状态演变的概率密度函数 $f(x)$，在最佳置信水平 $P = 95\%$ 下，根据式（6-78）～式（6-81），来预测磨削系统运行状态演变的估计真值 X_0 与置信区间 $[X_L, X_U]$。

2. 获取多组检测数据序列

在实际磨削过程中，为了实时评估磨削系统运行状态演变过程的可靠性，需要对加工工件的质量参数进行持续检测。假设通过现场检测依次获得的加工工件质量数据，构成一个检测数据序列，用向量 X_A 表示为

$$X_A = (x_A(1), x_A(2), \cdots, x_A(s), \cdots, x_A(S)), \quad s = 1, 2, \cdots, S \quad (6-90)$$

式中，X_A 为检测数据序列；$x_A(s)$ 为 X_A 中的第 s 个数据；S 为 X_A 的数据个数，且 $S > N$。为便于研究，一般情况下 S 的取值是 N 的整数倍。

为了分析磨削系统运行状态演变过程的可靠性，现对检测数据序列 X_A 进行分组分析。将检测数据序列 X_A 按顺序等分成 M 组，得到 M 个检测数据子序列 X_{Am}。因此，检测数据序列 X_A 还可表示为

$$X_A = (X_{A1}, X_{A2}, \cdots, X_{Am}, \cdots, X_{AM}), \quad m = 1, 2, \cdots, M; S = M \times N \quad (6-91)$$

式中，X_{Am} 为 X_A 中的第 m 个检测数据子序列；M 为 X_A 中数据序列的个数，也为所分的组数。

检测数据子序列 X_{Am} 可表示为

$$X_{Am} = (x_{Am}(1), x_{Am}(2), \cdots, x_{Am}(n), \cdots, x_{Am}(N)), \quad n = 1, 2, \cdots, N \qquad (6\text{-}92)$$

式中，$x_{Am}(n)$ 为 X_{Am} 中的第 n 个数据；N 为 X_{Am} 的数据个数。

由于本征数据序列 X 为小样本即 N 值较小，检测数据子序列 X_{Am}（样本含量为 N）也可视为小样本。如果用统计学进行计数，则预测结果难以准确地表征磨削系统运行状态的演变过程。为此，可以运用 6.3 节提出的灰自助法，借助运行状态演变过程的检测数据子序列 X_{Am}，根据式（6-58）～式（6-69），得到运行状态演变过程的大量检测生成数据子序列，用向量 X_{GAm} 表示为

$$X_{GAm} = (x_{GAm}(1), x_{GAm}(2), \cdots, x_{GAm}(a), \cdots, x_{GAm}(A)), \quad a = 1, 2, \cdots, A \qquad (6\text{-}93)$$

式中，X_{GAm} 为大量检测生成数据子序列；$x_{GAm}(a)$ 为 X_{GAm} 中的第 a 个数据；A 为 X_{GAm} 的数据个数，一般可取 $A \geqslant 1000$。

3. 建立磨削系统运行状态演变的可靠性函数

假设通过计数发现 X_{GAm} 中有 Q_m 个数据落在置信区间 $[X_L, X_U]$ 之外，根据式（6-86），可以得到有关检测数据子序列的变异强度 λ_m：

$$\lambda_m = \frac{Q_m}{A} \times 100\% \qquad (6\text{-}94)$$

根据 6.3 节，现运用构建磨削系统运行状态可靠性函数的理论方法，建立磨削系统运行状态演变的可靠性函数。由泊松过程的无失效概率，根据式（6-87），得到磨削系统运行状态演变的可靠性函数：

$$R_m(t) = P_m(0, t) \qquad (6\text{-}95)$$

根据 6.3 节，设定时间变量 t，确定磨削系统运行状态演变的品质实现可靠度。假设取时间 $t = t_0$，根据式（6-88），得到在 t_0 时刻磨削系统运行状态演变的品质实现可靠度为

$$r_m = R_m(t_0) \qquad (6\text{-}96)$$

该可靠度 r_m 可以用于评估磨削系统实现其运行品质的可能性。t_0 时刻磨削系统运行状态品质实现可靠度越高，磨削系统实现其运行品质的可能性就越大；否则，磨削系统实现其运行品质的可能性就越小。

根据泊松过程，定义时间 t 为连续时间变量，即 $t \in [0, +\infty)$，对磨削系统运行状态演变的可靠性函数 $R_m(t)$ 进行求导，得到随着时间 t 变化的磨削系统运行状态演变过程的可靠性概率密度函数：

$$p_m(0,t) = \frac{\mathrm{d}R_m(t)}{\mathrm{d}t} = \frac{\mathrm{d}P_m(0,t)}{\mathrm{d}t} = -\lambda \exp(-\lambda t), \quad t \in [0,+\infty) \qquad (6\text{-}97)$$

式中，$p_m(0,t)$ 为磨削系统运行状态演变过程的可靠性概率密度函数。

以本征数据序列 $\boldsymbol{X}$ 为基础，将检测数据子序列 $\boldsymbol{X}_{Am}$ 分别与本征数据序列 $\boldsymbol{X}$ 作对比分析。分别对检测数据子序列 $\boldsymbol{X}_{Am}$ 以及本征数据序列 $\boldsymbol{X}$ 的可靠性概率密度函数 $p_m(0,t)$ 进行分段积分，求出检测数据子序列 $\boldsymbol{X}_{Am}$ 与本征数据序列 $\boldsymbol{X}$ 的可靠性概率密度函数的面积交集，定义检测数据子序列 $\boldsymbol{X}_{Am}$ 与本征数据序列 $\boldsymbol{X}$ 的可靠性概率密度函数的面积交集 A 为

$$A(T) = \int_0^T p(0,t)\mathrm{d}t + \int_T^{+\infty} p(0,t)\mathrm{d}t, \quad t \in [0,+\infty) \qquad (6\text{-}98)$$

式中，T 为检测数据子序列 $\boldsymbol{X}_{Am}$ 与本征数据序列 $\boldsymbol{X}$ 的可靠性概率密度函数值相等时的交点横坐标值。

以本征数据序列 $\boldsymbol{X}$ 为基础，假设检测数据子序列 $\boldsymbol{X}_{Am}$ 的变异概率 $P_B(T)$ 为

$$P_B(T) = 1 - A(T) \qquad (6\text{-}99)$$

该变异概率可以用来评估磨削系统运行状态演变过程的可靠性。比较检测数据子序列 $\boldsymbol{X}_{Am}$ 和本征数据序列 $\boldsymbol{X}$ 可得，若检测数据子序列 $\boldsymbol{X}_{Am}$ 与本征数据序列 $\boldsymbol{X}$ 的可靠性概率密度函数的面积交集越大，检测数据子序列 $\boldsymbol{X}_{Am}$ 的变异概率越小，则磨削系统运行状态发生演变的程度越小，磨削系统实现其运行品质的变异程度越小，磨削系统实现其运行品质的可能性越大；若检测数据子序列 $\boldsymbol{X}_{Am}$ 与本征数据序列 $\boldsymbol{X}$ 的可靠性概率密度函数的面积交集越小，检测数据子序列 $\boldsymbol{X}_{Am}$ 的变异概率越大，则磨削系统运行状态发生演变的程度越大，磨削系统实现其运行品质的变异程度越大，磨削系统实现其运行品质的可能性越小。

6.4.3　案例研究

本节共有 2 个案例涉及未知概率分布的磨削系统运行状态演变过程可靠性评估。在案例研究中，考虑磨削系统运行状态演变过程未发生变异以及发生了变异两种变化程度的演变过程。另外，本节针对乏信息评估方法，进行有关样本大小的敏感性分析。

1. 案例 1

这是 1 个评估未知概率分布的磨削系统运行状态演变过程可靠性的实际案例。在 1 台正常的、未发生变异的圆锥滚子直径磨床上磨削 30204 圆锥滚子直径，按加工顺序依次获得下列 30 个关于滚子平均直径偏差的原始数据（单位：μm），如图 6-23 所示。

0.0118	0.0116	0.0102	0.0108	0.0106	0.0114
0.0057	0.0108	0.0100	0.0114	0.0114	0.0118
0.0115	0.0112	0.0112	0.0114	0.0130	0.0114
0.0114	0.0122	0.0121	0.0121	0.0115	0.0116
0.0109	0.0124	0.0117	0.0123	0.0114	0.0131

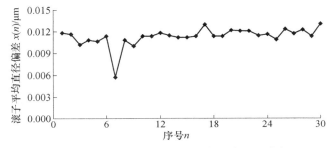

图 6-23　滚子平均直径偏差的原始数据序列（案例 1）

本案例以图 6-23 中的 30 个原始数据为基础，对该磨削系统运行状态演变过程的可靠性进行实时评估。

将图 6-23 中的前 6 个原始数据作为本征数据序列 X（$N=6$），用灰自助法处理本征数据序列 X，获得 $B=30000$ 个数据，构成一个大量本征生成数据序列 X_{GB}（$B=30000$），如图 6-24 所示。用最大熵法处理大量本征生成数据序列 X_{GB}，获得磨削系统运行状态演变过程的概率密度函数 $f(x)$，如图 6-25 所示。

设定置信水平 $P=95\%$，获得磨削系统运行状态演变的置信区间 $[X_L, X_U]=$[0.0099μm, 0.0121μm] 与 2 倍扩展不确定度 $2U=0.0031$μm。

为了实时评估磨削系统运行状态演变过程的可靠性，将图 6-23 中的后 24 个原始数据作为检测数据序列 X_A（$S=24$），并等分成 4 个检测数据子序列 X_{Am}

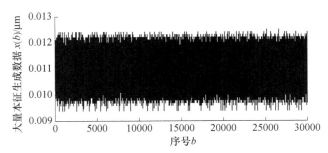

图 6-24　大量本征生成数据序列（案例 1）

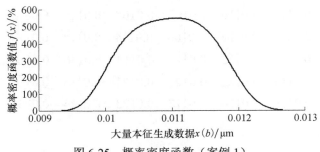

图 6-25　概率密度函数（案例 1）

（$X_{A1} \sim X_{A4}$），其中每个检测数据子序列包含 6 个数据（$N=6$），然后用灰自助法生成 4 个检测生成数据子序列 X_{GAm}（$X_{GA1} \sim X_{GA4}$）（$A=30000$）。

给定置信水平 $P=95\%$，根据置信区间 $[X_L, X_U]$ 和检测生成数据子序列 X_{GAm}，通过计数与计算，根据式（6-94），得到检测数据子序列的变异强度 λ_m，如表 6-1 所示。令 $t=1$ 个单位时间，将变异强度 λ_m 代入式（6-96），求解出磨削系统运行状态演变的可靠度 r_m，如表 6-1 所示。

表 6-1　有关运行状态演变的变异强度与可靠度（案例 1）

序号	检测数据子序列 X_{Am}	变异强度 λ_m	可靠度 r_m
1	X_{A1}	0.36287	0.695679
2	X_{A2}	0.26563	0.7667
3	X_{A3}	0.2536	0.7760
4	X_{A4}	0.4184	0.6581

借助变异强度 λ_m，根据泊松过程的无失效概率，选取时间变量 $t \in [0, +\infty)$，得到磨削系统运行状态演变的可靠性函数 $R_m(t)$，并对磨削系统运行状态演变的可靠性函数 $R_m(t)$ 进行求导，从而得到随着连续时间变量 t 变化的磨削系统运行状态演变的可靠性概率密度函数 $p_m(0, t)$，如图 6-26 所示。图中，A0、A1、A2、A3、A4 分别为本征数据序列 X 以及检测数据子序列 X_{A1}、X_{A2}、X_{A3}、X_{A4} 的可靠性概率密度函数曲线。

由图 6-26 可得，本征数据序列的可靠性概率密度函数曲线 A0 与检测数据子序列的可靠性概率密度函数曲线 A1、A2、A3、A4 均相交且都仅有一个交点，分别记为 T_1、T_2、T_3、T_4，即本征数据序列的可靠性概率密度函数与检测数据子序列的可靠性概率密度函数值相等时的交点横坐标值，解方程可得 $T_m=(T_1, T_2, T_3, T_4) = (6.6334, 8.1341, 8.3794, 6.0307)$，如表 6-2 所示。由式（6-98）可计算出检测数据子序列与本征数据序列的可靠性概率密度函数的面积交集，即 $A(T_m)=(A(T_1), A(T_2), A(T_3), A(T_4))=(0.3416, 0.4142, 0.4259, 0.3117)$，如表 6-2 所示。最后根据式（6-99），可计算出检测数据子序列的变异概率，即 $P_B(T_m) = (P_B(T_1), P_B(T_2), P_B(T_3), P_B(T_4)) = (0.6584, 0.5858, 0.5741, 0.6883)$，如表 6-2 和图 6-27 所示。

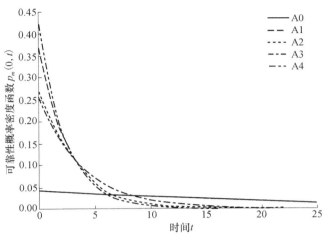

图 6-26　有关运行状态演变的可靠性曲线（案例 1）

表 6-2　有关运行状态演变的可靠性参数值（案例 1）

序号	检测数据子序列 X_{Am}	交点横坐标值 T_m	面积交集 $A(T_m)$	变异概率 $P_B(T_m)$
1	X_{A1}	6.6334	0.3416	0.6584
2	X_{A2}	8.1341	0.4142	0.5858
3	X_{A3}	8.3794	0.4259	0.5741
4	X_{A4}	6.0307	0.3117	0.6883

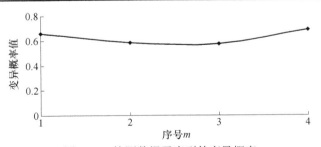

图 6-27　检测数据子序列的变异概率

由图 6-27 可知，以本征数据序列 X 为依据，检测数据子序列 X_{A1} 的变异概率 $P_B(T_1)$ 相对于 X_{A2} 的变异概率 $P_B(T_2)$ 呈现出偏大现象，且检测数据子序列 X_{A2} 的变异概率 $P_B(T_2)$ 相对于 X_{A3} 的变异概率 $P_B(T_3)$ 也略有偏大，主要是 X_{A1} 中包含了一个显著小于其他数据的值 0.0057（图 6-23）。除此之外，从整体趋势上看，随着时间的推移，检测数据子序列的变异概率 $P_B(T)$ 呈现出上升趋势。图 6-27 能够体现出若检测数据子序列的变异概率越大，磨削系统运行状态发生演变的程度就越大，磨削系统实现其运行品质的变异程度就越大，磨削系统实现其运行品质的可能性就越小的特征规律。

结合实际情况，这一规律符合实际制造加工中磨削系统运行状态随着加工时间的累积其运行品质不断降低的演变趋势。

2. 案例 2

这是一个评估具有线性趋势且未知概率分布的磨削系统运行状态演变过程可靠性的仿真案例。因案例 1 是关于磨削系统运行状态演变没有发生变异的实际例子，为了全面分析，本案例模拟了一个发生了变异的磨削系统运行状态演变过程。

本案例以案例 1 图 6-23 中的 30 个原始数据为基础，仿真 1 个未知概率分布且具有线性趋势的磨削系统，以模拟 1 个发生了变异的磨削系统运行状态演变过程。然后，对发生了变异的磨削系统运行状态演变过程的可靠性进行实时评估，并与案例 1 的结果进行对比分析。仿真的具有线性趋势的原始数据序列如图 6-28 所示。

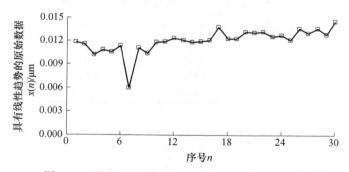

图 6-28　具有线性趋势的原始数据序列（案例 2）

在图 6-28 中的 30 个原始数据中，前 6 个数据与案例 1 图 6-23 中的前 6 个数据相同。为了仿真具有线性趋势的原始数据序列，将图 6-23 中的后 24 个数据人为地依次增加一个微量线性成分 $y=y(n)$，如图 6-29 所示。把人为地依次增加了一个微量线性成分的案例 2 中的后 24 个数据作为磨削系统运行状态演变时发生了变异的变异检测数据序列 X'_A（$S=24$）。

与案例 1 一致，将图 6-28 中的前 6 个原始数据作为本征数据序列 X（$N=6$），用灰自助法处理本征数据序列 X，获得 $B=30000$ 个数据，构成一个大量本征生成数据序列 X_{GB}（$B=30000$），如图 6-24 所示。用最大熵法处理大量本征生成数据序列 X_{GB}，获得磨削系统运行状态演变过程的概率密度函数 $f(x)$，如图 6-25 所示。

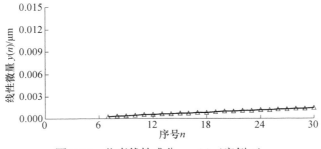

图 6-29　仿真线性成分 $y=y(n)$（案例 2）

设定置信水平 $P=95\%$，获得磨削系统运行状态的置信区间 $[X_L, X_U]=[0.0099\mu m,$ $0.0121\mu m]$ 与 2 倍扩展不确定度 $2U=0.0031\mu m$。

为了实时评估磨削系统运行状态发生了变异的演变过程，将变异检测数据序列 X_A'（$S=24$）等分成 4 个变异检测数据子序列 X_{Am}'（$X_{A1}'\sim X_{A4}'$），其中每个变异检测数据子序列包含 6 个数据（$N=6$），然后运用灰自助法生成 4 个变异检测生成数据子序列 X_{GAm}'（$X_{GA1}'\sim X_{GA4}'$）（$A=30000$）。

给定置信水平 $P=95\%$，根据置信区间 $[X_L, X_U]$ 和变异检测生成数据子序列 X_{GAm}'，通过计数与计算，由式（6-94）得到有关变异检测数据子序列的变异强度 λ_m，如表 6-3 所示。令 $t=1$ 个单位时间，将变异强度 λ_m 代入式（6-96），求解出磨削系统运行状态演变的可靠度 r_m，如表 6-3 所示。

表 6-3　有关运行状态演变的变异强度与可靠度（案例 2）

序号	变异检测数据子序列 X_{Am}'	变异强度 λ_m	可靠度 r_m
1	X_{A1}'	0.4914	0.6118
2	X_{A2}'	0.5352	0.5856
3	X_{A3}'	0.9860	0.3731
4	X_{A4}'	0.9341	0.3929

借助变异强度 λ_m，根据泊松过程的无失效概率，选取时间变量 $t\in[0, +\infty)$，得到磨削系统运行状态演变的可靠性函数 $R_m(t)$，并对磨削系统运行状态演变的可靠性函数 $R_m(t)$ 进行求导，从而得到随着连续时间变量 t 变化的磨削系统运行状态演变的可靠性概率密度函数 $p_m(0, t)$，如图 6-30 所示。图中，A0、A1、A2、A3、A4 分别为本征数据序列 X 以及变异检测数据子序列 X_{A1}'、X_{A2}'、X_{A3}'、X_{A4}' 的可靠性概率密度函数曲线。

由图 6-30 可得，本征数据序列的可靠性概率密度函数曲线 A0 与变异检测数据子序列的可靠性概率密度函数曲线 A1、A2、A3、A4 均相交且都仅有一个交点，分别记为 T_1、T_2、T_3、T_4，即本征数据序列的可靠性概率密度函数与变异检测数据子序列的可靠性概率密度函数值相等时的交点横坐标值，解方程可得 $T_m=(T_1, T_2, T_3, T_4)=(5.4064, 5.0985, 3.3078, 3.4398)$，如表 6-4 所示。由式（6-98）可计算出变异检测数据子序列与本征数据序列的可靠性概率密度函数的面积交集，即 $A(T_m)=(A(T_1), A(T_2), A(T_3), A(T_4))=(0.2805, 0.2649, 0.1728, 0.1797)$，如表 6-4 所示。最后根据式（6-99），可计算出变异检测数据子序列的变异概率，即 $P_B(T_m)=(P_B(T_1), P_B(T_2), P_B(T_3), P_B(T_4))=(0.7185, 0.7351, 0.8272, 0.8203)$，如表 6-4 和图 6-31 所示。

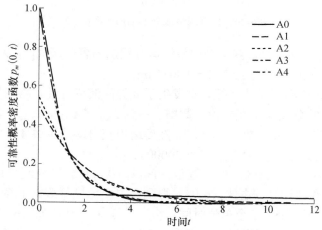

图 6-30　有关运行状态演变发生了变异的可靠性曲线（案例 2）

表 6-4　有关运行状态演变可靠性的参数值（案例 2）

序号	变异检测数据子序列 X'_{Am}	交点横坐标值 T_m	面积交集 $A(T_m)$	变异概率 $P_B(T_m)$
1	X'_{A1}	5.4064	0.2805	0.7185
2	X'_{A2}	5.0985	0.2649	0.7351
3	X'_{A3}	3.3078	0.1728	0.8272
4	X'_{A4}	3.4398	0.1797	0.8203

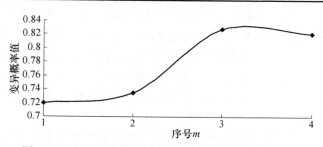

图 6-31　变异检测数据子序列 X'_{Am} 的变异概率 $P_B(T_m)$

由图 6-31 可知，以本征数据序列 X 为依据，除了变异检测数据子序列 X'_{A4} 的变异概率 $P_B(T_4)$ 相对于 X'_{A3} 的变异概率 $P_B(T_3)$ 略有偏小外，从整体趋势上看，变异检测数据子序列的变异概率 $P_B(T)$ 呈现出明显的上升趋势。案例 2 在案例 1 的基础上，进一步研究了磨削系统运行状态演变发生了变异的可靠性，显然，X'_{A1} 中包含了一个显著小于其他数据的值 0.0057（图 6-23），会影响变异概率 $P_B(T)$ 曲线的趋势走向。而在案例 2 仿真实验中，影响变异概率 $P_B(T)$ 曲线趋势走向的关键因素是人为地对图 6-23 中的后 24 个数据依次增加了的微量线性成分 $y=y(n)$，本案例研究的是一个发生了变异的磨削系统运行状态演变过程。因此，变异检测数据子序列的变异概率呈现明显上升趋势。

图 6-31 呈现出磨削系统运行状态由良好到适中再到不良的演变过程，能够反映出磨削系统运行状态可靠性由高到低的变化规律。该递增趋势符合实际制造加工中随着加工时间的累积磨削系统性能逐渐衰减的规律。

3. 有关样本大小的敏感性分析

敏感性分析是检验在一定条件下所获得结果稳定性的方法。根据所提出的评估方法可知，对于有关磨削系统运行状态可靠性以及有关磨削系统运行状态演变的可靠性分析，对其研究结果起决定性作用的参数是变异强度 λ。因此，借助大样本和小样本进行研究，运用灰自助法和最大熵原理，通过计数得到变异强度 λ 的取值。然后，根据变异强度 λ 和泊松过程，对大样本与小样本的品质实现可靠度 r、大样本与小样本的可靠性概率密度函数的面积交集 $A(T)$，以及小样本相对于大样本的变异概率 $P_B(T)$ 进行计算，以分析该评估方法对样本大小的敏感性，并证明该评估方法对小样本数据的研究是可行的。

以数学期望 $E=0$mm 和标准差 $s=0.01$mm 为已知参数，用蒙特卡罗法仿真出 2000 个服从正态分布的实验数据，如图 6-32 所示。借助正态分布仿真数据，实现样本大小的敏感性分析。

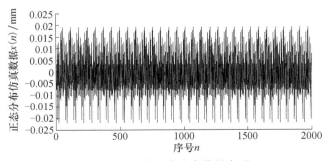

图 6-32　正态分布仿真数据序列

1）大样本实验数据的分析

将图 6-32 中的前 200 个实验数据（大样本）作为本征数据序列 $X(N=200)$，用灰自助法处理本征数据序列 X，获得 $B=20000$ 个数据，构成一个大量本征生成数据序列 X_{GB}。用最大熵法处理大量本征生成数据序列 X_{GB}，获得有关大样本的概率密度函数 $f(x)$。设定置信水平 $P=95\%$，最终获得有关大样本的置信区间为 $[X_L, X_U]=[-0.01614\text{mm}, 0.0215\text{mm}]$。将图 6-32 中的后 1800 个数据作为检测数据序列 X_A（$S=1800$）。因 $S=1800$，即获得的检测数据个数较多，令 $X_{GA}=X_A$ 且 $A=S$，通过计数，发现 X_{GA} 中有 57 个数据落在置信区间 $[-0.01614\text{mm}, 0.0215\text{mm}]$ 之外，可以计算出变异强度 $\lambda_{large}=0.0316667$。由泊松过程的无失效概率，得到大样本研究对象的可靠性函数 $R(t)$，取 $t=1$ 个单位时间，得到大样本研究对象的品质实现可靠度 $r_{large}=0.968829471$。

2）小样本实验数据的分析

将图 6-32 中的前 8 个实验数据（小样本）作为本征数据序列 $X(N=8)$，用灰自助法处理本征数据序列 X，获得 $B=20000$ 个数据，构成一个大量本征生成数据序列 X_{GB}。用最大熵法处理大量本征生成数据序列 X_{GB}，获得有关小样本的概率密度函数 $f(x)$。设定置信水平 $P=95\%$，最终获得有关小样本的置信区间为 $[X_L, X_U]=[-0.01889\text{mm}, 0.02003\text{mm}]$。将图 6-32 中的后 1992 个数据作为检测数据序列 X_A（$S=1992$）。因 $S=1992$，即获得的检测数据个数较多，令 $X_{GA}=X_A$ 且 $A=S$，通过计数，发现 X_{GA} 中有 63 个数据落在置信区间 $[-0.01889\text{mm}, 0.02003\text{mm}]$ 之外，可以计算出变异强度 $\lambda_{small}=0.0316265$。由泊松过程的无失效概率，得到小样本研究对象的可靠性函数 $R(t)$，取 $t=1$ 个单位时间，得到小样本研究对象的品质实现可靠度 $r_{small}=0.968868381$。

为了更直观地判断所用的研究方法对研究样本大小的敏感性，现有必要求解大样本与小样本的可靠性概率密度函数的面积交集 $A(T)$，以及小样本相对于大样本的变异概率 $P_B(T)$。

基于大样本和小样本，借助 λ_{large}、λ_{small} 以及泊松过程，求解可得大样本与小样本的可靠性概率密度函数值相等时的交点横坐标值 $T=31.598988858$、大样本与小样本的可靠性概率密度函数的面积交集 $A(T)=0.9995331437$、小样本相对于大样本的变异概率 $P_B(T)=0.0004668563$。

3）大、小样本的敏感性分析

现以大样本的分析结果为基础，对比分析大样本和小样本的研究结果，通过计算其研究结果的相对误差，分析乏信息评估方法对样本大小的敏感性。

有关大、小样本的敏感性分析结果表明，以大样本的分析结果为依据，相对于大样本，λ_{small} 仅仅减小了 0.1268242%，小样本研究对象的品质实现可靠度相对于大样本，r_{small} 只增加了大样本结果的 0.0040162%。而且，由小样本与大样本得到的变异概率可以推断出，以大样本为本征数据序列和以小样本为本征数据序列得到的有关研究对象的变异概率之间的差异只有 0.04668563%。由以上分析结果可得，该研究方法对大样本、小样本的评估结果影响很小，即敏感性小。

敏感性分析表明，研究样本的大小不影响分析的结果，所用的研究方法对样本大小的敏感性小，足以证明该研究方法可以解决有关磨削系统运行状态的小样本研究难题，且得出的评估结果是值得信赖的。

6.4.4　讨论与分析

根据 6.3 节中 3 个案例的讨论结果，本节中案例 1 和案例 2 均选择在最佳置信水平 $P=95\%$ 下，获得磨削系统运行状态的置信区间 $[X_L, X_U]=[0.0099\mu m, 0.0121\mu m]$ 与 2 倍扩展不确定度 $2U=0.0031\mu m$，实现实时评估磨削系统运行状态演变过程的可靠性。

在磨削系统运行状态演变过程的可靠性评估中，磨削系统运行状态演变的可靠性评估包含的要素有品质实现可靠度 r、可靠性概率密度函数的面积交集 A、变异概率 P_B 等。

由案例 1 和案例 2 的研究结果可知，对于所研究的磨削系统，随着加工时间的不断增加，磨削系统运行品质呈现出逐渐降低的趋势。案例 1 的研究结果可作为评估磨削系统运行状态演变未发生变异的可靠性评估结果，案例 2 是在案例 1 的基础上，人为地模拟出一个能够反映磨削系统运行状态发生了变异的演变过程，通过对案例 1 中实验数据依次增加一个微量线性成分，得到变异检测数据子序列并对其进行分析，模拟出的是一个磨削系统运行状态发生了变异的演变过程。因此，案例 2 的研究结果可作为评估磨削系统运行状态演变发生了变异的可靠性评估结果。

对于案例 1，可认为磨削系统运行状态演变未发生变异的运行品质是：当 $t=1$ 个单位时间时，品质实现可靠度取值范围为 $r\in(0.6581, 0.7760)$；当 $t\in[0, +\infty)$ 时，可靠性概率密度函数的面积交集的取值范围为 $A\in(0.3117, 0.4259)$，其变异概率取值范围为 $P_B\in(0.5741, 0.6883)$。

对于案例 2，可认为磨削系统运行状态演变发生了变异的运行品质是：当 $t=1$ 个单位时间时，品质实现可靠度取值范围为 $r\in(0.3731, 0.6118)$；当 $t\in[0, +\infty)$ 时，可靠性概率密度函数的面积交集的取值范围为 $A\in(0.1728, 0.2805)$，其变异概率取值范围为 $P_B\in(0.7185, 0.8272)$。

对比案例 1 和案例 2，以案例 1 的研究结果为参考依据，设定磨削系统运行状态演变的可靠运行品质为：当 $t=1$ 个单位时间时，品质实现可靠度 $r>0.65$；当 $t\in[0, +\infty)$ 时，可靠性概率密度函数的面积交集 $A>0.3$，其变异概率 $P_B\leq0.7$，若评估磨削系统运行状态可靠性的这 3 个要素都在当前设定的范围内，则可以认为磨削系统运行状态演变过程的可靠性能够满足加工产品的质量要求，即此时磨削系统运行状态演变过程是可靠的，没有发生变异，可以继续运行。

相对于案例 1，当 $t=1$ 个单位时间时，案例 2 的品质实现可靠度 $r<0.65$；当 $t\in[0, +\infty)$ 时，可靠性概率密度函数的面积交集 $A<0.29$，其变异概率 $P_B>0.71$，可以认为案例 2 中磨削系统运行状态发生了明显变异，则此时磨削系统运行状态演变过程不可靠，若磨削系统继续加工零件，加工出的零件不能满足产品的加工质量要求。因此，为了降低磨削系统的磨损和减小原材料的损失，须及时停止生产，对磨削系统进行检测、调整以及维修等，确保磨削系统能够良好运行之后，再加工生产。

敏感性分析表明，运用乏信息评估方法可以实现对磨削系统运行状态以及运行状态演变的可靠性评估，且研究样本的大小不影响其评估结果。

运行状态演变的评估结果表明，在最佳置信水平 $P=95\%$ 下，绘制出的磨削系统运行状态演变可靠性曲线，可以实时评估磨削系统运行状态演变的可靠性。通过对比分析，可得出磨削系统运行状态演变的可靠运行品质为：品质实现可靠度 $r>0.65$，可靠性概率密度函数的面积交集 $A>0.3$，其变异概率 $P_B\leqslant0.7$。该评估结果可以及时发现磨削系统运行不良，避免造成更大经济损失。

6.5　基于灰关系模糊法的磨削过程变化程度评估

为了确保滚动轴承磨削过程总体属性的可靠性，本节基于非排序灰关系和模糊集合理论，提出一种灰关系模糊评估法，对滚动轴承磨削过程的变化程度进行评估。案例研究表明，该评估方法能够准确描述磨床系统误差的变化过程，实现磨削过程变化程度的评估，且评估结果与实际情况符合。

6.5.1　引言

由于机床结构复杂，随着加工时间的不断积累，制造过程受外界的干扰总会出现许多这样或那样的不确定变化。因此，制造过程存在未知系统误差，且不可避免。目前，尚未找到一个较合适的方法去消除系统误差，通常可以通过调试、维修、检测来减小系统误差。在大批量生产中，制造过程中系统误差的大小直接影响机械产品的加工质量，为了提高生产率和降低生产成本，须对系统误差的大小进行判断，从而保证系统误差不超出容许的范围。

就磨削过程可靠性评估而言，从产品质量方面考虑，磨削过程变化程度对机械产品的质量起着关键性的作用。由于制造过程中系统误差未知且不可避免，在制造过程中输出的有关机械产品某质量参数数据的概率分布及趋势也是未知的，那么用经典统计理论研究概率分布未知的磨削过程变化程度是不可取的，只能采用乏信息理论，来推断出磨削过程总体的特征信息，以实现磨削整个过程的可靠性评估。

本节结合非排序灰关系和模糊传递闭包法，提出一种灰关系模糊评估方法，运用该方法对滚动轴承磨削过程的变化程度进行评估。首先，按时间顺序采集磨削过程中输出的实验数据序列，运用非排序灰关系，设灰置信水平 $P=95\%$，求得两个实验数据序列之间的灰属性权重，建立实验数据序列之间的灰属性权重相似矩阵；其次，根据模糊传递闭包法，得到灰属性权重相似矩阵的传递闭包即灰属性权重等价矩阵；再次，运用假设性检验和分段平均等价性系数方法，描述磨床系统误差的变化过程，从而实现磨削过程变化程度的评估。

6.5.2　磨削过程变化程度的评估模型

1. 采集多组实验数据

假设所考查的机械产品的某质量参数为随机变量 x，通过现场的产品品质检测，对其质量参数进行定期采样分析，所获得的有关产品质量参数的实验数据构成一个原始数据序列，用向量 $\boldsymbol{X}$ 表示为

$$\boldsymbol{X}=(x(1),x(2),\cdots,x(n),\cdots,x(N)),\quad n=1,2,\cdots,N \tag{6-100}$$

式中，$\boldsymbol{X}$ 为实验数据的原始数据序列；$x(n)$ 为 $\boldsymbol{X}$ 中的第 n 个数据；n 为 $\boldsymbol{X}$ 中的数据序号，相当于检测产品的时间参数；N 为 $\boldsymbol{X}$ 的数据个数。

研究一个制造过程整体系统，设共有 M 个时间单元，按时间顺序采集的实验数据序列 $\boldsymbol{X}$ 还可以表示为

$$\boldsymbol{X}=(\boldsymbol{X}_1,\boldsymbol{X}_2,\cdots,\boldsymbol{X}_m,\cdots,\boldsymbol{X}_M),\quad m=1,2,\cdots,M;N=M\times K \tag{6-101}$$

式中，$\boldsymbol{X}_m$ 为 $\boldsymbol{X}$ 中第 m 个时间单元内的实验数据序列；M 为 $\boldsymbol{X}$ 中数据序列的个数；K 为 $\boldsymbol{X}_m$ 的数据个数。

在第 i 个时间单元内和第 j 个时间单元内，通过测量系统，获得的产品质量参数数据分别构成时间单元数据序列 $\boldsymbol{X}_i$ 和时间单元数据序列 $\boldsymbol{X}_j$：

$$\boldsymbol{X}_i=(x_i(1),x_i(2),\cdots,x_i(k),\cdots,x_i(K)),\quad i=1,2,\cdots,M;k=1,2,\cdots,K \tag{6-102}$$

$$\boldsymbol{X}_j=(x_j(1),x_j(2),\cdots,x_j(k),\cdots,x_j(K)),\quad j=1,2,\cdots,M;k=1,2,\cdots,K \tag{6-103}$$

式中，$x_i(k)$ 为 $\boldsymbol{X}_i$ 中的第 k 个数据，K 为 $\boldsymbol{X}_i$ 的数据个数；$x_j(k)$ 为 $\boldsymbol{X}_j$ 中的第 k 个数据，K 为 $\boldsymbol{X}_j$ 的数据个数。

2. 求解灰属性权重相似矩阵

实验数据序列 $\boldsymbol{X}_j$ 和 $\boldsymbol{X}_i$ 均可作为非排序数据序列，即两个数据序列中的数据顺序始终保持不变。

借助数据序列 X_j 和 X_i，取一个描述为

$$x_0(k) = f(x_i(k), x_j(k)) \tag{6-104}$$

由 X_i 和 X_j 描述的生成序列即基于均值的参考序列 X_0 为

$$X_0 = (x_0(1), x_0(2), \cdots, x_0(k), \cdots, x_0(K)), \quad k = 1, 2, \cdots, K \tag{6-105}$$

在信息量少的条件下，对于任意的 $k \in K$，序列 X_0 的元素可定义为常数：

$$x_0(k) = X_0 = x_i(1) \tag{6-106}$$

由 $X_h \in (X_i, X_j)$，$h \in (i, j)$，定义灰关联度为

$$\gamma_{0h} = \gamma(X_0, X_h) = \frac{1}{K} \sum_{k=1}^{K} \gamma(x_0(k), x_h(k)) \tag{6-107}$$

令分辨系数 $\xi \in [0, 1]$，可得灰关联系数：

$$\gamma(x_0(k), x_h(k)) = \frac{\Delta_{\min} + \xi \Delta_{\max}}{\Delta_{0h}(k) + \xi \Delta_{\max}}, \quad k = 1, 2, \cdots, K \tag{6-108}$$

灰差异信息定义为

$$\Delta_{0h}(k) = |x_h(k) - x_0(k)| \tag{6-109}$$

灰差异信息最小值为

$$\Delta_{\min} = \min_h \min_k \Delta_{0h}(k) \tag{6-110}$$

灰差异信息最大值为

$$\Delta_{\max} = \max_h \max_k \Delta_{0h}(k) \tag{6-111}$$

设两个数据序列 X_i 和 X_j 之间灰关系的绝对差为

$$d = d_{ij}(\xi) = |\gamma_{0i} - \gamma_{0j}| \tag{6-112}$$

因灰关联度的取值区间为[0, 1]，则 d 的取值也应该在区间[0, 1]内。由于机械工程系统中存在许多误差干扰，所以 $d=0$ 或 $d=1(i \neq j)$ 的理想情况存在的概率几乎为零。

两个数据序列之间的差异性判断原理为：d 越大，数据序列 X_i 和 X_j 之间的属性差异越大；d 越小，数据序列 X_i 和 X_j 之间的属性差异越小。

灰绝对差 d 的变化是由分辨系数 ξ 的变化而产生的。定义最大灰绝对差为

$$d_{\max} = \max_{\xi \in [0,1]} d_{ij}(\xi) \tag{6-113}$$

最优分辨系数为

$$\xi^* = \xi|_{d \to \max} \tag{6-114}$$

其中，式（6-114）满足式（6-113）。

为了描述两个数据序列 $\boldsymbol{X}_i$ 和 $\boldsymbol{X}_j$ 的相似性，设数据序列 $\boldsymbol{X}_i$ 和 $\boldsymbol{X}_j$ 之间的灰属性权重为

$$f_{ij} = \begin{cases} 1 - d_{\max} / \eta, & d_{\max} \in [0, \eta] \\ 0, & d_{\max} \in [\eta, 1] \end{cases} \qquad (6\text{-}115)$$

式中，f_{ij} 为灰属性权重，且 $f_{ij} \in [0, 1]$；η 为灰权重系数，且 $\eta \in [0, 1]$。

灰属性权重 f_{ij} 越大，说明数据序列 $\boldsymbol{X}_i$ 和 $\boldsymbol{X}_j$ 之间的属性越相似，否则越不相似。可以看出，$f_{ij} = f_{ji}$，若 $i = j$，则 $f = 1$。

定义灰属性权重相似矩阵 $\boldsymbol{F}$ 为

$$\boldsymbol{F} = \begin{bmatrix} 1 & f_{ij} \\ f_{ji} & 1 \end{bmatrix} \qquad (6\text{-}116)$$

3. 获取灰属性权重等价矩阵

在常见的工程问题中，运用非排序灰关系方法求解出的结果是实验数据之间的相似关系，而实验数据之间的相似关系不能准确地表征实验数据的特性信息，即不能很好地表征系统误差的变化过程。因此，在进行磨削过程变化程度评估时，需将实验数据之间的相似关系转变成实验数据之间的等价关系。

基于灰属性权重相似矩阵 $\boldsymbol{F}$，用模糊集合理论中的传递闭包法，获取实验数据之间的灰属性权重等价关系 $\boldsymbol{M}(\boldsymbol{F})$。

令

$$\boldsymbol{M}(\boldsymbol{F}) = \boldsymbol{F}^g \qquad (6\text{-}117)$$

且满足

$$\boldsymbol{F}^{2g} = \boldsymbol{F}^g \qquad (6\text{-}118)$$

式中，$\boldsymbol{F}^g$ 为模糊集合理论中的传递闭包，即所求的灰属性权重等价关系 $\boldsymbol{M}(\boldsymbol{F})$。根据式（6-119），可求出模糊传递闭包 $\boldsymbol{F}^g$。

$$\begin{aligned} \boldsymbol{F}^2 &= \boldsymbol{F} \circ \boldsymbol{F} \\ \boldsymbol{F}^4 &= \boldsymbol{F}^2 \circ \boldsymbol{F}^2 \\ &\vdots \\ \boldsymbol{F}^{2g} &= \boldsymbol{F}^g \circ \boldsymbol{F}^g = \boldsymbol{F}^g \end{aligned} \qquad (6\text{-}119)$$

式中，符号 "。" 表示模糊算子。

根据式（6-117）～式（6-119），得到的实验数据之间的灰属性权重等价关系 $\boldsymbol{M}(\boldsymbol{F})$ 为

$$M(F) = \begin{bmatrix} z_{11} & z_{12} & \cdots & z_{1w} & \cdots & z_{1M} \\ z_{21} & z_{22} & \cdots & z_{2w} & \cdots & z_{2M} \\ \vdots & \vdots & & \vdots & & \vdots \\ z_{j1} & z_{j2} & \cdots & z_{jw} & \cdots & z_{jM} \\ \vdots & \vdots & & \vdots & & \vdots \\ z_{M1} & z_{M2} & \cdots & z_{Mw} & \cdots & z_{MM} \end{bmatrix} = \begin{bmatrix} 1 & z_{12} & \cdots & z_{1w} & \cdots & z_{1M} \\ & 1 & \cdots & z_{2w} & \cdots & z_{2M} \\ & & 1 & & \vdots & \vdots \\ & & & 1 & \cdots & z_{jM} \\ & 对　称 & & & 1 & \vdots \\ & & & & & 1 \end{bmatrix} \tag{6-120}$$

其中

$$0 \leqslant z_{jw} \leqslant 1 \tag{6-121}$$

$$z_{jw} = \begin{cases} 1, & j = w \\ z_{wj}, & j \neq w \end{cases}, \quad w = 1, 2, \cdots, M; j = 1, 2, \cdots, M \tag{6-122}$$

式中，z_{jw} 为描述产品某质量参数的第 j 个实验数据 x_j 和第 w 个实验数据 x_w 之间的模糊等价关系，可以用来表征实验数据 x_j 和 x_w 之间的特征符合程度。

z_{jw} 越接近 1，实验数据 x_j 和 x_w 之间的特征符合程度越好，二者之间存在的系统误差越小，磨削过程变化程度越小；z_{jw} 越接近 0，实验数据 x_j 和 x_w 之间的特征符合程度越差，二者之间存在的系统误差越大，磨削过程变化程度越大。

当 $z_{jw}=1$ 时，实验数据 x_j 和 x_w 之间的特征是完全一样的，可认为二者之间存在的系统误差不显著；当 $z_{jw}=0$ 时，实验数据 x_j 和 x_w 之间的特征是毫不相干的，可认为二者之间存在着非常显著的系统误差。

4. 灰关系模糊评估方法

根据模糊集合理论，事物的真和假这两个极端状态可以分别用 1 和 0 来表示，而事物最难判断的亦真亦假状态则可以用中间值 0.5 来表示。为了推断磨削过程变化程度，提出一种关于系统总体的假设性检验，即用水平 $q=0.5$ 来判断磨削过程中系统误差存在的显著性。

若

$$z_{jw} > q \tag{6-123}$$

则实验数据 z_j 和 x_w 之间不存在系统误差，磨削过程变化程度较小，磨削过程保持可靠性的能力较好。

若

$$z_{jw} \leqslant q \tag{6-124}$$

则实验数据 x_j 和 x_w 之间存在系统误差，磨削过程变化程度较大，磨削过程保持可靠性的能力较差。

在对磨削过程变化程度进行诊断分析时，根据式（6-123）和式（6-124），取 z_q=0.5 作为磨削过程变化程度是否可靠的参照值。

为便于评估磨削过程变化程度，基于模糊等价关系 z_{jw}，定义分段平均模糊等价性系数集合 U 为

$$U = (u_1, u_2, \cdots, u_l, \cdots, u_{M-1}) \tag{6-125}$$

式中

$$u_l = \frac{\sum_{j=1}^{M-l} z_{j,j+l}}{M-l} \tag{6-126}$$

$$u_l \in [0,1], \quad l = 1, 2, \cdots, M-1 \tag{6-127}$$

式中，u_l 为分段平均模糊等价性系数；l 为 U 中的数据序号，相当于采集实验数据的时间参数。

为进一步判断磨削过程变化程度，定义 u_l 的变化范围为

$$\Delta_u = \max u_l - \min u_l, \quad l = 1, 2, \cdots, M-1 \tag{6-128}$$

式中，Δ_u 为 u_l 的变化范围，可以直观地反映磨削过程的变化程度。

根据式（6-125）～式（6-128），运用灰关系模糊评估方法，可以实现实时评估磨削过程的变化程度。由于 u_l 是 z_{jw} 的分段平均值，因此有：

（1）若 u_l 较小，则系统误差较大，磨削过程变化程度较大，磨削过程保持可靠性的能力较差；若 u_l 较大，则系统误差较小，磨削过程变化程度较小，磨削过程保持可靠性的能力较好。

（2）若随着时间参数 l 的增大，u_l 变小，则说明实验数据之间存在着上升或下降趋势的系统误差，磨削过程变化程度变大，磨削过程保持可靠性的能力变差。

在实际生产中没有系统误差的理想加工过程是不存在的，即系统误差不可避免。在保证产品质量的前提下，应使磨削过程中产生的系统误差尽量小，确保磨削过程的变化程度在合理范围内，从而提高机械产品的生产效益。

6.5.3　案例研究

1. 案例 1

本案例是一个服从正态分布的有关滚动轴承磨削过程变化程度评估的仿真案例。现以理想的概率分布为例，运用灰关系模糊评估方法评估磨削过程的变化程度，验证该方法在评估磨削过程变化程度方面的可行性。

通常，机床调整好以后正式生产的前期阶段可认为是磨削过程变化程度较小的阶段。现用蒙特卡罗法模拟出 500 个数学期望 E=0 和标准差 s=0.01 的服从正态

分布的仿真数据，将其作为理想磨削过程中输出的实验数据，并构成一个仿真数据序列 X_{500}，如图 6-33 所示。

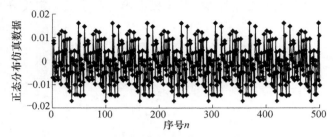

图 6-33　正态分布仿真数据序列 X_{500}

根据式（6-100）～式（6-103），将仿真数据序列 X_{500} 按顺序分为 M=10 个时间单元，每个时间单元内分别有 50 个仿真数据，即构成了 10 个时间单元数据序列 X_1～X_{10}。

借助时间单元数据序列 X_1～X_{10}，运用非排序灰关系法，在灰置信水平 P=95% 下，求出实验数据之间的灰属性权重相似矩阵 F，即

1.000	0.855	0.872	0.741	0.799	0.816	0.875	0.881	0.676	0.800
0.855	1.000	0.758	0.735	0.750	0.800	0.943	0.645	0.851	0.861
0.872	0.758	1.000	0.843	0.954	0.904	0.800	0.931	0.772	0.897
0.741	0.735	0.843	1.000	0.822	0.844	0.937	0.800	0.914	0.963
0.799	0.750	0.954	0.822	1.000	0.970	0.895	0.957	0.673	0.963
0.816	0.800	0.904	0.844	0.970	1.000	0.974	0.685	0.714	0.802
0.875	0.943	0.800	0.937	0.895	0.974	1.000	0.796	0.906	0.931
0.881	0.645	0.931	0.800	0.957	0.685	0.796	1.000	0.792	0.934
0.676	0.851	0.772	0.914	0.673	0.714	0.906	0.792	1.000	0.977
0.800	0.861	0.897	0.963	0.963	0.802	0.931	0.934	0.977	1.000

通过模糊传递闭包法，进一步得到实验数据之间的灰属性权重等价矩阵 $M(F)$，即

1.000	0.881	0.881	0.881	0.881	0.881	0.881	0.881	0.881	0.881
0.881	1.000	0.943	0.943	0.943	0.943	0.943	0.943	0.943	0.943
0.881	0.943	1.000	0.954	0.954	0.954	0.954	0.954	0.954	0.954
0.881	0.943	0.954	1.000	0.963	0.963	0.963	0.957	0.963	0.963
0.881	0.943	0.954	0.963	1.000	0.970	0.970	0.957	0.963	0.963

0.881	0.943	0.954	0.963	0.970	1.000	0.974	0.957	0.963	0.963
0.881	0.943	0.954	0.963	0.970	0.974	1.000	0.957	0.963	0.963
0.881	0.943	0.954	0.957	0.957	0.957	0.957	1.000	0.957	0.957
0.881	0.943	0.954	0.963	0.963	0.963	0.963	0.957	1.000	0.977
0.881	0.943	0.954	0.963	0.963	0.963	0.963	0.957	0.977	1.000

借助模糊等价关系 z_{jw}，可得实验数据之间的分段平均模糊等价性系数集合 U，即 $U=(0.9529, 0.9485, 0.9463, 0.9435, 0.9408, 0.9353, 0.926, 0.912, 0.881)$，$\varDelta_u=0.0719$

为直观地表征滚动轴承磨削过程的变化程度，图 6-34 描述了随着时间的推移滚动轴承磨削的变化过程。

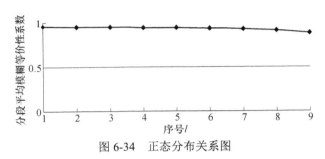

图 6-34　正态分布关系图

由图 6-34 可知，U 值均大于参照值 0.5；另外，随着 l 的增加，U 值的变化范围很小，仅为 $\varDelta_u=0.0719$，且 U 变化曲线可近似看成一条水平直线，则说明随着加工时间的推移，磨削过程中的系统误差较小，磨削过程变化程度较小，且磨削过程保持可靠性的能力较好。该研究结果符合机床调整好以后系统误差较小时的磨削过程的变化特征，并验证了用灰关系模糊评估方法评估磨削过程变化程度的可行性。

2. 案例 2

本案例是一个服从正态分布且具有线性趋势的有关滚动轴承磨削过程变化程度评估的仿真案例。案例 2 是在案例 1 的基础上，模拟出一个生产一段时间之后的滚动轴承磨削过程，运用灰关系模糊评估方法分析磨削过程的变化程度，并验证该方法在评估磨削过程变化程度方面的可行性。

基于案例 1 中的正态分布仿真数据，适当地仿真一个线性微量 $h=h(n)$，如图 6-35 所示。

将线性微量 $h=h(n)$ 增加到案例 1 中的仿真数据序列 X_{500} 中，以模拟生产一段时间之后的磨削过程中输出的实验数据，并构成一个仿真数据序列 X'_{500}，如图 6-36 所示。

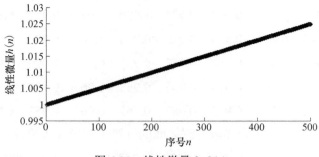

图 6-35　线性微量 $h=h(n)$

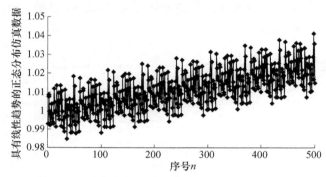

图 6-36　具有线性趋势的正态分布仿真数据序列 X'_{500}

　　根据式（6-100）～式（6-103），将仿真数据序列 X'_{500} 按顺序分为 10 个时间单元，每个时间单元内共有 50 个仿真数据，即构成了 10 个时间单元数据序列 $X'_1 \sim X'_{10}$。

　　借助时间单元数据序列 $X'_1 \sim X'_{10}$，运用非排序灰关系方法，在灰置信水平 $P=95\%$ 下，求出实验数据之间的灰属性权重相似矩阵 F，即

$$
\begin{array}{cccccccccc}
1.000 & 0.331 & 0.000 & 0.000 & 0.000 & 0.000 & 0.000 & 0.000 & 0.000 & 0.000 \\
0.331 & 1.000 & 0.774 & 0.374 & 0.094 & 0.000 & 0.000 & 0.000 & 0.455 & 0.685 \\
0.000 & 0.774 & 1.000 & 0.500 & 0.305 & 0.000 & 0.000 & 0.000 & 0.000 & 0.000 \\
0.000 & 0.374 & 0.500 & 1.000 & 0.803 & 0.763 & 0.800 & 0.653 & 0.142 & 0.000 \\
0.000 & 0.094 & 0.305 & 0.803 & 1.000 & 0.622 & 0.309 & 0.000 & 0.000 & 0.000 \\
0.000 & 0.000 & 0.000 & 0.763 & 0.622 & 1.000 & 0.490 & 0.307 & 0.000 & 0.000 \\
0.000 & 0.000 & 0.000 & 0.800 & 0.309 & 0.490 & 1.000 & 0.719 & 0.510 & 0.396 \\
0.000 & 0.000 & 0.000 & 0.653 & 0.000 & 0.307 & 0.719 & 1.000 & 0.328 & 0.090 \\
0.000 & 0.455 & 0.000 & 0.142 & 0.000 & 0.000 & 0.510 & 0.328 & 1.000 & 0.635 \\
0.000 & 0.685 & 0.000 & 0.000 & 0.000 & 0.000 & 0.396 & 0.090 & 0.635 & 1.000
\end{array}
$$

通过模糊传递闭包法，进一步得到实验数据之间的灰属性权重等价矩阵 $M(F)$，即

$$
\begin{array}{cccccccccc}
1.000 & 0.331 & 0.331 & 0.331 & 0.331 & 0.331 & 0.331 & 0.331 & 0.331 & 0.331 \\
0.331 & 1.000 & 0.774 & 0.510 & 0.510 & 0.510 & 0.510 & 0.510 & 0.635 & 0.685 \\
0.331 & 0.774 & 1.000 & 0.510 & 0.510 & 0.510 & 0.510 & 0.510 & 0.635 & 0.685 \\
0.331 & 0.510 & 0.510 & 1.000 & 0.803 & 0.763 & 0.800 & 0.719 & 0.510 & 0.510 \\
0.331 & 0.510 & 0.510 & 0.803 & 1.000 & 0.763 & 0.800 & 0.719 & 0.510 & 0.510 \\
0.331 & 0.510 & 0.510 & 0.763 & 0.763 & 1.000 & 0.763 & 0.719 & 0.510 & 0.510 \\
0.331 & 0.510 & 0.510 & 0.800 & 0.800 & 0.763 & 1.000 & 0.719 & 0.510 & 0.510 \\
0.331 & 0.510 & 0.510 & 0.719 & 0.719 & 0.719 & 0.719 & 1.000 & 0.510 & 0.510 \\
0.331 & 0.635 & 0.635 & 0.510 & 0.510 & 0.510 & 0.510 & 0.510 & 1.000 & 0.635 \\
0.331 & 0.685 & 0.685 & 0.510 & 0.510 & 0.510 & 0.510 & 0.510 & 0.635 & 1.000 \\
\end{array}
$$

借助模糊等价关系 z_{jw}，可得实验数据之间的分段平均模糊等价性系数集合 U，即

U=(0.6453, 0.5816, 0.5557, 0.515, 0.474, 0.497, 0.5503, 0.508, 0.331)，Δ_u=0.3143

为直观地表征滚动轴承磨削过程变化程度，图 6-37 描述了随着时间的推移滚动轴承磨削的变化过程。

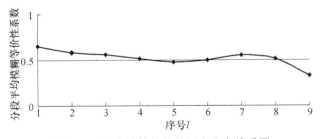

图 6-37　具有线性趋势的正态分布关系图

由图 6-37 可知，U 值比较接近参照值 0.5 且随后 U 值明显减小；随着 l 的增加，U 值的变化范围较大，为 Δ_u=0.3143，且 U 变化曲线可近似看成一条递减曲线，则说明随着加工时间的推移，磨削过程中的系统误差越来越大，磨削过程变化程度越来越大，且磨削过程保持可靠性的能力越来越差。该研究结果符合生产一段时间之后系统误差较大时的滚动轴承磨削过程的变化特征，并验证了用灰关系模糊评估方法评估磨削过程变化程度的可行性。

此时，须对磨削过程进行检测与维修，确保磨削过程变化程度在合理范围之内后，再进行生产加工。

3. 案例 3

本案例是一个概率分布及趋势未知的有关滚动轴承磨削过程变化程度评估的实际案例。在本案例中，运用灰关系模糊评估方法评估磨削过程变化程度，并验证该方法在评估磨削过程变化程度方面的可行性。

用专用滚子磨床磨削 30204 圆锥滚子轴承滚子。在正常加工过程中，从生产现场定期选取 30 套 30204 圆锥滚子轴承并将其编号，通过测量工具按顺序依次测量其滚子凸度，选其滚子凸度参数平均值作为研究该磨削过程变化程度的实验数据序列 X_{30}，如图 6-38 所示。

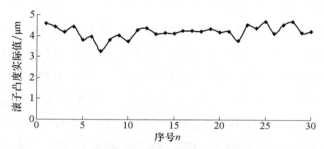

图 6-38　圆锥滚子轴承滚子凸度实际数据序列 X_{30}

根据式（6-100）～式（6-103），将实际数据序列 X_{30} 按顺序分为 6 个时间单元，每个时间单元内共有 25 个实验数据，即构成了 6 个时间单元数据序列 X_1～X_6，其对应的序号分别为 1～25、2～26、3～27、4～28、5～29、6～30。

借助时间单元数据序列 X_1～X_6，运用非排序灰关系方法，在灰置信水平 $P=95\%$ 下，求出实验数据之间的灰属性权重相似矩阵 F，即

$$
\begin{matrix}
1.000 & 0.600 & 0.600 & 0.600 & 0.600 & 0.600 \\
0.600 & 1.000 & 0.600 & 0.600 & 0.200 & 0.200 \\
0.600 & 0.600 & 1.000 & 0.600 & 0.601 & 0.603 \\
0.600 & 0.600 & 0.600 & 1.000 & 0.600 & 0.600 \\
0.600 & 0.200 & 0.601 & 0.600 & 1.000 & 0.600 \\
0.600 & 0.200 & 0.603 & 0.600 & 0.600 & 1.000
\end{matrix}
$$

通过模糊传递闭包法，进一步得到实验数据之间的灰属性权重等价矩阵 $M(F)$，即

$$
\begin{matrix}
1.000 & 0.600 & 0.600 & 0.600 & 0.600 & 0.600 \\
0.600 & 1.000 & 0.600 & 0.600 & 0.600 & 0.600 \\
0.600 & 0.600 & 1.000 & 0.600 & 0.601 & 0.603
\end{matrix}
$$

$$
\begin{array}{cccccc}
0.600 & 0.600 & 0.600 & 1.000 & 0.600 & 0.600 \\
0.600 & 0.600 & 0.601 & 0.600 & 1.000 & 0.601 \\
0.600 & 0.600 & 0.603 & 0.600 & 0.601 & 1.000
\end{array}
$$

借助模糊等价关系 z_{jw}，可得实验数据之间的分段平均模糊等价性系数集合 U，即

$$U=(0.6002, 0.6003, 0.601, 0.6, 0.6), \quad \varDelta_u=0.0003$$

为直观地表征滚动轴承磨削过程变化程度，图 6-39 描述了随着时间的推移滚动轴承磨削的变化过程。

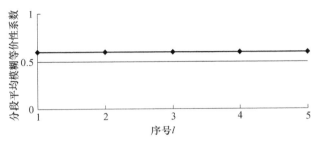

图 6-39　圆锥滚子轴承滚子凸度关系图

由图 6-39 可知，U 值均在参照值 0.5 的上方且较接近 0.5；另外，随着 l 的增加，U 值的变化范围很小，仅为 $\varDelta_u=0.0003$，且 U 变化曲线可近似看成一条水平直线，则说明随着加工时间的推移，磨削过程中的系统误差较小，磨削过程变化程度较小，且磨削过程保持可靠性的能力较好。该研究结果符合机床调整好以后系统误差较小时的滚动轴承磨削过程的变化特征，也验证了用灰关系模糊评估方法评估磨削过程变化程度的可行性。此时，可认为磨削过程变化程度在合理范围之内，可以继续加工生产。

比较案例 3 与案例 1 可得，案例 3 中的 U 值都小于案例 1 中的 U 值，说明案例 3 中磨削过程保持可靠性的能力没有案例 1 中磨削过程保持可靠性的能力好。由于案例 1 是理想的仿真案例，案例 3 是生产加工中的实际案例，而在实际生产中会出现许多影响因素，那么实际案例得出的 U 值没有理想的仿真案例得出的 U 值大是合理的，该研究结果也验证了用灰关系模糊评估方法评估磨削过程的变化程度是可行的。

仿真实验和实际案例研究表明，在不考虑概率分布的情况下，借助磨削过程中输出的实验数据，运用灰关系模糊评估方法准确地描述了磨床系统误差的变化过程，直观地反映了滚动轴承磨削过程的变化特征，实现了磨削过程变化程度的评估，并验证了用模糊评估方法评估磨削过程变化程度的可行性，且其评估结果与实际情况符合。

　　此外，该灰关系模糊评估方法对研究数据的概率分布没有局限性，且对系统属性没有特殊要求，适用于机械系统加工过程的变化程度分析。

6.6　本章小结

　　本章融合隶属函数法、最大隶属度法、滚动均值法、算术平均值法和自助法等 5 种方法，提出了一种乏信息融合技术，以调整机床加工误差。运用模糊集合理论，在给定的置信水平下，预测了机床调整好以后的估计区间，以判断调整好以后机床的可靠程度。调整机床的仿真实验表明，运用乏信息融合技术，较为合理地调整了机床的加工误差，且认为该调整方法是可行的。机床调整好以后的实验结果表明，在置信水平 $P=95\%$ 下，运用模糊集合理论预测的机床可靠性 $R \geqslant 95\%$，即机床可靠性 R 大于等于置信水平 P，说明调整好以后的机床是可靠的，也验证了运用乏信息融合技术调整机床的可行性。

　　针对磨削系统运行状态可靠性评估，提出了一种乏信息评估方法，解决了概率分布未知和信息量少的难题。首先，运用灰自助原理，对小样本可靠数据进行等概率可放回地自助再抽样，获得大量仿真数据；其次，运用最大熵原理，建立其概率密度函数并求得其估计真值和估计区间；再次，借助磨削过程输出的实际数据，得到磨削系统运行状态的变异强度；最后，根据泊松过程得到磨削系统运行状态可靠性函数，求解出磨削系统运行状态的品质实现可靠度，以判断磨削系统运行状态是否良好运行，从而实现对磨削过程的可靠性评估。由该评估结果可得，置信水平 $P=0.95$ 是磨削系统运行状态的最佳选择点。该结果为合理调整机床提供了理论依据。

　　在磨削系统运行状态演变可靠性评估中，考虑到运行状态演变过程中未发生变异和运行状态演变过程中发生了变异两种情况。以磨削系统运行状态可靠性评估为基础，将磨削过程中输出的实验数据按顺序分为若干组，每组数据都认为是小样本数据，运用灰自助原理、最大熵法和泊松过程，得到磨削系统运行状态演变的可靠性函数，在最佳置信水平 $P=95\%$ 下，绘制出由每组实验数据得到的运行状态可靠性曲线，进而实现对磨削系统运行状态演变的可靠性评估。根据该评估结果，可定义磨削系统运行状态演变的可靠运行品质为：品质实现可靠度 $r>0.65$，可靠性概率密度函数的面积交集 $A>0.3$，其变异概率 $P_B \leqslant 0.7$。该结果为有效判断磨削过程是否可靠提供了理论依据，可以及时发现制造系统运行不良，避免造成更严重的事故。另外，对乏信息评估方法作了有关样本大小的敏感性分析，并验证了该评估方法对小样本数据研究的可行性。

　　针对磨削过程的可靠性评估，根据非排序灰关系和模糊集合理论，提出了灰关系模糊评估法，实现了磨削过程变化程度的评估。案例研究表明，该评估方法可以对磨削过程变化程度进行分析，且评估结果与实际情况符合。

第7章 机械产品的品质实现可靠性评估

本章研究机械产品品质实现可靠性问题，建立机械产品品质实现可靠性评估模型，并以某圆锥滚子轴承为例进行实验及模拟实验研究。

7.1 概　　述

产品的品质实现可靠性是指在指定的条件下，产品的品质可以达到一定的等级、机械装备的加工水平可以使产品的考核指标控制在一定范围内能力的大小。品质实现可靠性由一个具体函数来表征，此函数的具体计算数值称为产品品质实现可靠度[80-82]。

通常，一个复杂影响因素的状态是很难预知的。针对复杂影响因素分析，可行有效的方法就是将复杂影响因素的状态分解为便于检测的多个简单因素，然后把这些便于测量的简单因素合成为复杂因素状态。机械产品的品质受很多因素的影响，本章通过研究机械产品品质影响的简单因素状态，根据这些简单影响因素来合成整个品质实现可靠性的影响因素状态，进而研究机械产品的品质实现可靠性。

为了更好地了解产品品质状态及装备的加工控制水平，需要对机械产品品质实现可靠性进行评估。对品质实现可靠性的评估可以及时发现生产过程中存在的缺陷与薄弱环节，及时采取有效的控制方法以避免出现严重的品质事故。本章首先建立产品品质实现可靠性模型，然后基于乏信息理论对机械产品品质实现可靠性进行真值和真值区间估计，最后以圆锥滚子轴承为例进行实验和模拟实验研究[80-82]。

7.2 品质实现可靠性模型建立

7.2.1 实验数据收集

机械产品品质如零件加工精度与表面质量以及产品性能等可以从多方面考核，如轴承性能可以从轴承的振动速度、振动加速度、噪声、摩擦力矩等方面进行考核，这些性能考核指标受很多关键因素的影响。对品质实现可靠性的研究需根据所研究的机械产品特点，确立产品品质考核指标和考核指标的影响因素。

　　在现有的加工装备和工艺方案下，假设需考核机械产品的某项性能指标（即产品品质的考核指标）的品质实现可靠性，通过对现场产品的性能进行测试，可以获得产品该项性能数据序列，表示为向量 $\boldsymbol{X}_0$：

$$\boldsymbol{X}_0 = (x_0(1), x_0(2), \cdots, x_0(k), \cdots, x_0(n)) \tag{7-1}$$

式中，k 为数据的序号，n 为数据的个数，$x_0(k)$ 为数据序列中第 k 个数据即机械产品的品质状态值。

　　假设影响机械产品该项品质性能指标的因素有 m 个，通过对全部品质性能指标影响因素进行事先检测，可以获得第 i 个产品品质影响因素的数据序列向量 $\boldsymbol{X}_i$：

$$\boldsymbol{X}_i = (x_i(1), x_i(2), \cdots, x_i(k), \cdots, x_i(n)) \tag{7-2}$$

式中，i 为产品性能影响因素的数据列序号，$i=1,2,\cdots,m$；k 为数据序列中数据的序号，$k=1,2,\cdots,n$；$x_i(k)$ 为第 i 个影响因素数据序列中的第 k 个数据值即性能影响因素状态值。

　　由机械产品性能考核指标数据序列 $\boldsymbol{X}_0$ 和性能影响因素数据序列 $\boldsymbol{X}_i$ 构成的机械产品品质性能的数据序列综合矩阵 $\boldsymbol{A}$ 可以表示为

$$\boldsymbol{A} = \begin{bmatrix} \boldsymbol{X}_0 \\ \boldsymbol{X}_1 \\ \vdots \\ \boldsymbol{X}_i \\ \vdots \\ \boldsymbol{X}_m \end{bmatrix} = \begin{bmatrix} x_0(1) & x_0(2) & \cdots & x_0(k) & \cdots & x_0(n) \\ x_1(1) & x_1(2) & \cdots & x_1(k) & \cdots & x_1(n) \\ \vdots & \vdots & & \vdots & & \vdots \\ x_i(1) & x_i(2) & \cdots & x_i(k) & \cdots & x_i(n) \\ \vdots & \vdots & & \vdots & & \vdots \\ x_m(1) & x_m(2) & \cdots & x_m(k) & \cdots & x_m(n) \end{bmatrix}, \quad i=0,1,2,\cdots,m \tag{7-3}$$

7.2.2　实验数据品质分级

　　假设 Z_j 是机械产品的品质性能及其性能影响因素 S_j（序号 $j=1,2,\cdots,J$）级品质性能等级标准值，$x_i(k)$ 是其实验状态值，如果机械产品的品质及其性能影响因素某个实验状态值 $x_i(k)$ 满足：

$$Z_{j-1} < x_i(k) \leqslant Z_j, \quad i=0,1,\cdots,m; k=1,2,\cdots,n; j=1,2,\cdots,J \tag{7-4}$$

则称该实验状态值所对应的产品品质性能等级为 S_j 级。

　　根据式（7-4）的描述，对实验状态值综合矩阵 $\boldsymbol{A}$ 中实验状态值数据进行品质等级分级。在式（7-3）中，机械产品品质性能考核指标 $\boldsymbol{X}_0$ 及品质性能影响因素 $\boldsymbol{X}_i$ 的数据序列中有 n 个实验状态值。假设有 N_{ji} 个实验状态值满足式（7-4），则可以获得机械产品的品质性能及影响因素的实验状态值的品质性能等级分级表，如表 7-1 所示。规定机械产品品质最高的品质等级为 S_1 级，最低的品质等级为 S_j 级。产品品质等级值越高，表明产品的品质与其影响因素的状态越好，即产品越优良。通常，取产品的品质等级个数 J 为 4～7，就可以满足不同层次机械产品的品质性能控制要求。

表 7-1　产品品质性能及影响因素的实验状态值品质性能等级分级表

序号 j	品质等级	品质性能等级标准值	状态值满足品质性能等级的频数
1	S_1	Z_1	N_{1i}
2	S_2	Z_2	N_{2i}
$\vdots$	$\vdots$	$\vdots$	$\vdots$
j	S_j	Z_j	N_{ji}
$\vdots$	$\vdots$	$\vdots$	$\vdots$
J	S_J	Z_J	N_{Ji}

由表 7-1 可以对产品品质性能及影响因素的实验状态值进行品质性能等级分级，则品质性能等级实现频率序列可以表示为

$$\boldsymbol{Y}_i^0 = (y_i^0(1), y_i^0(2), \cdots, y_i^0(j), \cdots, y_i^0(J)) \tag{7-5}$$

式中

$$y_i^0(j) = \frac{N_{ji}}{n}, \quad j = 1, 2, \cdots, J; i = 0, 1, 2, \cdots, m \tag{7-6}$$

则产品品质性能及影响因素的实验状态值品质性能等级的实现累积分布序列可以表示为

$$\boldsymbol{Y}_i = (y_i(1), y_i(2), \cdots, y_i(j), \cdots, y_i(J)) \tag{7-7}$$

式中

$$y_i(j) = \sum_{s=1}^{j} y_i^0(s), \quad j = 1, 2, \cdots, J; i = 0, 1, 2, \cdots, m \tag{7-8}$$

由式（7-7）可知，产品品质性能及影响因素品质性能等级实现的累积分布矩阵 $\boldsymbol{E}$ 可以表示为

$$\boldsymbol{E} = \begin{bmatrix} \boldsymbol{Y}_0 \\ \boldsymbol{Y}_1 \\ \vdots \\ \boldsymbol{Y}_i \\ \vdots \\ \boldsymbol{Y}_m \end{bmatrix} = \begin{bmatrix} y_0(1) & y_0(2) & \cdots & y_0(j) & \cdots & y_0(J) \\ y_1(1) & y_1(2) & \cdots & y_1(j) & \cdots & y_1(J) \\ \vdots & \vdots & & \vdots & & \vdots \\ y_i(1) & y_i(2) & \cdots & y_i(j) & \cdots & y_i(J) \\ \vdots & \vdots & & \vdots & & \vdots \\ y_m(1) & y_m(2) & \cdots & y_m(j) & \cdots & y_m(J) \end{bmatrix}, \quad i = 0, 1, 2, \cdots, m \tag{7-9}$$

7.2.3　品质实现可靠性模型

影响因素的权重表征了影响因素与产品品质性能关系的密切程度，机械产品品质性能各影响因素的权重确定方法将在 7.3 节进行介绍。

应用因素的分解与合成法对所有品质性能影响因素的状态进行合成，可以得到品质性能等级影响因素的状态合成值 x_j

$$x_j = \sum_{i=1}^{m} \omega_i^d y_i(j), \quad d = 1, 2, \cdots, D; D = 5; j = 1, 2, \cdots, J \qquad （7\text{-}10）$$

式中，d 表示第 d 个品质影响因素的权重；D 为品质性能影响因素的权重总个数，D=5。

由组织可靠性应用理论[83,84]，机械产品的品质性能实现可靠性函数 $r_j(d)$ 可以定义为

$$r_j(d) \approx 1 - \exp(-ax_j^b), \quad j = 1, 2, \cdots, J \qquad （7\text{-}11）$$

式中，a、b 为品质影响系数；$r_j(d)$ 表示机械产品的品质性能在 S_j 级时，应用第 d 种影响因素的权重确定方法得到的机械产品品质性能实现可靠性函数。

由式（7-11）可以看出，作为一个新概念的机械产品品质实现可靠性，与传统产品寿命的可靠性有很大的不同。首先，机械产品品质的实现可靠性自变量不是该机械产品的寿命，而是各品质性能等级影响因素状态的合成值。这表征了组成机械产品的零件（影响因素）生产加工能力和产品质量的控制水平，以及品质影响因素对机械产品品质性能影响的大小。其次，作为一个自变量，各品质性能等级影响因素状态的合成值越大，表明品质性能实现可靠度就会越大。这说明对机械产品品质性能要求就越低，实现此品质等级的能力就会越大；反之，则说明该品质等级的实现能力就会越小。

7.3　品质影响因素权重的确定

品质影响因素权重表征了影响因素和产品品质考核指标之间关系的紧密关联程度。在对机械产品品质实现可靠性评估过程中，每个关键影响因素对机械产品品质实现可靠性的影响不同，这就需要对各关键影响因素在总体影响因素中的作用进行区别对待。用一种方法作为关键影响因素的权重来研究机械产品品质实现可靠性具有一定的片面性，只有综合几种方法才能更全面地反映机械产品的品质实现可靠性。

影响因素权重的确定有很多种方法，如灰绝对关联度、灰相对关联度、灰综合关联度、灰等价关系系数，以及模糊理论中的海明贴近度、欧几里得贴近度等。

本节简要介绍品质影响因素权重的几种确定方法。

7.3.1　灰绝对关联度

由式（7-1）和式（7-2）可知机械产品品质等级考核指标序列及其影响因素序列为 $\boldsymbol{X}_0$ 和 $\boldsymbol{X}_i$，它们的始点零化像为

$$
\begin{aligned}
\boldsymbol{X}_0^0 &= (x_0^0(1), x_0^0(2), \cdots, x_0^0(k), \cdots, x_0^0(n)) \\
&= \left(x_0(1) - x_0(1), x_0(2) - x_0(1), \cdots, x_0(k) - x_0(1), \cdots, x_0(n) - x_0(1) \right)
\end{aligned} \tag{7-12}
$$

$$
\begin{aligned}
\boldsymbol{X}_i^0 &= (x_i^0(1), x_i^0(2), \cdots, x_i^0(k), \cdots, x_i^0(n)) \\
&= \left(x_i(1) - x_i(1), x_i(2) - x_i(1), \cdots, x_i(k) - x_i(1), \cdots, x_i(n) - x_i(1) \right)
\end{aligned} \tag{7-13}
$$

令

$$
|s_0| = \left| \sum_{k=2}^{n-1} x_0^0(k) + \frac{1}{2} x_0^0(n) \right| \tag{7-14}
$$

$$
|s_i| = \left| \sum_{k=2}^{n-1} x_i^0(k) + \frac{1}{2} x_i^0(n) \right| \tag{7-15}
$$

$$
|s_0 - s_i| = \left| \sum_{k=2}^{n-1} [x_0^0(k) - x_i^0(k)] + \frac{1}{2} [x_0^0(n) - x_i^0(n)] \right| \tag{7-16}
$$

称

$$
\varepsilon_{0i} = \frac{1 + |s_0| + |s_i|}{1 + |s_0| + |s_i| + |s_0 - s_i|} \tag{7-17}
$$

为品质指标序列 $\boldsymbol{X}_0$ 与影响因素序列 $\boldsymbol{X}_i$ 之间的灰绝对关联度。

灰绝对关联度仅与数据序列的几何形状相关，而与其在空间的位置无关，对其平移并不会改变灰绝对关联度的数值；灰绝对关联度的值越大，表明品质指标序列 $\boldsymbol{X}_0$ 与影响因素序列 $\boldsymbol{X}_i$ 在几何上的相似程度越大，否则相似程度越小。

由灰绝对关联度法，品质影响因素 $\boldsymbol{X}_i$ 的权重可以定义为

$$
\omega_i^1 = \frac{\varepsilon_{0i}}{\sum\limits_{i=1}^{m} \varepsilon_{0i}}, \quad i = 1, 2, \cdots, m \tag{7-18}
$$

7.3.2　灰相对关联度

由式（7-1）和式（7-2）可知机械产品品质考核指标序列及其影响因素序列为 $\boldsymbol{X}_0$ 和 $\boldsymbol{X}_i$，它们的初值像可以表示为

$$X_0' = \frac{X_0}{x_0(1)} = (x_0'(1), x_0'(2), \cdots, x_0'(k), \cdots, x_0'(n)) \tag{7-19}$$

$$X_i' = \frac{X_i}{x_i(1)} = (x_i'(1), x_i'(2), \cdots, x_i'(k), \cdots, x_i'(n)) \tag{7-20}$$

由式（7-19）和式（7-20）可知，X_0' 与 X_i' 的始点零化像可以表示为

$$\begin{aligned} X_0'^0 &= (x_0'^0(1), x_0'^0(2), \cdots, x_0'^0(k), \cdots, x_0'^0(n)) \\ &= (x_0'(1) - x_0'(1), x_0'(2) - x_0'(1), \cdots, x_0'(k) - x_0'(1), \cdots, x_0'(n) - x_0'(1)) \end{aligned} \tag{7-21}$$

$$\begin{aligned} X_i'^0 &= (x_i'^0(1), x_i'^0(2), \cdots, x_i'^0(k), \cdots, x_i'^0(n)) \\ &= (x_i'(1) - x_i'(1), x_i'(2) - x_i'(1), \cdots, x_i'(k) - x_i'(1), \cdots, x_i'(n) - x_i'(1)) \end{aligned} \tag{7-22}$$

令

$$|s_0'| = \left| \sum_{k=1}^{n-1} x_0'^0(k) + \frac{1}{2} x_0'^0(n) \right| \tag{7-23}$$

$$|s_i'| = \left| \sum_{k=1}^{n-1} x_i'^0(k) + \frac{1}{2} x_i'^0(n) \right| \tag{7-24}$$

$$|s_i' - s_0'| = \left| \sum_{k=2}^{n-1} (x_i'^0(k) - x_0'^0(k)) + \frac{1}{2} (x_i'^0(n) - x_0'^0(n)) \right| \tag{7-25}$$

称

$$\gamma_{0i} = \frac{1 + |s_0'| + |s_i'|}{1 + |s_0'| + |s_i'| + |s_i' - s_0'|} \tag{7-26}$$

为 X_0 和 X_i 之间的灰相对关联度。

灰相对关联度是考核指标序列 X_0 与影响因素序列 X_i 相对于起点变化速率的表征，γ_{0i} 越大，表明 X_0 与 X_i 的变化速率越接近，反之越不接近。

由灰相对关联度法，机械产品品质影响因素 X_i 的权重可以定义为

$$\omega_i^2 = \frac{\gamma_{0i}}{\sum\limits_{i=1}^{m} \gamma_{0i}}, \quad i = 1, 2, \cdots, m \tag{7-27}$$

7.3.3　灰综合关联度

由机械产品品质考核指标序列及考核指标影响因素，设它们的长度相同且初值不等于零，参数 $\theta \in [0,1]$，则称

$$\rho_{0i} = \theta \gamma_{0i} + (1 - \theta) \varepsilon_{0i} \tag{7-28}$$

为考核指标序列 $\boldsymbol{X}_0$ 与影响因素序列 $\boldsymbol{X}_i$ 的灰综合关联度。

灰综合关联度既表征了影响因素序列与考核指标序列的相似程度，又反映了二者相对起点变化速率接近程度，一般取参数 $\theta = 0.5$。

由灰综合关联度法，机械产品品质影响因素 $\boldsymbol{X}_i$ 的权重可以定义为

$$\omega_i^3 = \frac{\rho_{0i}}{\sum_{i=1}^{m} \rho_{0i}}, \quad i = 1, 2, \cdots, m \tag{7-29}$$

7.3.4　灰等价关系系数

由机械产品品质考核指标序列及其影响因素序列，根据灰色系统理论中的最少信息原理，可以设参考序列 $\boldsymbol{X}_C$ 由机械产品性能数据序列中的第 1 个数据组成：

$$\boldsymbol{X}_C = (x_C(1), x_C(2), \cdots, x_C(k), \cdots, x_C(n)) = (x_0(1), x_0(1), \cdots, x_0(1)) \tag{7-30}$$

或设参考序列 $\boldsymbol{X}_C$ 由考核指标序列和影响因素序列的均值序列组成：

$$\begin{aligned}
\boldsymbol{X}_C &= (x_C(1), x_C(2), \cdots, x_C(k), \cdots, x_C(n)) \\
&= \left(\left(\sum_{k=1}^{n} x_0(k) + \sum_{k=1}^{n} x_i(k) \right) \Big/ (2n), \right. \\
&\quad \left. \left(\sum_{k=1}^{n} x_0(k) + \sum_{k=1}^{n} x_i(k) \right) \Big/ (2n), \cdots, \left(\sum_{k=1}^{n} x_0(k) + \sum_{k=1}^{n} x_i(k) \right) \Big/ (2n) \right)
\end{aligned} \tag{7-31}$$

称式（7-30）描述的参考序列 $\boldsymbol{X}_C$ 为初值常数序列，式（7-31）描述的参考序列 $\boldsymbol{X}_C$ 为均值常数序列。

考核指标序列 $\boldsymbol{X}_0$ 与影响因素序列 $\boldsymbol{X}_i$ 之间的灰关联度为

$$\mu_{Ci} = \mu(\boldsymbol{X}_C, \boldsymbol{X}_i) = \frac{1}{n} \sum_{k=1}^{n} \mu(x_C(k), x_i(k)), \quad i = 0, 1, 2, \cdots, m \tag{7-32}$$

取分辨系数 $\xi \in [0,1]$，则式（7-32）中的灰关系系数可以表示为

$$\mu(x_C(k), x_i(k)) = \frac{\min_i \min_k \left| x_i(k) - x_C(k) \right| + \xi \max_i \max_k \left| x_i(k) - x_C(k) \right|}{\left| x_i(k) - x_C(k) \right| + \xi \max_i \max_k \left| x_i(k) - x_C(k) \right|} \tag{7-33}$$

称

$$d_{0i}(\xi) = \left| \mu_{C0} - \mu_{Ci} \right| \tag{7-34}$$

为考核指标序列 $\boldsymbol{X}_0$ 与影响因素序列 $\boldsymbol{X}_i(i=1, 2, \cdots, m)$ 之间的灰距离。则最大灰距离可以表示为

$$d(x_0, x_i) = \max_{\xi \to \xi^*} d_{0i}(\xi) \tag{7-35}$$

式中，ξ^* 为最优分辨系数。

称

$$\tau_{0i} = 1 - d(x_0, x_i) \qquad (7\text{-}36)$$

为考核指标序列 $\boldsymbol{X}_0$ 与影响因素序列 $\boldsymbol{X}_i$ 之间的灰等价关系系数。灰等价关系系数表征了两个数据序列之间关系的密切程度。它的值越大，表明两个数据序列之间的属性就越密切；否则，两个数据序列之间的属性就越不密切。

由灰等价关系系数法，机械产品品质影响因素 $\boldsymbol{X}_i$ 的权重可以定义为

$$\omega_i^{4,5} = \frac{\tau_{0i}}{\displaystyle\sum_{i=1}^{m} \tau_{0i}}, \quad i = 1, 2, \cdots, m \qquad (7\text{-}37)$$

式中，ω_i^4 是应用初值常数序列计算得到的品质影响因素权重，ω_i^5 是应用均值常数序列计算得到的品质影响因素权重。

7.4　机械产品品质实现可靠性的真值及真值区间估计

当获得的实验样本数据个数比较少时，可以利用自助法对小样本数据进行模拟，得到大量的数据，再应用最大熵原理建立品质实现可靠性概率密度函数，进而可以得出概率分布，最后在指定的置信水平下对真值参数进行估计。本节基于乏信息系统理论，对产品各品质性能等级的实现可靠度进行自助再抽样，得出品质实现可靠性的自助样本，进而建立其最大熵概率密度函数和概率分布，最后对产品品质性能实现可靠性进行真值和真值区间估计。

1. 品质实现可靠性自助样本

由式（7-11），当机械产品的品质等级为 S_j 级时，品质等级的实现可靠性序列 $\boldsymbol{R}_j$ 可以表示为

$$\boldsymbol{R}_j = (r_j(1), r_j(2), \cdots, r_j(d), \cdots, r_j(D)), \quad d = 1, 2, \cdots, D; D = 5 \qquad (7\text{-}38)$$

采用自助法从数据序列 $\boldsymbol{R}_j$ 中等概率并可放回地抽样，可得到品质实现可靠性样本 $\boldsymbol{R}_b$，设为

$$\boldsymbol{R}_b = (r_b(1), r_b(2), \cdots, r_b(k), \cdots, r_b(D)) \qquad (7\text{-}39)$$

式中，$\boldsymbol{R}_b$ 为抽取的第 b 个样本；$r_b(k)$ 为 $\boldsymbol{R}_b$ 中第 k 个数据，$k = 1, 2, \cdots, D$。

则式（7-39）中自助样本 $\boldsymbol{R}_b$ 的均值表示为

$$r_b = \frac{1}{D} \sum_{k=1}^{D} r_b(k) \tag{7-40}$$

对数据序列进行连续重复 B 次抽样，可以求得机械产品的品质等级实现可靠性的 B 个样本，用向量表示为

$$\boldsymbol{R} = (r_1, r_2, \cdots, r_b, \cdots, r_B)^{\mathrm{T}} \tag{7-41}$$

式中，r_b 为抽取的第 b 个样本的均值，$b = 1, 2, \cdots, B$。

2. 品质实现可靠性的最大熵概率密度

在式（7-41）中，B 值可以是一个很大的数，能得到产品的品质性能等级实现可靠性 r_j 的各阶原点矩为

$$m_l = \frac{1}{B} \sum_{b=1}^{B} r_b^l \tag{7-42}$$

式中，l 是原点矩阶数，$l = 1, 2, \cdots, M$，M 是最高阶数；m_l 为第 l 阶的原点矩。

由最大熵原理，产品的品质等级实现可靠性 r_b 的各原点矩需满足

$$m_l = \frac{\int_{\Omega} r^l \exp\left(\sum_{l=1}^{M} \lambda_l r^l \right) \mathrm{d}r}{\int_{\Omega} \exp\left(\sum_{l=1}^{M} \lambda_l r^l \right) \mathrm{d}r} \tag{7-43}$$

式中，r 是关于 r_b 的连续随机变量；Ω 是 r 的可行域；λ_l 是拉格朗日乘子。

由式（7-43）在求出 $\lambda_1, \lambda_2, \cdots, \lambda_M$ 后，可以求出 λ_0：

$$\lambda_0 = -\ln\left[\int_{\Omega} \exp\left(\sum_{l=1}^{M} \lambda_l r^l \right) \mathrm{d}r \right] \tag{7-44}$$

产品的品质等级实现可靠性最大熵概率密度函数可以表示为

$$f = f(r) = \exp\left(\lambda_0 + \sum_{l=1}^{M} \lambda_l r^l \right) \tag{7-45}$$

3. 品质实现可靠性的概率分布

由式（7-45）可知，产品的品质等级实现可靠性最大熵概率分布为

$$F = F(r) = \int_{\Omega_0}^{r} f(r)\mathrm{d}r = \int_{\Omega_0}^{r} \exp\left(\lambda_0 + \sum_{i=1}^{M} \lambda_l r^l \right)\mathrm{d}r \qquad (7\text{-}46)$$

式中，Ω_0 是积分下限。

4. 品质实现可靠性的真值估计

产品品质 S_j 级的品质等级实现可靠性真值 r_j 为

$$r_j = \int_{\Omega} r f(r)\mathrm{d}r \qquad (7\text{-}47)$$

5. 品质实现可靠性的真值区间估计

设显著水平 $\beta \in [0,1]$，置信水平为

$$P = (1-\beta)\times 100\% \qquad (7\text{-}48)$$

置信区间的下边界 $r_{j\mathrm{L}} = r_{j\beta/2}$ 应满足

$$\frac{\beta}{2} = \int_{r_0}^{r_{j\beta/2}} F(r)\mathrm{d}r \qquad (7\text{-}49)$$

置信区间的上边界 $r_{j\mathrm{U}} = r_{j(1-\beta/2)}$ 应满足

$$1 - \frac{\beta}{2} = 1 - \int_{r_0}^{r_{j(1-\beta/2)}} F(r)\mathrm{d}r \qquad (7\text{-}50)$$

由式（7-49）和式（7-50）可知，机械产品品质实现可靠性的估计区间为

$$[r_{j\mathrm{L}}, r_{j\mathrm{U}}] = [r_{j\beta/2}, r_{j(1-\beta/2)}] \qquad (7\text{-}51)$$

7.5　品质实现可靠性实验研究

7.5.1　30204 圆锥滚子轴承实验研究

滚动轴承的品质主要受振动加速度和振动速度的影响，振动速度又可分为振动低频、振动中频、振动高频。本节主要以轴承振动加速度为品质考核指标，说明机械产品品质实现可靠性的应用。

本实验案例选定 30204 圆锥滚子轴承振动加速度作为产品品质的考核指标。实验轴承样本为 30 套，即 $n=30$。影响轴承振动加速度的因素有很多，本实验中主要考虑滚子、内圈和外圈的加工参数，其中，滚子有 8 个因素、内圈有 7 个因素、外圈有 5 个因素，即 $m=20$。为研究方便，在表 7-2 中说明了实验研究使用的符号以及表达的含义。

表 7-2　30204 圆锥滚子轴承实验符号及含义

序号	符号	含义	部件	单位
0	X_0	振动加速度	轴承产品	dB
1	X_1	直径误差	滚子	μm
2	X_2	锥角误差	滚子	μm
3	X_3	凸度	滚子	μm
4	X_4	圆度	滚子	μm
5	X_5	波纹度	滚子	μm
6	X_6	粗糙度	滚子	μm
7	X_7	基面粗糙度	滚子	μm
8	X_8	基面跳动	滚子	μm
9	X_9	锥角误差	内滚道	μm
10	X_{10}	直线度	内滚道	μm
11	X_{11}	圆度	内滚道	μm
12	X_{12}	波纹度	内滚道	μm
13	X_{13}	粗糙度	内滚道	μm
14	X_{14}	挡边跳动	内滚道	μm
15	X_{15}	挡边粗糙度	内滚道	μm
16	X_{16}	锥角误差	外滚道	μm
17	X_{17}	直线度	外滚道	μm
18	X_{18}	圆度	外滚道	μm
19	X_{19}	波纹度	外滚道	μm
20	X_{20}	粗糙度	外滚道	μm

　　首先在生产加工现场随机抽取 30 套 30204 圆锥滚子轴承,编号后对其振动加速度进行测量。然后将编号测量后的轴承拆套，分别对内圈、外圈以及滚子的品质影响因素进行测量，记录各品质影响因素测量值。其中，振动加速度数据如图 7-1 所示。

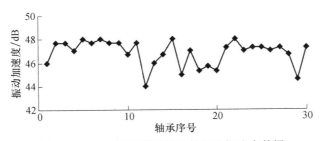

图 7-1　30204 圆锥滚子轴承的振动加速度数据

　　由表 7-1 对图 7-1 中 30204 圆锥滚子轴承的振动加速度测量数据进行品质等级分级，取产品品质的等级个数 $J=6$，即将轴承振动加速度品质等级分 6 级。圆锥滚子轴承振动加速度分 6 级可满足不同用户的要求，30204 圆锥滚子轴承振动加速度品质分级如表 7-3 所示。

表 7-3　30204 圆锥滚子轴承振动加速度品质分级

序号 j	品质等级 S_j	品质等级标准值 Z_j	状态值符合品质等级的频数 N_{j0}	状态值的品质等级实现累积分布 $y_0(j)$
1	S_1	43	0	0/30
2	S_2	45	3	3/30
3	S_3	47	12	15/30
4	S_4	49	15	30/30
5	S_5	51	0	30/30
6	S_6	55	0	30/30

　　由表 7-3 可知，圆锥滚子轴承各品质等级的标准值，通过各品质等级标准值对记录的实验数据品质分级，可以得出圆锥滚子轴承实验状态值符合各等级的频数，对符合各品质等级实验状态值进行一次累加生成可得到实验圆锥滚子轴承的累积频数分布。实验圆锥滚子轴承振动加速度品质等级状态值的等级实现累积分布如图 7-2 所示。

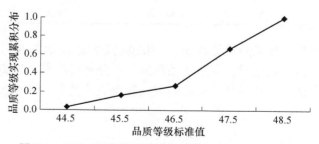

图 7-2　30204 圆锥滚子轴承品质等级实现累积分布图

　　根据轴承加工标准对各影响因素质量加工公差要求可得品质影响因素各等级标准值，由品质影响因素等级标准值对记录的各品质影响因素数据进行品质分级计算，然后对各品质等级符合标准值的频数进行一次累加生成，可以得到各品质影响因素的品质等级累积分布。各影响因素品质等级分级频数及频数累积分布如图 7-3～图 7-22 所示。

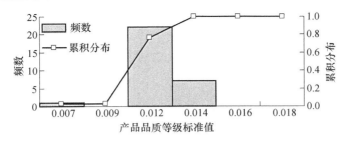

图 7-3 滚子直径误差频数及累积分布

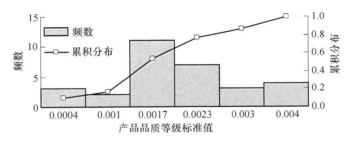

图 7-4 滚子锥角误差频数及累积分布

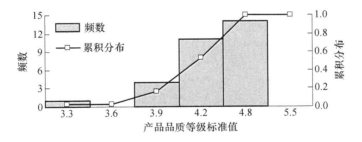

图 7-5 滚子凸度频数及累积分布

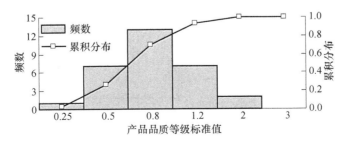

图 7-6 滚子圆度频数及累积分布

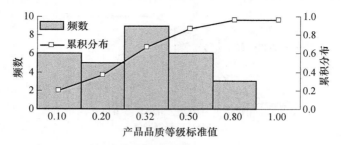

图 7-7　滚子波纹度频数及累积分布

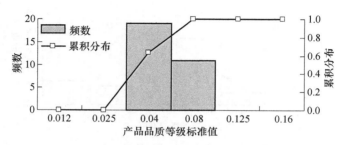

图 7-8　滚子粗糙度频数及累积分布

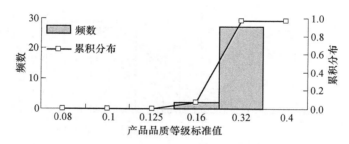

图 7-9　滚子基面粗糙度频数及累积分布

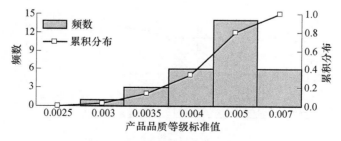

图 7-10　滚子基面跳动频数及累积分布

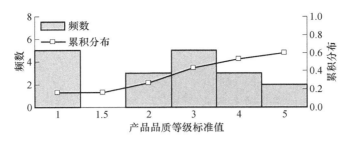

图 7-11　内滚道锥角误差频数及累积分布

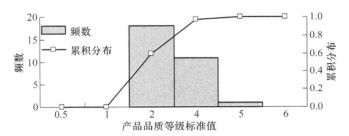

图 7-12　内滚道直线度频数及累积分布

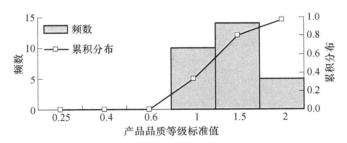

图 7-13　内滚道圆度频数及累积分布

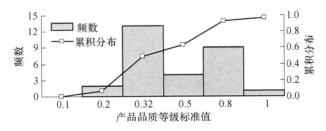

图 7-14　内滚道波纹度频数及累积分布

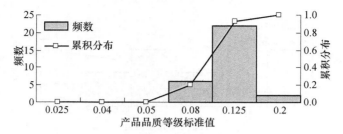

图 7-15　内滚道粗糙度频数及累积分布

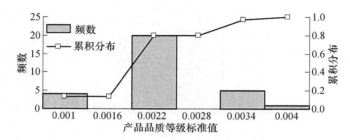

图 7-16　内滚道挡边跳动频数及累积分布

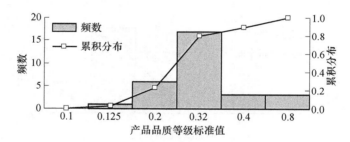

图 7-17　内滚道挡边粗糙度频数及累积分布

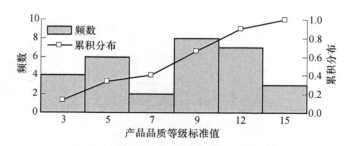

图 7-18　外滚道锥角误差频数及累积分布

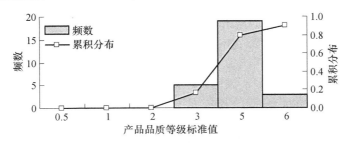

图 7-19　外滚道直线度频数及累积分布

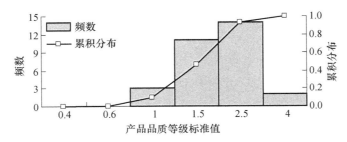

图 7-20　外滚道圆度频数及累积分布

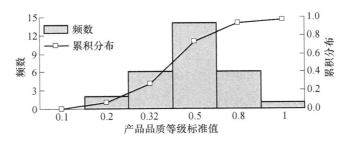

图 7-21　外滚道波纹度频数及累积分布

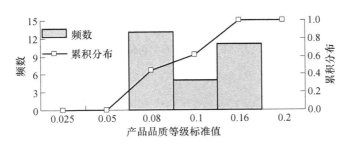

图 7-22　外滚道粗糙度频数及累积分布

　　由滚动轴承品质影响因素分级频数及频数累积分布图可知实验研究的圆锥滚子轴承各影响因素品质等级分布状态。圆锥滚子轴承在较高的品质等级时，实验状态值的频数越少，表明该影响因素的品质控制能力越低；在较低的品质等级时，实验状态值的频数较多，表明在稍低的品质时该影响因素的品质状态较好。不同影响因素的品质状态不尽相同，影响因素的频数及累积分布表明该影响因素的品质状态。

　　在对所有实验测量记录的振动加速度品质各影响因素测量数值进行品质等级分级后，收集所有圆锥滚子轴承各影响因素品质等级频数累积分布数值，就可以得到实验轴承各影响因素品质等级综合矩阵 E，实验轴承影响因素品质等级综合矩阵为

	S_1	S_2	S_3	S_4	S_5	S_6
X_1	0.0333	0.0333	0.7667	1.0000	1.0000	1.0000
X_2	0.1000	0.1667	0.5333	0.7667	0.8667	1.0000
X_3	0.0333	0.0333	0.1667	0.5333	1.0000	1.0000
X_4	0.0333	0.2667	0.7000	0.9333	1.0000	1.0000
X_5	0.2000	0.3667	0.6667	0.8667	0.9667	0.9667
X_6	0.0000	0.0000	0.6333	1.0000	1.0000	1.0000
X_7	0.0000	0.0000	0.0000	0.0667	0.9667	0.9667
X_8	0.0000	0.0333	0.1333	0.3333	0.8000	1.0000
X_9	0.1667	0.1667	0.2667	0.4333	0.5333	0.6000
X_{10}	0.0000	0.0000	0.6000	0.9667	1.0000	1.0000
X_{11}	0.0000	0.0000	0.0000	0.3333	0.8000	0.9667
X_{12}	0.0000	0.0667	0.5000	0.6333	0.9333	0.9667
X_{13}	0.0000	0.0000	0.0000	0.2000	0.9333	1.0000
X_{14}	0.1333	0.1333	0.8000	0.8000	0.9667	1.0000
X_{15}	0.0000	0.0333	0.2333	0.8000	0.9000	1.0000
X_{16}	0.1333	0.3333	0.4000	0.6667	0.9000	1.0000
X_{17}	0.0000	0.0000	0.0000	0.1667	0.8000	0.9000

X_{18}	0.0000	0.0000	0.1000	0.4667	0.9333	1.0000
X_{19}	0.0000	0.0667	0.2667	0.7333	0.9333	0.9667
X_{20}	0.0000	0.0000	0.4483	0.6207	1.0000	1.0000

各影响因素对轴承的振动加速度影响不同，需要对品质各影响因素进行区别对待。根据权重的确定方法，以灰关系权重法中初值常数序列为参照序列的影响因素权重计算方法计算各品质影响因素的权重，可以得到实验圆锥滚子轴承振动加速度各品质影响因素数据序列和品质性能数据序列之间的最大灰距离为

$$d(x_0,x_1)=0.722，\quad d(x_0,x_2)=0.722，\quad d(x_0,x_3)=0.711，\quad d(x_0,x_4)=0.721，$$

$$d(x_0,x_5)=0.721，\quad d(x_0,x_6)=0.722，\quad d(x_0,x_7)=0.722，\quad d(x_0,x_8)=0.722，$$

$$d(x_0,x_9)=0.710，\quad d(x_0,x_{10})=0.717，\quad d(x_0,x_{11})=0.719，\quad d(x_0,x_{12})=0.721，$$

$$d(x_0,x_{13})=0.722，\quad d(x_0,x_{14})=0.722，\quad d(x_0,x_{15})=0.722，\quad d(x_0,x_{16})=0.698，$$

$$d(x_0,x_{17})=0.710，\quad d(x_0,x_{18})=0.718，\quad d(x_0,x_{19})=0.721，\quad d(x_0,x_{20})=0.722$$

从以上实验轴承各品质影响因素的最大灰距离，依照灰关系权重法中影响因素权重的计算方法可以计算得出实验圆锥滚子轴承振动加速度品质各影响因素的权重（图 7-23）为

$$\omega_1^4=0.0493，\quad \omega_2^4=0.0493，\quad \omega_3^4=0.0513，\quad \omega_4^4=0.0495，\quad \omega_5^4=0.0495，$$

$$\omega_6^4=0.0493，\quad \omega_7^4=0.0493，\quad \omega_8^4=0.0493，\quad \omega_9^4=0.0515，\quad \omega_{10}^4=0.0502，$$

$$\omega_{11}^4=0.0499，\quad \omega_{12}^4=0.0495，\quad \omega_{13}^4=0.0493，\quad \omega_{14}^4=0.0493，\quad \omega_{15}^4=0.0493，$$

$$\omega_{16}^4=0.0536，\quad \omega_{17}^4=0.0515，\quad \omega_{18}^4=0.0500，\quad \omega_{19}^4=0.0495，\quad \omega_{20}^4=0.0493$$

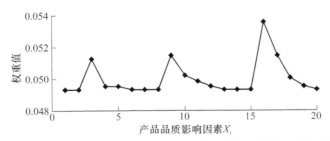

图 7-23　灰关系权重法中初值参考序列确定的影响因素及其权重值

由品质影响因素的权重值和品质等级的实现累积分布矩阵，通过影响因素的分解与合成法将各影响因素进行品质状态合成，可以得出各品质等级影响因素的状态合成值为

$$x_1=0.0421，\quad x_2=0.0858，\quad x_3=0.3595，\quad x_4=0.6149，\quad x_5=0.9108，\quad x_6=0.9660$$

同理，根据滚动轴承振动加速度和各影响因素实验数据，应用其他影响因素权重确定方法可以计算出每种方法确定的影响因素权重，各品质影响因素的权重如图 7-24～图 7-27 所示。

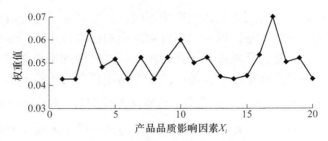

图 7-24　绝对关联度法确定的影响因素权重值

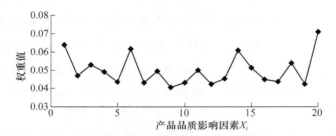

图 7-25　相对关联度法确定的影响因素权重值

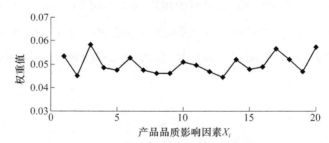

图 7-26　综合关联度法确定的影响因素权重值

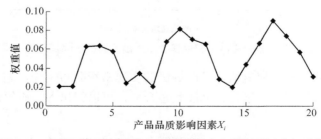

图 7-27　灰关系权重法中均值参考序列确定的影响因素权重值

根据品质各权重方法确定的影响因素的权重值和各品质影响因素等级综合矩阵，通过因素的分解与合成法可以计算得到各品质影响因素的等级状态合成值综合矩阵为

$$
\begin{array}{ccccccc}
 & x_1 & x_2 & x_3 & x_4 & x_5 & x_6 \\
\omega_l^1 & 0.0413 & 0.0845 & 0.3471 & 0.6036 & 0.9096 & 0.9636 \\
\omega_l^2 & 0.0398 & 0.0797 & 0.3768 & 0.6318 & 0.9194 & 0.9720 \\
\omega_l^3 & 0.0405 & 0.0820 & 0.3623 & 0.6180 & 0.9146 & 0.9679 \\
\omega_l^4 & 0.0421 & 0.0858 & 0.3595 & 0.6149 & 0.9108 & 0.9660 \\
\omega_l^5 & 0.0412 & 0.0904 & 0.3269 & 0.5968 & 0.8997 & 0.9544
\end{array}
$$

由品质各影响因素状态合成值综合矩阵，根据组织可靠理论[54,55]，选取品质影响系数 $a=10$ 和 $b=2.2$，可以计算求得实验圆锥滚子轴承的振动加速度在不同品质等级时实现可靠度综合矩阵为

$$
\begin{array}{cccccc}
 & \omega_l^1 & \omega_l^2 & \omega_l^3 & \omega_l^4 & \omega_l^5 \\
r_1(k) & 0.00897 & 0.00829 & 0.00862 & 0.00938 & 0.00892 \\
r_2(k) & 0.04263 & 0.03755 & 0.03999 & 0.04410 & 0.04931 \\
r_3(k) & 0.62278 & 0.68904 & 0.65739 & 0.65126 & 0.57460 \\
r_4(k) & 0.96288 & 0.97378 & 0.96884 & 0.96764 & 0.95973 \\
r_5(k) & 0.99970 & 0.99975 & 0.99973 & 0.99971 & 0.99964 \\
r_6(k) & 0.99990 & 0.99992 & 0.99991 & 0.99991 & 0.99988
\end{array}
$$

根据式（7-41），选取 B=100000，对实验研究的轴承振动加速度实现可靠度矩阵中各品质等级自助再抽样。由式（7-47）对实验轴承各品质等级的真值及真值区间进行估计，可以求得实验轴承振动加速度品质实现可靠性的真值及真值区间估计，如图 7-28 和图 7-29 所示。

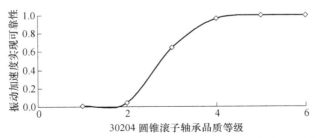

图 7-28　30204 圆锥滚子轴承品质实现可靠性的真值估计图

由真值和真值区间估计图可知，实验研究的 30204 圆锥滚子轴承振动加速度品质随着品质等级提高其品质实现可靠性在逐渐降低，而在高品质等级时这种变

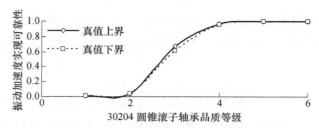

图 7-29　30204 圆锥滚子轴承品质实现可靠性的真值区间估计图

化较明显；可以看出，在等级 S_1 时的品质实现可靠性较低，产品的品质实现可靠性随产品的品质等级降低而逐渐提高，当产品品质等级在 S_4 级时其品质实现可靠度可以达到 96%。因此，实验研究的 30204 圆锥滚子轴承现存加工水平，可以使振动加速度普遍保持在品质等级第 S_4 级即振动加速度为 49dB，相对应的产品品质实现可靠度为 96.79%。

7.5.2　30204 圆锥滚子轴承模拟实验研究

计算机仿真模拟是通过软件对实验数据进行模拟仿真，然后对仿真的数据进行分析。本节基于 7.5.1 节的实验研究，对圆锥滚子轴承振动加速度及品质影响因素进行数据模拟仿真，然后研究其品质实现可靠性。轴承振动加速度的仿真数据如图 7-30 所示。

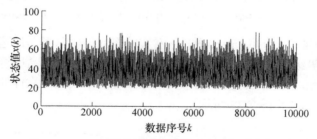

图 7-30　30204 圆锥滚子轴承振动加速度模拟数据

同理，对滚子 8 个因素、内圈 7 个因素、外圈 5 个因素进行计算机模拟实验仿真，振动加速度各影响因素仿真的前 1000 个数据如图 7-31～图 7-50 所示。

整理模拟仿真的圆锥滚子轴承振动加速度数据和各影响因素数据，从模拟仿真的数据图可以看出轴承振动加速度及各影响因素的数据分布状态。根据实验研究的圆锥滚子轴承振动加速度及各影响因素的品质等级标准值对模拟仿真的振动加速度数据和各影响因素数据进行品质等级分级。对轴承振动加速度数据及各影响因素数据品质分级后，可得出品质等级分级后的轴承振动加速度各影响因素频数及频数累积分布。

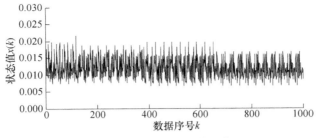

图 7-31 滚子直径误差模拟数据

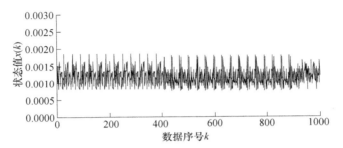

图 7-32 滚子锥角误差模拟数据

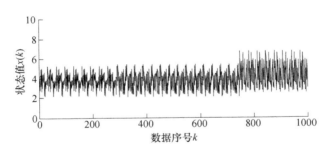

图 7-33 滚子凸度模拟数据

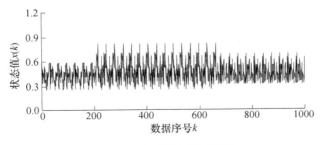

图 7-34 滚子圆度模拟数据

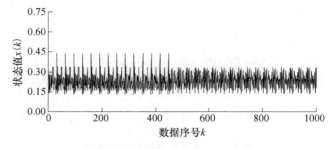

图 7-35　滚子波纹度模拟数据

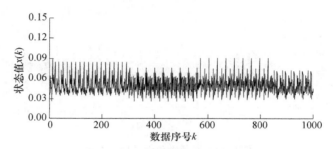

图 7-36　滚子粗糙度模拟数据

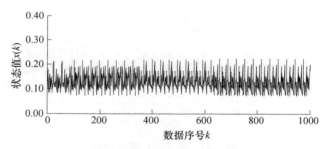

图 7-37　滚子基面粗糙度模拟数据

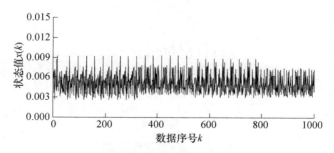

图 7-38　滚子基面跳动模拟数据

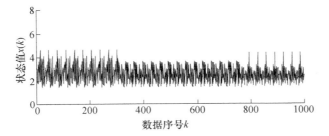

图 7-39　内滚道锥角误差模拟数据

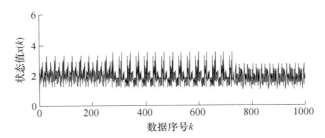

图 7-40　内滚道直线度模拟数据

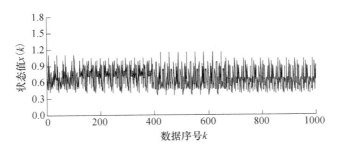

图 7-41　内滚道圆度模拟数据

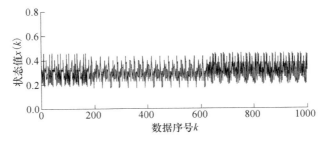

图 7-42　内滚道波纹度模拟数据

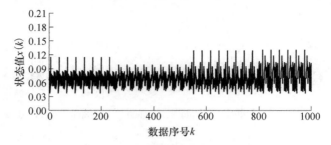

图 7-43　内滚道粗糙度模拟数据

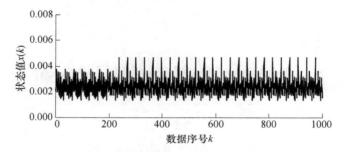

图 7-44　内滚道挡边跳动模拟数据

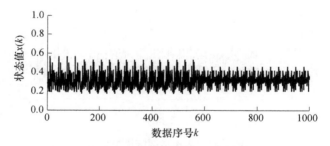

图 7-45　内滚道挡边粗糙度模拟数据

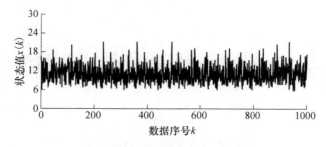

图 7-46　外滚道锥角误差模拟数据

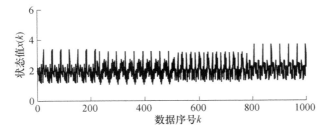

图 7-47　外滚道直线度模拟数据

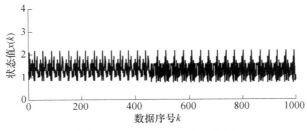

图 7-48　外滚道圆度模拟数据

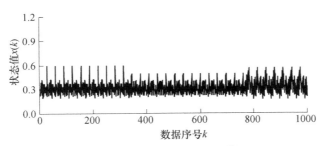

图 7-49　外滚道波纹度模拟数据

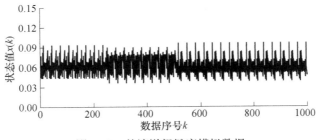

图 7-50　外滚道粗糙度模拟数据

在对所有仿真实验记录的轴承振动加速度及各影响因素数值进行品质等级分级后，收集所有圆锥滚子轴承各影响因素品质等级频数累积分布值，可以得到实验仿真的轴承各影响因素品质等级综合矩阵，则轴承影响因素品质等级综合矩

阵为

	S_1	S_2	S_3	S_4	S_5	S_6
X_1	0.3000	0.1649	0.5103	0.7412	0.8844	0.9695
X_2	0.0000	0.2349	0.9043	1.0000	1.0000	1.0000
X_3	0.3092	0.4179	0.5250	0.6112	0.8159	0.9258
X_4	0.0046	0.6475	0.9985	1.0000	1.0000	1.0000
X_5	0.0000	0.2778	0.8822	0.9991	1.0000	1.0000
X_6	0.0000	0.0000	0.2299	0.9761	1.0000	1.0000
X_7	0.0516	0.2479	0.5586	0.8310	1.0000	1.0000
X_8	0.0000	0.0229	0.0982	0.2315	0.5101	0.9034
X_9	0.0000	0.0181	0.2073	0.7552	0.9457	1.0000
X_{10}	0.0000	0.0000	0.6351	0.9688	1.0000	1.0000
X_{11}	0.0000	0.0201	0.3462	0.9379	1.0000	1.0000
X_{12}	0.0000	0.0920	0.6886	0.9964	1.0000	1.0000
X_{13}	0.0000	0.0297	0.1753	0.7693	0.9947	1.0000
X_{14}	0.0000	0.0640	0.3326	0.6619	0.8652	0.9821
X_{15}	0.0000	0.0000	0.0687	0.6169	0.8972	1.0000
X_{16}	0.0000	0.0000	0.0410	0.2406	0.6323	0.8861
X_{17}	0.0000	0.0000	0.5279	0.9620	1.0000	1.0000
X_{18}	0.0000	0.0000	0.1210	0.6372	0.9883	1.0000
X_{19}	0.0000	0.0330	0.4950	0.9527	1.0000	1.0000
X_{20}	0.0000	0.2368	0.8350	0.9929	1.0000	1.0000

根据影响因素权重的确定方法，以灰关系权重法中基于均值常数序列为参考序列的品质影响因素权重计算方法，可以计算求得仿真实验圆锥滚子轴承的各影响因素数据序列与振动加速度品质性能数据序列的权重值，各品质影响因素的权重为

$$\omega_1^5 = 0.3031，\quad \omega_2^5 = 0.0566，\quad \omega_3^5 = 0.5674，\quad \omega_4^5 = 0.3441，\quad \omega_5^5 = 0.3262，$$

$$\omega_6^5 = 0.3070，\quad \omega_7^5 = 0.3146，\quad \omega_8^5 = 0.1882，\quad \omega_9^5 = 0.5021，\quad \omega_{10}^5 = 0.4465，$$

$$\omega_{11}^5 = 0.3654，\quad \omega_{12}^5 = 0.3287，\quad \omega_{13}^5 = 0.3087，\quad \omega_{14}^5 = 0.1126，\quad \omega_{15}^5 = 0.3311，$$

$$\omega_{16}^5 = 0.7533，\quad \omega_{17}^5 = 0.4559，\quad \omega_{18}^5 = 0.4111，\quad \omega_{19}^5 = 0.3367，\quad \omega_{20}^5 = 0.3081$$

由品质影响因素的权重值及品质等级实现累积分布矩阵，根据因素的分解与合成法，可得品质等级影响因素的状态合成值

$$x_1 = 0.0402，\quad x_2 = 0.1193，\quad x_3 = 0.4245，\quad x_4 = 0.7654，\quad x_5 = 0.9163，\quad x_6 = 0.9777$$

同理，根据影响因素权重的其他确定方法，可以得到不同权重法的品质影响因素的状态合成值，各品质等级影响因素的状态值组成状态合成值综合矩阵。于是，各品质等级影响因素状态合成值综合矩阵为

	x_1	x_2	x_3	x_4	x_5	x_6
ω_l^1	0.0324	0.1210	0.4438	0.7723	0.9163	0.9799
ω_l^2	0.0319	0.1302	0.4707	0.7944	0.9264	0.9835
ω_l^3	0.0321	0.1265	0.4600	0.7863	0.9224	0.9820
ω_l^4	0.0421	0.0858	0.3595	0.6149	0.9108	0.9660
ω_l^5	0.0334	0.1249	0.4569	0.7913	0.9253	0.9828

由组织可靠理论[54,55]，选取品质影响系数 a=10 和 b=2.2，由影响因素的合成状态值矩阵，可求得仿真实验圆锥滚子轴承振动加速度在不同品质等级时的品质实现可靠度矩阵为

	ω_l^1	ω_l^2	ω_l^3	ω_l^4	ω_l^5
$r_1(k)$	0.00528	0.00510	0.00517	0.00563	0.00847
$r_2(k)$	0.09149	0.10656	0.10041	0.09779	0.08885
$r_3(k)$	0.81262	0.85133	0.83659	0.83221	0.78085
$r_4(k)$	0.99664	0.99759	99724	0.99746	0.99613
$r_5(k)$	0.99974	0.99979	0.99977	0.99978	0.99974
$r_6(k)$	0.99993	0.99993	0.99993	0.99993	0.99993

由式（7-41），取 B=100000，首先应用计算机仿真对实验的圆锥滚子轴承品质性能实现可靠性数据矩阵中各品质等级进行自助再抽样。然后由式（7-47）对仿真实验圆锥滚子轴承各品质等级进行真值和真值区间估计，可以求得仿真实验圆锥滚子轴承产品的振动加速度品质实现可靠性真值和真值区间估计，如图 7-51 和图 7-52 所示。

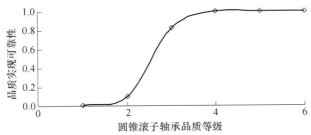

图 7-51　仿真实验圆锥滚子轴承品质实现可靠性的真值估计图

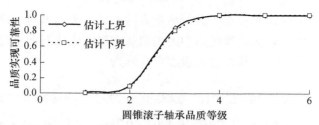

图 7-52　仿真实验圆锥滚子轴承品质实现可靠性的真值区间估计图

由仿真实验轴承的真值和真值估计图可知，在少量信息下得出的实验结果是比较可靠的，所研究的圆锥滚子轴承振动加速度品质变化趋势相同，即随着品质等级提高其品质实现可靠性在逐渐降低，在较高品质等级时这种变化较明显；另外，仿真实验估计结果表明，仿真实验研究的圆锥滚子轴承当轴承振动加速度品质在 4 级时其品质实现可靠度可以达到 99.72%。

7.6　本　章　小　结

本章提出了有关机械产品的品质实现可靠性概念，阐述了产品品质等级分级方法，简要介绍了品质影响因素权重的确定方法，并建立了产品品质实现可靠性模型，通过自助再抽样对机械产品的品质实现可靠性真值和真值区间进行了估计。在乏信息的条件下，针对提出的模型进行实验研究，通过对 30204 圆锥滚子轴承振动加速度的实验研究，证实了本章提出的机械产品品质实现可靠性模型与其可靠性真值估计方法的可行性与有效性；利用计算机对其进行模拟实验研究，仿真计算结果证明了本章提出方法在少数据、小样本下分析问题的有效性和可行性。

第三篇　性能可靠性演变过程的动态预测

第8章　机械产品性能数据驱动的可靠性演变过程预测

本章提出机械产品性能数据驱动的可靠性演变过程预测方法,在乏信息时间序列条件下,根据产品性能的当前运行信息就能获取未来时刻产品性能寿命的概率密度函数,进而建立未来产品性能寿命与可靠性函数,有助于实时预测未来时刻产品的性能寿命及其可靠性,及时发现产品性能变化/退化和失效隐患,避免发生恶性事故。

8.1　概　　述

许多产品对性能寿命及其可靠性有很高要求。在产品性能试验以及服役运行期间,希望能够实时预测出未来时刻产品的性能寿命及其可靠性信息,以及时发现产品性能退化和失效隐患,避免发生恶性事故。

目前涉及产品性能寿命及其可靠性研究的方法有很多,主要有综合贝叶斯法、模糊集合法、漂移的布朗运动法、泊松过程法、退化量分布法和蒙特卡罗法等。这些方法需要假设性能退化的某些先验信息。例如,性能寿命符合确定的概率分布(Weibull分布、指数分布、正态分布、对数正态分布、二项式分布、伽马分布、均匀分布等),假设退化轨迹为漂移的布朗运动,根据工程经验选择某一隶属函数,采用某一确定的函数作为性能变化规律,假设性能退化轨迹为随时间变化的确定函数并添加随机过程分量或添加一个不随时间变化的误差概率分布,假设性能退化轨迹为随时间变化的确定函数的常数符合某种分布,假设退化量分布类型不随时间变化,对非平稳时间序列的研究考虑性能退化量的概率分布变化局限于已知的分布(正态分布、对数正态分布和Weibull分布等),需要失效样本,需要假设研究对象失效(故障)或未失效(正常)的判断依据等。可以看出,现有方法没有涉及上述先验信息未知或者不确定的产品性能寿命及其可靠性分析问题。

有很多产品的某个性能寿命概率分布和性能变化/退化等信息被认为是已知的，但也有很多产品的某个性能寿命概率分布和性能变化/退化等信息是未知的和未确知的。例如，滚动轴承的疲劳寿命被认为符合 Weibull 分布，但滚动轴承的磨损、摩擦力矩、振动和噪声、异音、运动精度、零件断裂以及黏结等寿命的概率分布和变化/退化信息，至今仍然是未知的或未确知的。类似情况的产品有很多，如航天航空飞行器、高速运载工具、风力发电机、武器与核反应堆等，不同的性能通常具有不同的概率分布和变化规律。即使是同一性能，在新产品开发和已有产品改进时，新产品性能的变化/退化规律以及性能寿命的概率分布均可能与原始的不同。诸如此类的产品寿命及其可靠性预测具有很高的社会经济效益和重大的学术价值，但现有的可靠性分析理论与评估方法难以解决这个问题，而使其成为一个重要的科学技术难题。

通过融合评估指标与 5 种混沌预测方法，本章提出性能数据驱动的产品运行时间及其可靠性预测方法，以乏信息平稳和非平稳时间序列的可靠性分析问题。在乏信息时间序列条件下，根据产品性能的当前运行信息就能够获取未来时刻产品性能寿命的概率密度函数，进而建立未来产品性能寿命与可靠性函数，有助于实时预测未来时刻产品的性能寿命及其可靠性，及时发现产品性能变化/退化和失效隐患，避免发生恶性事故[19,47]。

8.2　机械产品性能的评估指标

在通过性能实验或者服役现场测试方法考查机械产品的某个性能时，设在运行中机械产品性能的评估指标为 X_0[19,47]。

机械产品性能评估指标是一个数据，这个数据能够显示机械的工作状态。例如，摩擦力矩是卫星动量轮轴承的重要性能指标之一，若摩擦力矩的数值大于等于评估指标，则卫星动量轮系统的运动会变得不稳定。

评估指标是一个很重要的概念。对于一个正在良好运行的机械，没有失效发生。若性能的概率分布与趋势是未知的，则现有的可靠性理论难以预测性能的可靠性，成为可靠性理论的一个新问题。在本章中，将评估指标与 5 种混沌预测方法进行融合，仅利用当前性能数据而无需性能概率分布与趋势的先验信息，就可以解决这个问题。

8.3　性能未来运行信息的混沌预测

本节进行混沌时间序列分析以预测机械性能的未来运行信息。

作为一个时间序列，机械产品性能的寿命周期必然经历 3 个演变过程：逐渐衰退过程、快速衰退过程与急剧衰退过程。整个过程属于一个非平稳的、非线性的动力学过程，即混沌过程。这样，可以使用混沌时间序列理论来预测机械产品服役期间的性能。通过相空间重构，恢复机械产品性能时间序列的原始动力学特性，借助混沌预测理论就可以优化相轨迹的状态，预测出机械产品性能的未来运行信息。

在乏信息条件下，对未来运行信息进行混沌预测是重要的，因为混沌预测能够识别机械产品性能从参考轨迹（在历史时间的相轨迹）到中心轨迹（在当前时间的相轨迹）再到未来运行信息（在未来时间的相轨迹）的演变机制，而无需机械产品性能概率分布与趋势的任何先验信息。

混沌时间序列分析的结果，可以为获取机械产品性能在未来时间的运行时间数据序列奠定基础。

1. 机械产品性能当前运行信息时间序列的相空间重构

在测试过程中，通过测量系统测量机械产品的性能，按时间顺序采集到 N 个数据。定义这 N 个数据为在当前时间的机械产品性能当前运行信息的时间序列，用向量 $\boldsymbol{X}$ 表示为

$$\boldsymbol{X} = (x(1), x(2), \cdots, x(s), \cdots, x(N)), \quad s = 1, 2, \cdots, N \tag{8-1}$$

式中，$\boldsymbol{X}$ 为机械产品性能当前运行信息的时间序列，s 为序号，$x(s)$ 为第 s 个测量数据，N 为 $\boldsymbol{X}$ 中的测量数据的个数。

用混沌时间序列理论对 $\boldsymbol{X}$ 进行相空间重构，获得相轨迹 $\boldsymbol{X}(s)$：

$$\boldsymbol{X}(s) = (x(s), \cdots, x(s + (k-1)\tau), \cdots, x(s + (m-1)\tau)),$$
$$s = 1, 2, \cdots, M; k = 1, 2, \cdots, m \tag{8-2}$$

且有

$$M = N - (m-1)\tau \tag{8-3}$$

式中，$\boldsymbol{X}(s)$ 为机械产品性能第 s 个相轨迹，M 为相轨迹个数，$x(s+(m-1)\tau)$ 为延迟值，τ 为延迟时间，m 为嵌入维数。

两个参数 m 和 τ 可以分别用 Cao 方法和互信息方法计算。

至此，用混沌时间序列理论构建出一个相空间，为机械产品性能未来运行信息时间序列的混沌预测提供了基础。

2. 基于 5 种混沌预测方法的 5 个未来运行信息的时间序列

下面用基于相轨迹 $\boldsymbol{X}(s)$ 的 5 种混沌预测方法，在可预测时间段，来获得 5 个

机械产品性能未来运行信息的时间序列。这 5 种混沌预测方法分别是加权零阶局域方法（标记为 $u=1$）、加权一阶局域方法（$u=2$）、一阶局域方法（$u=3$）、改进的加权一阶局域方法（$u=4$）和最大李雅普诺夫指数方法（$u=5$）。

使用以上 5 种混沌预测方法的理由是：不同的方法需要不同的准则，从而可以获得不同的结果，以反映机械产品性能不同侧面的有用信息。根据混沌理论，这些结果的每一个都可以认为是一个数据，该数据是在预测时间 w 对机械产品性能真值的一个估计值。这里，符号 w 对应于 $s=M+s_w$，$s_w=1, 2, \cdots$，s_w 是 w 的序号。

在重构相空间中，混沌预测方法的实质是寻找与中心轨迹最相似的 L 个参考轨迹，并且根据这 L 个参考轨迹的演化规则实现混沌预测。在重构相空间中，加权一阶局域方法的实质是寻找与中心轨迹最相似的 L 个参考轨迹，并且根据这 L 个参考轨迹的演化规则实现混沌预测。

假设 $X(M+s_w-1)$ 是中心轨迹（即预测的开始轨迹或者相空间轨迹中末尾的一个轨迹），$X(i_l)$ 是第 l 个参考轨迹。

第 1 种混沌预测方法是加权零阶局域方法。根据这种方法，相轨迹的演变规则为

$$X(M+s_w) = \frac{\sum_{l=1}^{L} X(i_l) \exp[-k(d_l - d_{\min})]}{\sum_{l=1}^{L} \exp[-k(d_l - d_{\min})]}, \quad L = m+1; s_w = 1, 2, \cdots, T; T \leqslant T_\lambda \quad (8\text{-}4)$$

且有

$$T_\lambda = \frac{1}{\lambda_1} \quad (8\text{-}5)$$

式中，$X(M+s_w)$ 是预测时间 w 时的预测相轨迹；T 是实际预测的最大步数；T_λ 是可预测的最大步数；λ_1 是最大李雅普诺夫指数，可以用小数据量方法计算；d_l 是 $X(M+s_w-1)$ 与 $X(i_l)$ 之间的欧几里得距离；$d_{\min}$ 是 d_l 的最小值；k 是参数，$k \geqslant 1$；L 是参考轨迹的个数。

第 2 种混沌预测方法是加权一阶局域方法。根据这种方法，在预测时间 w，相轨迹 $X(M+s_w-1)$ 将演变为新轨迹 $X(M+s_w)$，演变规则为

$$X^{\mathrm{T}}(M+s_w) = a_w I^{\mathrm{T}} + b_w X^{\mathrm{T}}(M+s_w-1) \quad (8\text{-}6)$$

式中，I 为容量为 m 的单位向量，a_w 和 b_w 为相轨迹演变的两个参数。

根据混沌理论，a_w 和 b_w 可以表示为

$$\begin{pmatrix} a_w \\ b_w \end{pmatrix} = \begin{pmatrix} \displaystyle\sum_{l=1}^{L} P_l \sum_{k=1}^{m} x(i_l + (k-1)\tau) & \displaystyle\sum_{l=1}^{L} P_l \sum_{k=1}^{m} [x(i_l + (k-1)\tau)]^2 \\ m & \displaystyle\sum_{l=1}^{L} P_l \sum_{k=1}^{m} x(i_l + (k-1)\tau) \end{pmatrix}^{-1}$$

$$\times \begin{pmatrix} \displaystyle\sum_{l=1}^{L} P_l \sum_{k=1}^{m} x(i_l + 1 + (k-1)\tau) x(i_l + (k-1)\tau) \\ \displaystyle\sum_{l=1}^{L} P_l \sum_{k=1}^{m} x(i_l + 1 + (k-1)\tau) \end{pmatrix} \tag{8-7}$$

式中，$x(i_l + (k-1)\tau)$ 是 $\boldsymbol{X}(i_l)$ 中的第 k 个数据，$x(i_l + 1 + (k-1)\tau)$ 是 $\boldsymbol{X}(i_l + 1)$ 中的第 k 个数据，$i_l \in (1, 2, \cdots, M + s_w - 2)$ 是 $\boldsymbol{X}(i_l)$ 的序号，P_l 是 $\boldsymbol{X}(i_l)$ 的权重。

权重 P_l 为

$$P_l = \frac{\exp[-(d_l - d_{\min})]}{\displaystyle\sum_{l=1}^{L} \exp[-(d_l - d_{\min})]}, \quad l = 1, 2, \cdots, L \tag{8-8}$$

第 3 种混沌预测方法是一阶局域方法。这种方法是加权一阶局域方法 $P_l = 1$ 时的特例。

第 4 种混沌预测方法是改进的加权一阶局域方法。这种方法是对加权一阶局域方法的改进，二者之间的差异是所定义的 $\boldsymbol{X}(M + s_w - 1)$ 与 $\boldsymbol{X}(i_l)$ 之间的相似性不同。前者定义的相似性是 $\boldsymbol{X}(M + s_w - 1)$ 与 $\boldsymbol{X}(i_l)$ 之间的欧几里得距离，后者定义的相似性是 $\boldsymbol{X}(M + s_w - 1)$ 与 $\boldsymbol{X}(i_l)$ 之间的夹角余弦。

第 5 种混沌预测方法是最大李雅普诺夫指数方法。根据这种方法，相轨迹的演变规则为

$$\|\boldsymbol{X}(M + s_w) - \boldsymbol{X}(i_l + 1)\| = e^{\lambda_1} \|\boldsymbol{X}(M + s_w - 1) - \boldsymbol{X}(i_l)\| \tag{8-9}$$

显然，一种方法可以获得一个在预测时间 w 时的相轨迹 $\boldsymbol{X}(M + s_w)$。在 $\boldsymbol{X}(M + s_w)$ 最末尾的数据 $x(M + s_w + (m-1)\tau)$ 就是一个预测值。因此，在预测时间 w 时，机械产品性能的预测值为

$$x_0(u, s_w) = x(M + s_w + (m-1)\tau), \quad u = 1, 2, \cdots, 5 \tag{8-10}$$

式中，u 表示用第 u 种混沌预测方法获得了第 u 个预测值，$x_0(u, s_w)$ 表示在预测时间 w 时的第 u 个预测值，$x(M + s_w + (m-1)\tau)$ 表示用第 u 种混沌预测方法获得的在预测时间 w 时的相轨迹 $\boldsymbol{X}(M + s_w)$ 最末尾的数据。

由式（8-10），可以得到机械产品性能的未来运行信息时间序列：

$$\boldsymbol{X}_0(u) = (x_0(u, 1), x_0(u, 2), \cdots, x_0(u, s_w), \cdots, x_0(u, T)) \tag{8-11}$$

式中，$X_0(u)$是关于机械产品性能在预测时间 w 时的第 u 个未来运行信息时间序列（由第 u 种混沌预测方法获得）。

8.4　伴随性能数据的运行时间数据序列

从 $X_0(u)$ 中选择靠近评估指标 X_0 的数据，形成 $X_0(u)$ 的一个子序列 $X_{01}(u)$：

$$X_{01}(u) = \{x_{01}(u,i)\}, \quad i = n_0, n_0+1, \cdots, n_1; 1 \leqslant n_0 < n_1; n_1 \leqslant T \qquad (8\text{-}12)$$

式中，n_0 与 n_1 分别为 $X_{01}(u)$ 中的起始数据与末尾数据的位置序号。

用一个多项式拟合 $X_{01}(u)$ 中的数据，得到机械产品性能的未来信息函数 $x_{01}(u, t_{0u})$：

$$x_{01}(u, t_{0u}) = \sum_{j=0}^{n_u} c_u(j) t_{0u}^j, \quad u = 1, 2, \cdots, 5 \qquad (8\text{-}13)$$

式中，t_{0u} 表示预测的对应于 X_0 的机械产品运行时间；n_u 表示第 u 个多项式的阶次，$0 < n_u < n_1 - n_0$；$c_u(j)$ 表示第 u 个多项式的第 j 个待定系数。

根据乏信息理论，待定系数 $c_u(j)$ 的解依赖于最小范数条件，即

$$\left\| x_{01}(u,i) - \sum_{j=0}^{n_u} c_u(j) i^j \right\| \to \min, \quad u = 1, 2, \cdots, 5; i = n_0, n_0+1, \cdots, n_1 \qquad (8\text{-}14)$$

在用最小范数条件即式（8-14）求出 $c_u(j)$ 之后，用 X_0 代替式（8-13）中的 $x_{01}(u, t_{0u})$，就获得伴随性能数据的关于机械产品运行时间的函数：

$$\sum_{j=0}^{n_u} c_u(j) t_{0u}^j = X_0, \quad u = 1, 2, \cdots, 5 \qquad (8\text{-}15)$$

由式（8-15），可以求解出满足 X_0 的运行时间数据：

$$t_{0u} = t_{0u}(X_0), \quad u = 1, 2, \cdots, 5 \qquad (8\text{-}16)$$

式中，t_{0u} 为第 u 个运行时间数据，$u=1, 2, \cdots, 5$。

将 t_{0u} 从小到大重新排序，形成一个新序列：

$$t_0^{(1)} \leqslant t_0^{(2)} \leqslant t_0^{(3)} \leqslant t_0^{(4)} \leqslant t_0^{(5)} \qquad (8\text{-}17)$$

于是，获得升序运行时间数据序列，用向量表示为

$$\boldsymbol{T}_0 = (t_0^{(1)}, t_0^{(2)}, t_0^{(3)}, t_0^{(4)}, t_0^{(5)}) \qquad (8\text{-}18)$$

式中，$\boldsymbol{T}_0$ 为伴随性能数据的升序运行时间数据序列。

根据可靠性理论，为了预测机械产品性能的可靠性函数，必须获得大量的运行时间数据。但是，由于受混沌时间序列预测方法的个数限制，$\boldsymbol{T}_0$ 中运行时间数据个数太少。为了解决这个问题，可以采用自助法。

本研究中，应用自助法的步骤如下：

（1）令 $B=10000$，并设变量 b 取初值 1，其中，B 是自助再抽样的次数，b 是第 b 次等概率可放回抽样。

（2）从 T_0 中等概率可放回地抽取 1 个数据。

（3）将步骤（2）重复 5 次，获得 5 个抽样数据。

（4）计算 5 个抽样数据的均值 y_b，并将 y_b 作为生成运行时间序列的数据之一。

（5）令 b 加 1。

（6）若 $b>B$，则转入步骤（7）；否则，转入步骤（2）。

（7）设生成运行时间数据序列的维数 $B=10000$，就获得了大量的生成运行时间数据。

根据自助法，对 T_0 进行等概率可放回抽样，可以获得大量的伴随性能数据的生成运行时间数据，用向量表示为

$$Y = (y_1, y_2, \cdots, y_b, \cdots, y_B)$$
$$y_b = \frac{1}{5}\sum_{u=1}^{5} y_b(u), \quad b = 1, 2, \cdots, B \tag{8-19}$$

式中，Y 为伴随性能数据的生成运行时间数据序列；b 为第 b 次对 T_0 的等概率可放回再抽样；B 为自助再抽样次数；$y_b(u)$ 为第 b 次再抽样时获得的第 u 个数据；y_b 为第 b 次再抽样时获得的 5 个数据的均值，即第 b 个伴随性能数据的生成运行时间数据。

8.5 伴随性能数据的产品可靠性预测

根据统计学，用直方图法处理式（8-19）中的生成运行时间数据，可以构建出运行时间的概率密度函数：

$$f = f(t) \tag{8-20}$$

式中，f 为机械产品运行时间的预测概率密度函数，t 为描述机械产品运行时间的一个随机变量。

预测累积分布函数为

$$F(t) = \int_0^t f(t)\mathrm{d}t \tag{8-21}$$

式中，$F(t)$ 为机械产品运行时间的预测累积分布函数。

根据可靠性理论，预测可靠性函数为

$$R(t) = 1 - F(t) \tag{8-22}$$

式中，$R(t)$ 为伴随性能数据的机械产品运行时间的预测可靠性函数。

令 $R(t)=r$，对应于 r 的运行时间为 L_r，则式（8-22）变为

$$r = 1 - F(L_r) \tag{8-23}$$

式中，r 为可靠性函数 $R(t)$ 的值即可靠度，L_r 为对应于 r 的运行时间 t 的值即性能失效寿命。

由式（8-23）可以预测，作为一个时间序列，机械产品性能的数值在达到评估指标 X_0 之前，机械还可以继续运行 L_r 个时间单位，对应的预测可靠性函数 $R(t)$ 取值为 r。换句话说，现在（即当前时间）可以预测，在可靠度 r 下，再运行 L_r 个时间单位，机械性能将会失效。

在服役期间，随着机械不停地运行，当前时间就不断地向前推移，是一个时间历程，所以上述研究实施了机械性能可靠性变异过程的乏信息预测。

8.6　预　测　步　骤

机械产品性能可靠性变异过程的乏信息预测步骤如图 8-1 所示。

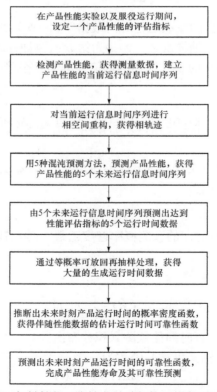

图 8-1　机械性能可靠性变异过程的乏信息预测步骤

8.7　实验与讨论

这是一个模拟伴随滚动轴承摩擦力矩数据的性能寿命及其可靠性预测的实施案例。

在实验中，实验轴承代号为 608，摩擦力矩测量仪器型号为 M9908A。摩擦力矩主轴的转速为 5r/min，轴承外圈承受的轴向载荷为 15N。取 0.00586s 为一个采样间隔单位，获得了 2048 个摩擦力矩数据，形成一个原始时间序列，如图 8-2 所示。

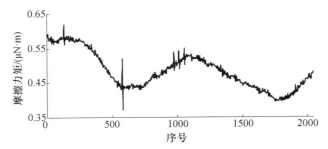

图 8-2　滚动轴承摩擦力矩的原始时间序列

由图 8-2 可以看出，作为一个时间序列，滚动轴承摩擦力矩的特征是：复杂的趋势、变化的不确定性，以及局部的脉冲。从统计学的观点看，滚动轴承摩擦力矩的时间序列可以看成一个非平稳过程。

为便于研究，将图 8-2 中的前 2000 个数据假设为已知的信息，称为在当前时间的关于滚动轴承产品性能的当前运行信息时间序列（即 $N=2000$），旨在预测未来时间的滚动轴承摩擦力矩的可靠性水平；将图 8-2 中的后 48 个数据假设为检验信息，用于验证所提出的可靠性预测方法的正确性。

通过小数据量方法，计算出 $\lambda_1=0.032$。由式（8-5）得 $T_\lambda=31$。设评估指标为 $X_0=0.465\mu N\cdot m$。在本实验中所研究的问题是：给定的可靠性下，在摩擦力矩值达到 $X_0=0.465\mu N\cdot m$ 之前，该滚动轴承还可以继续运行多长时间？

设 $T=15$（即 $s_w=1, 2, \cdots, 15$），$n_u=3$，$n_0=5$，$n_1=8$，$B=10000$，有关结果如图 8-3～图 8-9 所示。

用 5 种混沌预测方法，图 8-3 呈现出 $X_0(u)=(x_0(1, s_w), x_0(2, s_w), \cdots, x_0(u, s_w), \cdots, x_0(5, s_w))$($s_w=1, 2, \cdots, T, T=15$)，即在预测时间 w 时的滚动轴承摩擦力矩的 5 个未来运行信息时间序列。可以看出，预测方法不同，导致这 5 个时间序列彼此有差异，但它们都是对滚动轴承摩擦力矩未来信息不同侧面的一个预断。根据式（8-13），可以用 5 个多项式分别拟合这 5 个时间序列。拟合出的 5 个多项式的曲线与评估

指标 X_0 相交，如图 8-4 所示。这样，可以获得 5 个交点。这 5 个交点的横坐标值就是预测出的滚动轴承摩擦力矩的未来运行时间数据。

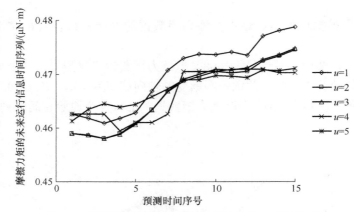

图 8-3　滚动轴承摩擦力矩的未来运行信息时间序列

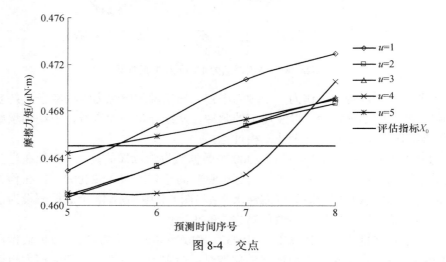

图 8-4　交点

　　图 8-5 呈现出满足 $X_0=0.465\mu N\cdot m$ 的 5 个运行时间数据，这些数据是用运行时间函数（即式（8-15），其中 $n_u=3$，$n_0=5$，$n_1=8$）计算出来的。

　　将图 8-5 中的 5 个运行时间数据从小到大排序，得到伴随性能数据的升序运行时间数据序列 T_0。对升序运行时间数据序列 T_0 进行等概率可放回再抽样，模拟出伴随性能数据的生成运行时间数据序列 $Y(B=10000)$，如图 8-6 所示。

　　用直方图法处理生成运行时间数据序列 Y，得到滚动轴承摩擦力矩的运行时间概率密度函数，如图 8-7 所示。再由式（8-21）～式（8-23），得到滚动轴承摩擦力矩的预测可靠性函数，仍表示在图 8-7 中。

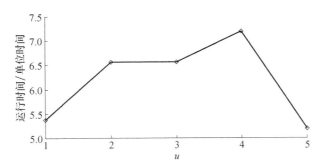

图 8-5　满足评估指标的运行时间数据序列

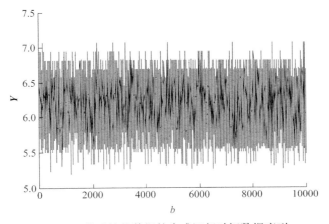

图 8-6　伴随性能数据的生成运行时间数据序列

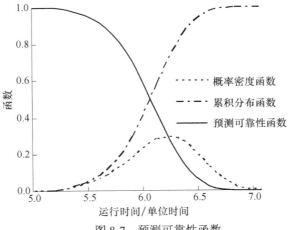

图 8-7　预测可靠性函数

设预测可靠性函数取值为 $R(t) = r = 0.90 = 90\%$，则对应的运行时间是 $L_r = L_{90\%} = 5.65$ 个时间单位。因此可以预测，在摩擦力矩的数值达到评估指标 $0.465\mu N \cdot m$ 之前，滚动轴承还可以继续运行 5.65 个时间单位，相应的可靠性函数值为 90%。

为了验证所提出的可靠性预测方法的正确性，将图 8-7 中的后 48 个实验数据显示在图 8-8 中。为便于进行摩擦力矩数值的比较，这 48 个数据被看成测量值，并且按 1～48 的序号重新编号（即 $s_w = 1, 2, \cdots, 48$），并将计算出的对应于中值运行时间 $L_{50\%}$ 的评估指标作为计算值。

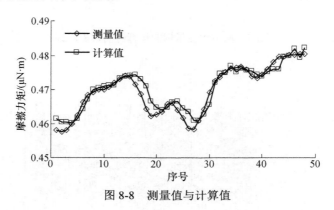

图 8-8　测量值与计算值

令 $R(t) = r = 0.5$，由式（8-23）解出中值运行时间 $L_{50\%}$。对于 $u = 1, 2, \cdots, 5$ 和 $s_w = 1, 2, \cdots, 48$，在式（8-12）～式（8-15）中，用 $L_{50\%}$ 代替 t_{0u}，获得 48 个计算值，如图 8-8 所示。很明显，计算值与测量值具有很好的一致性，并且二者之间的最大相对误差很小，只有 1.42%，如图 8-9 所示。这表明所提出的可靠性预测方法是有效的和值得信赖的。

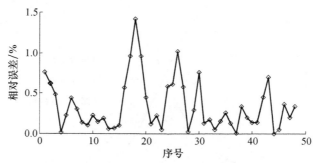

图 8-9　测量值与计算值之间的相对误差

此外，应当指出，仅使用当前运行信息而无需趋势与概率密度函数的任何先验信息，所提出的可靠性预测方法就可以预测滚动轴承性能的运行时间及其可靠性。这有助于实时预测未来时间性能寿命及其可靠性，及时发现滚动轴承产品性能变化/退化与失效隐患，避免发生恶性事故。

所提出的可靠性预测方法的核心是：借助 5 种混沌预测方法，基于滚动轴承产品性能的当前运行信息，获得满足评估指标的运行时间数据，并以此为基础，预测出伴随性能数据的可靠性函数。

8.8　本章小结

本章提出的方法，无需任何趋势与概率密度函数的先验信息，仅依赖当前运行性能的时间序列就可以预测产品性能可靠性。

第9章　性能保持可靠性演变过程预测

本章提出乏信息时间序列条件下产品性能保持可靠性新概念，构建出性能保持可靠性演变过程预测模型，并实施性能保持可靠性变异过程的力学特征预测。

9.1　概　　述

在机械产品的可靠性实验中，获得的数据通常有3类，即失效数据、不完全失效数据和无失效数据。目前，对失效数据的研究已经达到较高的水平。然而，对无失效数据的研究还不够深入，它也是长期以来国内外研究的热点与难点。目前，无失效数据的可靠性评估方法主要有经典统计学方法和贝叶斯方法。经典统计理论认为，通过实验获得的失效数据越多，对产品进行可靠性评估的结果越准确。但是，对于许多高可靠性的实验，很难获得失效数据，如高端武器和航空航天飞行器实验等。因此，小样本无失效数据的可靠性评估问题日益引起学术界的关注。贝叶斯方法在利用当前样本信息的同时，全面地考虑了各种先验信息，并在后验信息的基础上建立统计推断。但是，贝叶斯方法也容易引入人为的主观因素，造成计算结果精度的降低，这个问题也为最大熵法和贝叶斯方法的结合提供了契机，从而弥补传统贝叶斯方法的缺陷。

针对以上问题，本章采取以下3种解决方法。

（1）融合自助法、最大熵法和泊松过程，计算产品性能保持相对可靠度。根据显著性假设检验原理和测量理论，将产品运行性能分为4个等级，进而预测产品最佳性能状态失效程度的时间历程。

（2）基于最大熵原理和泊松过程，建立可靠性评估的数学模型，对产品性能可靠性的内在变异趋势进行预测。运用最大熵原理计算本征序列的概率密度函数，根据泊松过程获得各个时间序列的变异频率和变异概率，进而计算产品性能可靠性的变异速度和变异加速度。

（3）融合最大熵原理和新贝叶斯方法，建立乏信息条件下产品性能保持可靠性评估模型。利用最大熵原理计算本征序列的概率密度函数，作为先验信息；将其余各个时间序列的概率密度函数，看成当前样本信息；根据新贝叶斯原理计算后验概率密度函数，进而计算产品性能保持相对可靠度。

在本章的实验研究中，主要涉及滚动轴承产品的振动与摩擦力矩时间序列。

9.2 性能保持可靠性预测

9.2.1 引言

一个大型系统通常有很多基本的机械产品构成，各个产品有很多性能指标要求，如振动、噪声、摩擦、磨损、温升、旋转精度等。这些性能对整个系统的运行性能有重要影响。各个产品保持最佳性能势态运行，是整个系统实现最佳性能势态运行的基础。根据随机过程理论，在未来时间产品保持最佳性能势态运行的可靠性将发生变化，这会增大危害整个系统安全可靠运行的可能性。因此，研究产品性能保持可靠性具有重要的应用价值。

在本章中，产品性能保持可靠性，是指在试验和服役期间产品运行可以保持最佳性能势态的可能性。性能保持可靠性可以表现为一个函数，该函数的具体取值称为性能保持可靠度[67,85,86]。

本章提出的性能保持可靠性预测方法包含的要素有置信度、置信区间、性能保持可靠度，以及性能保持相对可靠度。其中，置信度是对产品性能总体所固有的最佳运行性能势态发生概率的表征；置信区间可以表征在试验和服役期间滚动轴承运行可以保持的最佳性能势态；性能保持可靠度表示产品运行可以保持最佳性能势态的概率；性能保持相对可靠度表征性能失效的时间历程，可用于计算产品保持最佳性能状态运行的失效程度。产品保持最佳性能状态运行是指该产品性能几乎没有失效的可能性，最佳性能时期通常位于滚动轴承跑合期结束后邻近的时间区间。

9.2.2 数学模型

1. 自助法

在产品性能状态最佳时期，通过实验获得一组性能数据序列，用向量表示为

$$\boldsymbol{X} = (x_1, x_2, \cdots, x_k, \cdots, x_n) \tag{9-1}$$

式中，x_k 为第 k 个性能数据；k 为性能数据的序号，$k=1, 2, 3, \cdots, n$；n 为性能数据的个数。

从数据序列 $\boldsymbol{X}$ 中随机抽样，每次抽取 w 个数据，重复抽取 B 次，得到自助样本 $\boldsymbol{X}_r$：

$$\boldsymbol{X}_r = (x_r(1), x_r(2), \cdots, x_r(l), \cdots, x_r(w)) \tag{9-2}$$

式中，$\boldsymbol{X}_r$ 为第 r 个自助样本；r 为自助样本的序号，$r = 1, 2, 3, \cdots, B$；$x_r(l)$ 为第 r 个自助样本的第 l 个数据；l 为数据在自助样本中的序号，$l=1, 2, 3, \cdots, w$。

自助样本的均值为

$$\overline{X}_r = \frac{1}{w}\sum_{l=1}^{w} x_r(l) \qquad (9\text{-}3)$$

样本容量为 B 的新自助样本 $X_{\text{Bootstrap}}$ 为

$$X_{\text{Bootstrap}} = (X_1, X_2, \cdots, X_r, \cdots, X_B) \qquad (9\text{-}4)$$

2. 最大熵法

对于未知的概率分布，最大熵法能够做出最无偏的估计。在求解过程中引入拉格朗日乘子，从而把概率分布求解问题转化为对拉格朗日乘子的求解问题。

为了叙述方便，将离散的数据序列连续化，定义最大熵的表达式 $H(x)$ 为

$$H(x) = -\int_S f(x)\ln f(x)\mathrm{d}x \qquad (9\text{-}5)$$

式中，$f(x)$ 为连续化后的数据序列的概率密度函数；$\ln f(x)$ 为概率密度函数的对数；S 为性能随机变量 x 的可行域，$S=[S_1, S_2]$，S_1 为可行域的下界值，S_2 为可行域的上界值。

通过调整概率密度函数 $f(x)$ 使 $H(x)$ 取得最大值，拉格朗日函数可以表示为

$$\overline{H} = H(x) + (c_0 + 1)\left(\int_S f(x)\mathrm{d}x - 1\right) + \sum_{i=1}^{j} c_i\left(\int_S x^i f(x)\mathrm{d}x - m_i\right) \qquad (9\text{-}6)$$

式中，j 为原点矩阶数，常用 $j=5$；m_i 为第 i 阶原点矩；x^i 为 $f(x)$ 的系数；c_0 为首个拉格朗日乘子；c_i 为第 $i+1$ 个拉格朗日乘子，$i=1, 2, \cdots, j$。

数据样本的概率密度函数用 $f(x)$ 表示为

$$f(x) = \exp\left(c_0 + \sum_{i=1}^{j} c_i x^i\right) \qquad (9\text{-}7)$$

$$c_0 = -\ln\left[\int_S \exp\left(\sum_{i=1}^{j} c_i x^i\right)\mathrm{d}x\right] \qquad (9\text{-}8)$$

概率密度函数 $f(x)$ 的其他 j 个拉格朗日乘子应满足：

$$1 - \frac{\displaystyle\int_S x^i \exp\left(\sum_{i=1}^{j} c_i x^i\right)\mathrm{d}x}{\displaystyle m_i \int_S \exp\left(\sum_{i=1}^{j} c_i x^i\right)\mathrm{d}x} = 0 \qquad (9\text{-}9)$$

3. 积分区间的映射

为了使求解收敛，将样本数据按递增的顺序进行排列并分成 ξ 组，画出直方图。同时，可得到组中值 z_μ 和频数 Γ_μ，$\mu=2, 3, \cdots, \xi+1$。然后将直方图扩展成 $\xi+2$ 组，并令 $\Gamma_1 = \Gamma_{\xi+2}$。将原始数据区间 S 映射到区间 $[-e, e]$ 中。令

$$\psi = ax + b \tag{9-10}$$

式中，a、b 为映射参数；x 为所要变换的自变量，$x \in [-e, e]$。

$$x = \frac{\psi - b}{a} \tag{9-11}$$

由 $dx = d\psi/a$ 可得

$$a = \frac{2e}{z_{\xi+2} - z_1} \tag{9-12}$$

$$b = e - az_{\xi+2} \tag{9-13}$$

式中，$e=2.71828$。

因此，概率密度函数 $f(x)$ 由式（9-7）变换为

$$f(x) = \exp\left[c_0 + \sum_{i=1}^{j} c_i (ax+b)^i \right] \tag{9-14}$$

4. 基于小概率事件原理计算置信度

选择置信度估计值 P_q 分别为 1、0.999、0.99、0.95、0.9、0.85、0.80，用分位数法求出第 q 个性能随机变量的置信区间 $[X_{Lq}, X_{Uq}]$。

下界值 X_{Lq} 应满足：

$$\frac{1}{2}(1 - P_q) = \int_{S_1}^{x_{Lq}} f(x)dx, \quad q=1,2,3,\cdots,7 \tag{9-15}$$

上界值 X_{Uq} 应满足：

$$\frac{1}{2}(1 - P_q) = \int_{x_{Uq}}^{S_2} f(x)dx, \quad q=1,2,3,\cdots,7 \tag{9-16}$$

记 B 个性能数据落在性能随机变量置信区间 $[X_{Lq}, X_{Uq}]$ 之外的个数 n_q，基于泊松过程，获得性能数据落在性能随机变量置信区间之外的频率 λ_q 为

$$\lambda_q = \frac{n_q}{B} \tag{9-17}$$

在产品运行性能处于最佳时期，获得 B 个性能数据之后暂停实验，取出轴承，

在其滚道的滚动表面构建并模拟出性能失效时的故障,对有故障的产品进行检测,获得性能失效时的 B 个性能失效数据。

记录 B 个性能失效数据落在性能随机变量置信区间 $[X_{Lq}, X_{Uq}]$ 之外的个数 v_q,基于泊松过程,获得性能失效数据落在置信区间之外的频率 β_q 为

$$\beta_q = \frac{v_q}{B} \tag{9-18}$$

性能失效时的产品性能保持相对可靠度 d_q 为

$$d_q = \frac{\exp(-\beta_q) - \exp(-\lambda_q)}{\exp(-\lambda_q)} \times 100\% \tag{9-19}$$

从 7 个 d_q 值中挑出小于且最靠近-10%的那个,标记其下标 q 为 q^*,所对应的置信度估计值 P_{q^*} 就是以小概率事件原理为依据,事先通过性能实验确定的置信度 P。

5. 随机变量置信区间求解

假设显著性水平为 α,$\alpha \in [0, 1]$,则置信水平 P 条件下的 α 为

$$\alpha = (1 - P) \times 100\% \tag{9-20}$$

设置信水平 P 条件下的性能随机变量置信区间为 $[X_L, X_U]$,下界值 X_L 满足:

$$\frac{1}{2}\alpha = \int_{S_1}^{X_L} f(x)\mathrm{d}x \tag{9-21}$$

上界值 X_U 应满足:

$$\frac{1}{2}\alpha = \int_{X_U}^{S_2} f(x)\mathrm{d}x \tag{9-22}$$

6. 基于泊松过程求解性能保持可靠度

性能数据落在性能随机变量置信区间 $[X_L, X_U]$ 之外的频率 λ 为

$$\lambda = \frac{n^*}{B} \tag{9-23}$$

式中,n^* 为性能数据落在性能随机变量置信区间 $[X_L, X_U]$ 之外的个数。

产品性能保持可靠度 $R(t)$ 用于表征 t 时刻产品可以保持最佳性能状态运行的可能性:

$$R(t) = \exp(-\lambda t), \quad t = 1, 2, 3, \cdots, n \tag{9-24}$$

7. 最佳性能状态失效程度预测

产品性能保持相对可靠度用于表征未来时间 t 时刻产品保持最佳性能状态运

行的失效程度。根据测量理论中的相对误差概念，获取产品在未来时间的性能保持相对可靠度 $d(t)$ 为

$$d(t) = \frac{R(t) - R(1)}{R(1)} \times 100\% \tag{9-25}$$

式中，$R(1)$ 为当前时刻 $t=1$ 时（即产品最佳运行状态时）产品的性能保持可靠度；$R(t)$ 为未来时刻 t 时产品的性能保持可靠度。

产品运行性能分级的基本原理如下：

（1）根据显著性假设检验原理，产品性能保持相对可靠度不小于 0%，表示所预测的未来时间产品性能保持可靠度不低于当前时间的产品性能保持可靠度，不能拒绝产品运行性能已经达到最佳状态；否则，可以拒绝产品运行性能已经达到最佳状态。

（2）当产品性能保持相对可靠度小于 0% 时，根据测量理论，相对误差绝对值在(0%, 5%]区间时测量值相对于真值的误差很小；相对误差绝对值在(5%, 10%]区间时测量值相对于真值的误差逐渐变大；相对误差绝对值大于 10% 时测量值相对于真值的误差变大。

以上述显著性假设检验原理和测量理论为依据，将产品运行性能分为 S_1、S_2、S_3、S_4 共 4 个级别。

S_1：产品性能保持相对可靠度 $d(t) \geq 0\%$，即在未来时刻 t，产品的运行性能达到最佳，最佳性能状态几乎没有失效的可能性。

S_2：产品性能保持相对可靠度 $d(t) \in [-5\%, 0\%)$，即在未来时刻 t，产品的运行性能正常，最佳性能状态失效的可能性小。

S_3：产品性能保持相对可靠度 $d(t) \in [-10\%, -5\%)$，即在未来时刻 t，产品的运行性能逐渐变差，最佳性能状态失效的可能性逐渐增大。

S_4：产品性能保持相对可靠度 $d(t) < -10\%$，即在未来时刻 t，产品的运行性能变差，最佳性能状态失效的可能性变大。

根据产品运行性能状态的级别，可以预测产品最佳性能状态失效程度的时间历程。产品性能保持相对可靠度实际上是相对于当前时刻的最佳性能状态，产品在未来时刻的性能保持可靠度的衰减程度。负值表示衰减，即该时刻产品性能保持可靠度低于当前时刻产品性能保持可靠度；正值表示不衰减。产品性能保持相对可靠度 $d(t)$ 越小，产品运行性能变得越差，最佳性能状态失效的可能性越大。

对应于产品性能保持相对可靠度 $d(t) = -10\%$ 的未来时刻 t，是产品性能变差的临界时间，在该临界时间之前采取措施，可以避免发生因产品最佳性能状态失效引起的严重安全事故。

9.2.3　实验研究

1. 滚动轴承最佳摩擦力矩性能状态失效程度预测

对 B7000 航天轴承进行摩擦力矩寿命实验，实验设备由真空实验装置、SS1798 直流稳压电源、G1-150A 高真空设备和反作用飞轮控制箱组成。实验温度为 20～25℃、相对湿度为 55%以上，在真空罩内模拟实际工作情况。采用间接测量摩擦力矩的方法，将微型轴承摩擦力矩的测量转变为对电流的测量。反作用飞轮控制箱输出指令电压，使真空实验装置中的飞轮转动，飞轮轮体内装有检测反馈装置，该装置取样并转换后将得到的电流信号反馈给飞轮控制箱。真空检测装置实时检测装置内的真空度，真空度低于要求便会自行启动。G1-150A 高真空设备将实验装置内的空气抽到规定范围（理论上 0.1Pa 左右，实验中控制在 1Pa 左右）。飞轮轮体内的轴承摩擦发热引起功率损失，该损失随着摩擦力矩的变化而变化，使反馈的电流也发生变化。利用反馈电流的变化间接得到轴承摩擦力矩的变化，同时也为数据采集带来方便。数据采集的时间间隔是 12h，即每天记录两次数据。

在滚动轴承运行性能最佳时期，通过测量系统定时采样，获得的原始数据序列为（单位 N·m）

$$X=(236, 232, 238, 235, 240, 242, 243, 248, 250, 250, 250, 248, 236)$$

用自助法每次抽取 13 个数据，共抽取 20000 次，所得自助样本数据如图 9-1 所示。

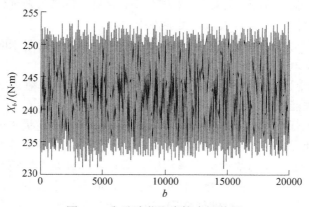

图 9-1　自助法获取摩擦力矩数据

运用最大熵原理，计算可得各个拉格朗日乘子为

$$(c_0, c_1, c_2, c_3, c_4, c_5) = (-2.5632, 0.0824, -0.0659, -0.0329, -0.1393, 0.0116)$$

由式（9-14）计算概率密度函数 $f(x)$，结果如图 9-2 所示。

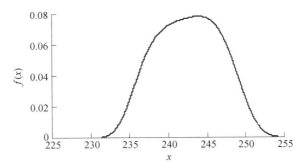

图 9-2　摩擦力矩数据样本的概率密度函数曲线

选取置信度估计值 $P_1=1$，用分位数方法求出性能随机变量置信区间的下界值 $X_{L1}= 229.744$；置信区间的上界值 $X_{U1}= 254.878$。同样，计算其他 6 个性能随机变量置信区间的上、下界值，结果如表 9-1 所示。

表 9-1　随机变量置信区间的上、下界值

序号 q	置信度的估计值 P_q	置信区间的下界值 $X_{Lq}/(\text{N·m})$	置信区间的上界值 $X_{Uq}/(\text{N·m})$
1	1.000	229.744	254.878
2	0.999	231.895	253.482
3	0.990	233.329	251.897
4	0.950	234.813	250.312
5	0.900	235.694	249.381
6	0.850	236.348	248.752
7	0.800	236.876	248.223

20000 个自助样本数据落在 7 个置信区间外的个数 n_q 分别为 0、7、181、925、1749、2719、3779。

根据泊松过程，可得样本数据落在 7 个置信区间外的频率 $(\lambda_1, \lambda_2, \lambda_3, \lambda_4, \lambda_5, \lambda_6, \lambda_7)=(0, 0.00035, 0.00905, 0.04625, 0.08745, 0.13585, 0.18895)$。

考虑到滚动轴承摩擦力矩性能失效的模拟较困难，因此可将 λ_q 当做 λ 代入式（9-24），再根据式（9-25）得到不同置信水平条件下的摩擦力矩性能保持相对可靠度，如图 9-3 所示。为了视图方便，取置信度估计值 $P_q=99.9\%, 99\%, 95\%, 90\%$，$t = 2\sim13a$ 的性能保持相对可靠度。

从中挑出小于且最靠近−10%的曲线，即 $P_q=99\%=0.99$ 时所对应的曲线，将其下标 q 标记为 q^*，对应的置信度估计值 P_{q^*} 就是以小概率事件原理为依据，事先通过性能实验确定的置信度。

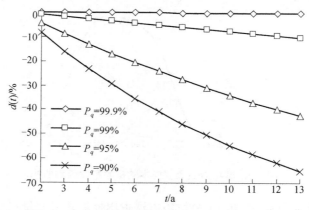

图 9-3　不同置信水平下的性能保持相对可靠度

由式（9-24）和式（9-25）可得未来时间 t 时刻滚动轴承保持性能状态运行的失效程度，即摩擦力矩性能保持相对可靠度，如图 9-4 所示。

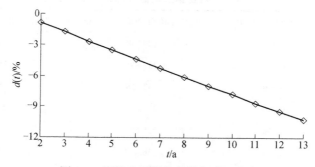

图 9-4　摩擦力矩性能保持相对可靠度

由图 9-4 可知，当 t=6a 时，$d(t)$= −4.43%∈[−5%, 0%)，$d(t)$值接近−5%；当 t=7a 时，$d(t)$= −5.29%∈[−10%, −5%)，$d(t)$已经小于−5%；当 t=12a 时，$d(t)$= −9.47%∈[−10%, −5%)，$d(t)$值接近−10%；当 t=13a 时，$d(t)$= −10.29%<−10%，$d(t)$值已经小于−10%。

据此可以预测，在第 6 年之前该滚动轴承的运行性能正常，摩擦力矩最佳性能状态失效的可能性小；第 7～12 年，该滚动轴承的摩擦力矩性能逐渐变差，摩擦力矩最佳性能状态失效的可能性逐渐增大；第 13 年以后，该滚动轴承的运行性能变差，摩擦力矩最佳性能状态失效的可能性变大。

根据上述分析，应在第 12 年年末之前采取干预措施，对该滚动轴承进行维护或更换，避免发生因轴承摩擦力矩最佳性能状态失效带来的严重安全事故。

2. 滚动轴承最佳振动性能状态的失效程度预测

数据样本源于美国凯斯西储大学网站，在实验台上模拟滚动轴承故障，记录滚动轴承 SKF6205 内圈沟道有磨损时的振动加速度信号[35]。其中，4 种磨损直径分别为 0mm、0.1778mm、0.5334mm 和 0.7112mm。磨损直径为 0mm 时获得的振动加速度数据为振动性能处于最佳时期的加速度原始数据。

根据 GB/T 24607—2009《滚动轴承　寿命与可靠性试验及评定》，疲劳失效是实验轴承的滚动体或套圈工作表面上发生的有一定深度和面积的基体金属剥落。对于球轴承，失效时剥落面积不小于 $0.5mm^2$，从而可以认为磨损直径为 0.798mm 时获得的加速度数据为振动性能处于失效临界点的原始数据。

对一套 SKF6205 轴承进行振动寿命实验，在滚动轴承运行性能最佳时期，通过测量系统获得轴承振动加速度原始数据序列，如图 9-5 所示。

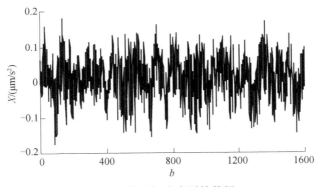

图 9-5　振动加速度原始数据

用自助法每次抽取 1600 个数据，共抽取 20000 次，所得大样本数据如图 9-6 所示。

基于最大熵法计算可得拉格朗日乘子$(c_0, c_1, c_2, c_3, c_4, c_5)$=(4.4896, −0.0480, −0.2400, −0.0324, −0.0629, 0.0031)。

由式（9-14）计算概率密度函数 $f(x)$，结果如图 9-7 所示。

选取置信度估计值 P_1=1，用分位数方法求出性能随机变量置信区间的下限值 X_{L1}= 0.0029，置信区间的上限值 X_{U1}= 0.0249。

同样，依次选取 P_2=0.999、P_3=0.990、P_4=0.950、P_5=0.900、P_6=0.850、P_7=0.800，可以得到相应的性能随机变量置信区间的上、下界值，结果如表 9-2 所示。

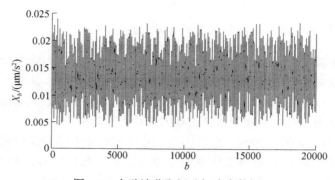

图 9-6　自助法获取振动加速度数据

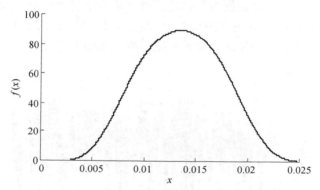

图 9-7　振动加速度数据样本概率密度函数曲线

表 9-2　振动加速度随机变量置信区间的上、下界值

序号 q	置信度的估计值 P_q	置信区间的下界值 $X_{Lq}/(\mu m/s^2)$	置信区间的上界值 $X_{Uq}/(\mu m/s^2)$
1	1	0.0028677	0.0249019
2	0.999	0.0033419	0.0241189
3	0.99	0.0046432	0.0225749
4	0.95	0.0061872	0.0208987
5	0.9	0.0071135	0.0199502
6	0.85	0.0077532	0.0192665
7	0.8	0.0082825	0.0187371

运行性能最佳时期的 20000 个自助样本数据落在 7 个置信区间外的个数 n_q 分别为 0、66、308、971、2144、3092、4054。

根据泊松过程,可得运行性能最佳时期的数据落在 7 个置信区间外的频率(λ_1,

$\lambda_2, \lambda_3, \lambda_4, \lambda_5, \lambda_6, \lambda_7$)=(0, 0.0033, 0.0154, 0.04855, 0.1072, 0.1546, 0.2027)。

根据磨损直径为 0mm、0.1778mm、0.5334mm、0.7112mm 时获得的振动加速度数据，用蒙特卡罗法仿真出磨损直径为 0.798mm 时的 1600 个振动加速度数据（仿真时间单位假设为 a），即性能失效数据样本。

用自助法每次抽取 1600 个数据，共抽取 20000 次，所得自助样本数据如图 9-8 所示。

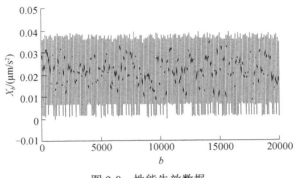

图 9-8　性能失效数据

20000 个性能失效数据落在 7 个性能随机变量置信区间$[X_{Lq}, X_{Uq}]$之外的个数分别为 1610、2105、3503、5484、6832、7855、8750。

根据泊松过程，可得性能失效数据落在 7 个置信区间外的频率 β_q 分别为

($\beta_1, \beta_2, \beta_3, \beta_4, \beta_5, \beta_6, \beta_7$)=(0.0805, 0.10525, 0.17515, 0.2742, 0.3417, 0.39275, 0.4375)

由式（9-19）计算可得，7 个置信水平条件下，滚动轴承性能保持相对可靠度 d_q 为

($d_1, d_2, d_3, d_4, d_5, d_6, d_7$)

=(−7.73%, −9.88%, −15.789%, −20.21%, −20.87%, −21.19%, −21.93%)

从中挑出小于且最靠近−10%的曲线，即 P_q=99%=0.99 时的曲线，将其下标 q 标记为 q^*，所对应的置信度估计值 P_{q^*}就是以小概率事件原理为依据，事先通过性能实验确定的置信度。

对应的 $\lambda=\lambda_3=0.0154$，由式（9-24）和式（9-25）可得未来时刻 t 滚动轴承保持最佳振动性能状态运行的失效程度，即振动性能保持相对可靠度，如图 9-9 所示。

由图 9-9 可知，当 t=4a 时，$d(t)$= −4.51%∈[−5%, 0%)，$d(t)$值接近−5%；当 t=5a 时，$d(t)$= −5.97%∈[−10%, −5%)，$d(t)$已经小于−5%；当 t=7a 时，$d(t)$= −8.83%∈[−10%, −5%)，$d(t)$值接近−10%；当 t=8a 时，$d(t)$= −10.21%<−10%，$d(t)$值已经小于−10%。

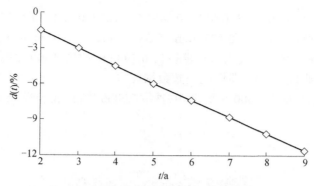

图 9-9　滚动轴承振动性能保持相对可靠度

　　据此可以预测，第 4 年之前，该滚动轴承的运行性能正常，最佳振动性能状态失效的可能性小；第 5～7 年，该滚动轴承的运行性能逐渐变差，最佳振动性能状态失效的可能性逐渐增大；第 8 年之后，该滚动轴承的运行性能变差，最佳振动性能状态失效的可能性变大。

　　根据上述分析，应在第 7 年年末之前采取干预措施，对该滚动轴承进行维护或更换，避免发生因最佳振动性能状态失效带来的严重安全事故。

　　本节提出了滚动轴承性能保持可靠性的新概念，基于自助法、最大熵法和泊松过程，建立了性能保持可靠性评估模型。实验证明，该模型可以计算滚动轴承的摩擦力矩和振动性能保持相对可靠度，而且该可靠性评估模型无需样本概率密度函数的先验信息，也无需事先设定一个置信度值。运用该模型可以在滚动轴承最佳性能状态失效的可能性变大之前采取干预措施，对滚动轴承进行维护或更换，从而避免发生严重的安全事故。

9.3　性能保持可靠性变异过程的力学特征预测

9.3.1　引言

　　本节提出变异概率、变异速度和变异加速度等新概念，基于最大熵原理和泊松过程建立数学模型，对产品性能保持可靠性的变异过程的力学特征进行预测。运用最大熵原理，计算本征序列性能数据的概率密度函数；根据泊松过程，获得细分后时间序列性能数据落在本征序列置信区间之外的变异个数和变异概率；对时间进行离散化处理，计算各个时间序列振动性能可靠性的变异速度和变异加速度。以深沟球轴承 SKF6205 为例，进行滚动轴承振动加速度实验。实验结果表明，随着磨损直径的逐渐增大，可靠性变异概率呈现非线性增长的趋势，总体上可分为初级磨合阶段、正常性能退化阶段和性能恶化阶段。而且，该可靠性预测模型可以分析乏信息条件下滚动轴承振动性能可靠性的内在变异过程，实时监测可靠性的变异趋势，从而消除产品服役过程中的安全隐患。

本征序列是指产品运行状态最佳时期的数据序列[86]。变异频率（变异强度），即时间序列中性能数据超出本征序列置信区间的个数与数据总个数的比值，是影响产品性能可靠性变异过程的重要特征参数。根据泊松过程，产品性能可靠性的变异过程以性能可靠性的变异概率、变异速度和变异加速度为特征参数，用可靠性的变异速度表征产品性能可靠性的变异趋势，用可靠性的变异加速度表征可靠性的变异速度的变化快慢程度。

9.3.2 数学模型

1. 实验数据的采集

在服役期间，对产品某性能时间序列信号进行定期采样。定义时间变量为 t，数据采样时间周期为 τ，τ 为取值很小的常数，产品服役周期内可获得 r 个时间序列。本征序列是指产品运行状态最佳时期的时间序列，记为第 1 时间序列，用向量 $\boldsymbol{X}_1$ 表示为

$$\boldsymbol{X}_1 = (x(1), x(2), \cdots, x(k), \cdots, x(N)), \quad k = 1, 2, \cdots, N \qquad （9\text{-}26）$$

式中，$x(k)$ 为本征序列中的第 k 个性能数据；k 为性能数据在本征序列中的序号；N 为性能数据的总个数。

随着时间 t 变化，不断采集性能时间序列数据，获得第 n 个时间序列向量 $\boldsymbol{X}_n$ 为

$$\boldsymbol{X}_n = (x_n(1), x_n(2), \cdots, x_n(k), \cdots, x_n(N)) \qquad （9\text{-}27）$$

式中，$x_n(k)$ 为第 n 个时间序列的第 k 个性能数据；n 为时间序列的序号，$n=2,\cdots,r$。

所获得的时间序列向量 $\boldsymbol{X}$ 可以表示为

$$\boldsymbol{X} = (\boldsymbol{X}_1, \boldsymbol{X}_2, \cdots, \boldsymbol{X}_r) \qquad （9\text{-}28）$$

2. 本征序列数据样本的参数估计

为叙述方便，用连续变量 x 表示本征序列中的离散变量。根据最大熵原理，最无主观偏见的概率密度函数应满足熵最大，其形式应为

$$f(x) = \exp\left[c_0 + \sum_{i=1}^{j} c_i (ax + b)^i \right] \qquad （9\text{-}29）$$

式中，c_0 为首个拉格朗日乘子；c_i 为第 i+1 个拉格朗日乘子；i 为拉格朗日乘子的序号，i=1, 2, $\cdots$,j；j 为原点矩阶数，一般取 j=5；a、b 为映射参数。

$$c_0 = -\ln\left[\int_S \exp\left(\sum_{i=1}^{j} c_i x^i\right) dx\right] \tag{9-30}$$

式中，S 为随机变量 x 的可行域。

其他 j 个拉格朗日乘子应满足：

$$m_i \int_S \exp\left(\sum_{i=1}^{j} c_i x^i\right) dx - \int_S x^i \exp\left(\sum_{i=1}^{j} c_i x^i\right) dx = 0 \tag{9-31}$$

式中，m_i 为第 i 阶原点矩：

$$m_i = \int_S x^i f(x) dx \tag{9-32}$$

本征序列性能数据的估计真值 X_{01} 为

$$X_{01} = \int_S x f(x) dx \tag{9-33}$$

设显著性水平 $\alpha \in [0, 1]$，则置信水平 P 为

$$P = (1-\alpha) \times 100\% \tag{9-34}$$

设置信水平 P 条件下的最大熵估计区间为 $[X_L, X_U]$，则下界值 $X_L = X_{\alpha/2}$，且有

$$\frac{\alpha}{2} = \int_{S_0}^{X_L} f(x) dx \tag{9-35}$$

式中，S_0 为随机变量可行域的最小值。

上界值 $X_U = X_{1-\alpha/2}$，且应满足：

$$1 - \frac{\alpha}{2} = \int_{S_0}^{X_U} f(x) dx \tag{9-36}$$

因此，连续变量 x 的最大熵估计区间为

$$[X_L, X_U] = [X_{\alpha/2}, X_{1-\alpha/2}] \tag{9-37}$$

根据式（9-37），计算本征序列的最大熵估计区间 $[X_{L1}, X_{U1}]$，其中，X_{L1} 为本征序列最大熵估计区间的下界值，X_{U1} 为本征序列最大熵估计区间的上界值。

3. 变异频率求解

记录第 n 个时间序列的性能数据落在本征序列最大熵估计区间 $[X_{L1}, X_{U1}]$ 之外的个数 N_n，获得第 n 个时间序列的变异频率 λ_n，有

$$\lambda_n = \frac{N_n}{N} \tag{9-38}$$

$$N_n = N_{n1} + N_{n2} \tag{9-39}$$

式中，N_{n1} 为第 n 个时间序列中性能数据小于 X_{L1} 的个数；N_{n2} 为第 n 个时间序列中的性能数据大于 X_{U1} 的个数。

4. 基于泊松过程计算变异概率

基于泊松过程，产品性能可靠性函数用 $R_n(t)$ 表示为

$$R_n(t) = \exp(-\lambda_n t) \tag{9-40}$$

式中，$R_n(t)$ 为 t 时刻第 n 个时间序列的性能可靠性函数，λ_n 为第 n 个时间序列样本数据落在本征序列置信区间外的频率。

定义各个时间序列性能相对于本征序列的变异概率 $P_n(t)$ 为

$$P_n(t) = 1 - S_n(t) \tag{9-41}$$

式中，$S_n(t)$ 为第 n 个时间序列的概率密度函数与本征序列的概率密度函数重合部分的面积，即

$$S_n(t) = \int_0^{t_n} f_1(t)\mathrm{d}t + \int_{t_n}^{+\infty} f_n(t)\mathrm{d}t \tag{9-42}$$

式中，t_n 为第 n 个时间序列的概率密度函数与本征序列的概率密度函数交点所对应的时刻；$f_1(t)$ 和 $f_n(t)$ 分别为本征序列的概率密度函数和第 n 个时间序列的概率密度函数：

$$f_1(t) = \frac{\mathrm{d}\left(1 - R_1(t)\right)}{\mathrm{d}t} = \lambda_1 \exp(-\lambda_1 t) \tag{9-43}$$

$$f_n(t) = \frac{\mathrm{d}\left(1 - R_n(t)\right)}{\mathrm{d}t} = \lambda_n \exp(-\lambda_n t) \tag{9-44}$$

5. 变异速度和变异加速度预测

将性能可靠性的变异速度和变异加速度作为特征参数，预测产品性能可靠性的变异过程。在产品服役期间，将时间变量 t 进行离散化处理，认为 λ_n 随时间变化而相应变化。τ 为时间间隔，是取值很小的常数。用 t 时刻性能可靠性的变异速度 $v(t)$ 表征产品性能可靠性的变异趋势，t 时刻性能可靠性的变异加速度 $a(t)$ 表征产品性能可靠性的变异速度 $v(t)$ 的变化快慢程度，有

$$v(t) = \frac{\Delta R}{\tau} = \frac{R(t+\tau) - R(t)}{\tau} \approx \frac{\exp(-\lambda_{t+\tau} t) - \exp(-\lambda_t t)}{\tau} \tag{9-45}$$

式中，ΔR 为产品在时间间隔 τ 内可靠度的变化量，$R(t+\tau)$ 为 $t+\tau$ 时刻产品的性能可靠度，$R(t)$ 为 t 时刻产品性能可靠度，$\lambda_{t+\tau}$ 和 λ_t 分别为 $t+\tau$ 时刻和 t 时刻时间序列性能可靠性相对于本征序列性能可靠性的变异频率。

$$v_n(t) = \frac{\exp(-\lambda_{n+1}t) - \exp(-\lambda_n t)}{\tau} \tag{9-46}$$

式中，$v_n(t)$ 为 t 时刻第 $n+1$ 个时间序列相对于第 n 个时间序列的性能可靠性的变异速度；λ_{n+1} 和 λ_n 分别为第 $n+1$ 个和第 n 个时间序列样本数据落在本征序列置信区间外的变异频率，其中 $n=1, 2, \cdots, r-1$。

$$a(t) = \frac{\Delta v}{\tau} = \frac{v(t+\tau) - v(t)}{\tau} \tag{9-47}$$

式中，$a(t)$ 为 t 时刻产品性能可靠性的变异加速度；Δv 为在时间间隔 τ 内性能可靠性变异速度的变化量；$v(t+\tau)$ 为 $t+\tau$ 时刻产品性能可靠性的变异速度，$v(t)$ 为 t 时刻性能可靠性的变异速度。

$$a_n(t) = \frac{v_{n+1}(t) - v_n(t)}{\tau} \approx \frac{\exp(-\lambda_{n+2}t) - 2\exp(-\lambda_{n+1}t) + \exp(-\lambda_n t)}{\tau^2} \tag{9-48}$$

式中，$a_n(t)$ 为 t 时刻第 $n+2$ 个时间序列相对于第 n 个时间序列的性能可靠性的变异加速度；$v_{n+1}(t)$ 为 t 时刻第 $n+2$ 个时间序列相对于第 $n+1$ 个时间序列的性能可靠性的变异速度，$v_n(t)$ 为 t 时刻第 $n+1$ 个时间序列相对于第 n 个时间序列的性能可靠性的变异速度；λ_{n+2}、λ_{n+1} 和 λ_n 分别为第 $n+2$ 个、第 $n+1$ 个和第 n 个时间序列样本数据落在本征序列置信区间外的变异频率；$n=1, 2, \cdots, r-2$。

9.3.3　实验研究

　　该实验通过改变滚动轴承内圈沟道表面的磨损直径 D，测量振动加速度信号，从而预测振动性能可靠性的变异概率、变异速度和变异加速度。实验数据来自美国凯斯西储大学的轴承数据中心网站[35]，轴承振动加速度信号用加速度传感器测量，测得轴承内圈沟道有磨损的故障数据，磨损直径分别为 0mm、0.1778mm、0.5334mm 和 0.7112mm。将磨损直径为 0mm 时获得的振动加速度数据序列视为本征序列，如图 9-10 所示。

　　基于最大熵原理，计算概率密度函数 $f(x)$，结果如图 9-11 所示。

　　取显著性水平 α 为 0.05，可得置信水平 $P=95\%$ 条件下，本征序列的最大熵估计区间为 $[-0.1114, 0.1235]\mu s^2$。

　　把磨损直径分别为 0.1778mm、0.5334mm 和 0.7112mm 时测得的振动加速度数据序列分别看成第 2 个、第 3 个和第 4 个时间序列，各个时间序列的样本数据如图 9-12 所示。

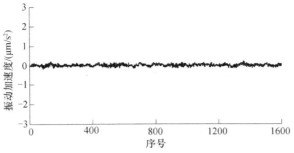

图 9-10 本征序列振动加速度数据

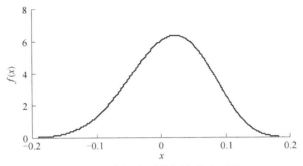

图 9-11 本征序列的概率密度函数

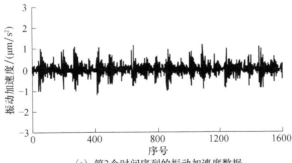

（a）第2个时间序列的振动加速度数据

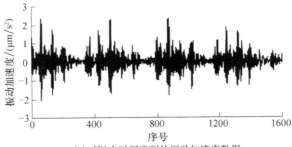

（b）第3个时间序列的振动加速度数据

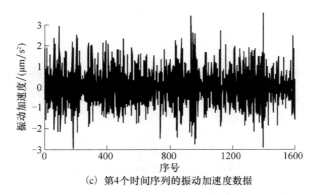

（c）第4个时间序列的振动加速度数据

图 9-12　各个时间序列的振动加速度数据

由图 9-12 可知，轴承振动随着磨损直径的增大而逐渐加剧，因此认为轴承振动性能与磨损直径大小紧密相关。图 9-10 和图 9-12 中轴承振动加速度数据表明，在不同磨损直径条件下，该轴承振动性能具有明显不同的波动程度和变化趋势，振动加速度数据样本的概率分布很复杂，而且振动性能趋势项的先验信息无任何规律性，这些都属于乏信息范畴。

根据泊松过程，记录磨损直径分别为 0mm、0.1778mm、0.5334mm 和 0.7112mm 的条件下，各个时间序列的样本数据落在本征序列最大熵估计区间 [−0.1114, 0.1235]μm/s² 之外的个数 N_n 和频率 λ_n，结果如表 9-3 所示。

表 9-3　各个时间序列的变异个数和变异频率

序列序号 n	磨损直径 D/mm	变异个数 N_n	变异频率 λ_n
1	0	78	0.04875
2	0.1778	921	0.57562
3	0.5334	1127	0.70438
4	0.7112	1411	0.88188

由表 9-3 可知，各个时间序列的变异频率 λ_n 与磨损直径 D 存在一定的非线性关系，具体如图 9-13 所示。

为了研究滚动轴承振动性能可靠性变异的具体过程，由图 9-13 仿真出磨损直径为 0～0.75mm 变化时可靠性的变异频率 λ_n，结果如表 9-4 所示。

由表 9-4 可得各个时间序列的振动性能可靠性估计函数，如图 9-14 所示。

根据式（9-44）计算各个时间序列性能可靠性变异的概率密度函数 $f_n(t)$，结果如图 9-15 所示。

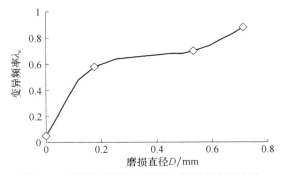

图 9-13 不同磨损直径下样本数据的变异频率

表 9-4 细分后振动性能可靠性的变异频率

序列序号 n	磨损直径 D/mm	变异频率 λ_n	序列序号 n	磨损直径 D/mm	变异频率 λ_n
1	0	0.04875	4	0.45	0.6794
2	0.15	0.5254	5	0.6	0.7478
3	0.3	0.6412	6	0.75	0.9219

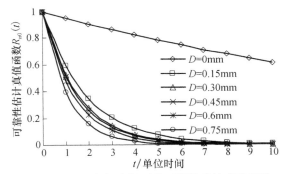

图 9-14 不同磨损直径下的可靠性估计真值函数

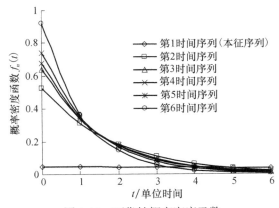

图 9-15 可靠性概率密度函数

　　根据图 9-15，计算各个时间序列概率密度函数与本征序列概率密度函数的交点的横坐标值 t_n，$n=2, 3, \cdots, 6$。根据式（9-41）和式（9-42），计算各个时间序列概率密度函数与本征序列概率密度函数重合部分的面积 S_n，以及轴承各个时间序列相对本征序列的变异概率 P_n，结果如表 9-5 所示。

表 9-5　细分后时间序列的变异概率

序列序号 n	磨损直径 D/mm	交点横坐标 t_n/单位时间	重合部分面积 S_n	变异概率 P_n/%
2	0.15	4.9878	0.2886	69.14
3	0.3	4.3491	0.2525	74.75
4	0.45	4.1774	0.2428	75.72
5	0.6	3.9059	0.2273	77.27
6	0.75	3.3668	0.1962	80.38

　　根据 GB/T 24607—2009《滚动轴承　寿命与可靠性试验及评定》，疲劳失效是实验轴承的滚动体或套圈工作表面上发生的有一定深度和面积的基体金属剥落。对于球轴承，失效时剥落面积不小于 0.5mm^2，从而认为磨损直径为 0.798mm 时获得的振动加速度数据为该轴承振动性能处于临界失效点的原始数据，即变异概率为 100%。根据表 9-5，可得变异概率与磨损直径之间的关系如图 9-16 所示。

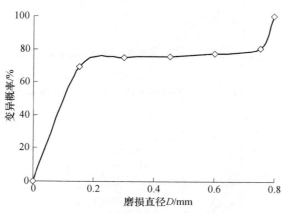

图 9-16　可靠性变异概率曲线

　　由图 9-16 可知，随着磨损直径的增大，各个时间序列相对于本征序列的振动性能可靠性变异概率逐渐增大。这是因为随着磨损直径的增大，轴承振动越来越剧烈，振动性能可靠性逐渐降低。

　　可靠性变异概率总体上呈非线性增长的趋势，该趋势可以分为 3 个阶段：当磨损直径从 0mm 逐渐增大至约 0.2mm 时，可靠性变异概率增长较快；当磨损直径从约 0.2mm 逐渐增大至约 0.75mm 时，可靠性变异概率增长缓慢且有微量波动；当磨损直径超出 0.75mm 时，可靠性变异概率迅速增长到 100%。因此，在磨损直径达到约 0.8mm 后，振动性能严重恶化，振动性能可靠性变异严重。实际应用中，在振动性能可靠性变异概率达到 80% 之前，就应对滚动轴承进行严密监视，同时尽快做好维护或更换轴承的准备以避免发生严重的安全事故。

由图 9-14 可知，随着时间的增加和磨损直径的增大，轴承振动性能可靠性逐渐降低。可以用各个时间序列相对于本征序列的性能可靠性变异速度来表征轴承振动性能可靠性的变异趋势。

根据式（9-45）和式（9-46）计算 t 时刻各个时间序列相对于本征序列的性能可靠性的变异速度，结果如图 9-17 所示。

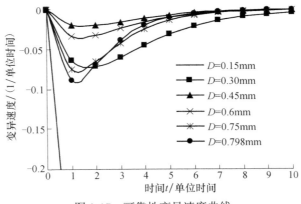

图 9-17　可靠性变异速度曲线

由图 9-17 可知，轴承振动性能可靠性变异速度值是负的，这是因为磨损直径随着时间的增长而增大，轴承振动得越来越剧烈，振动性能可靠性逐渐降低。随着时间的增加，变异速度的绝对值先增加到最大值，后逐渐减小至零。这是因为在轴承初期磨合阶段，磨损速度较快，所以振动性能可靠性变异速度逐渐增加到最大值；轴承服役一段时间之后，振动性能开始退化，磨损速度减慢，这个周期比较长，因此可靠性变异速度缓慢减小；之后，轴承性能开始恶化，该恶化过程持续时间较长，因此可靠性变异速度依然较小。

根据式（9-47）和式（9-48）计算 t 时刻各个时间序列相对于本征序列的振动性能可靠性的变异加速度，结果如图 9-18 所示。

由图 9-18 可知，随着时间的增加，各个时间序列振动性能可靠性变异加速度的绝对值先增加到最大值，后逐渐减小至零。这是因为在轴承初期磨合阶段磨损速度较快，所以振动性能可靠性的变异速度变化较快；轴承服役一段时间

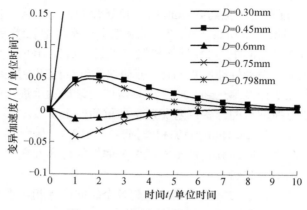

图 9-18　可靠性变异加速度曲线

之后，振动性能开始退化，这是正常磨损阶段，所以振动性能可靠性的变异速度开始缓慢变化；之后，轴承性能开始恶化，该恶化过程持续时间较长，所以各个时间序列相对于本征序列的性能可靠性的变异加速度依然较小，最终趋向于零。

为了更加详细地研究该变异过程，以 0.05mm 为间隔，将磨损直径从 0mm 到 0.75mm 分为 16 组，仿真出 16 个时间序列，计算轴承振动性能可靠性的变异速度、变异加速度的最大值（这里指绝对值最大），结果如表 9-6 所示。

表 9-6　变异速度和变异加速度的最大值

序列序号 n	磨损直径 D/mm	变异速度最大值 $v_{n\max}$/(1/单位时间)	变异加速度最大值 $a_{n\max}$/(1/单位时间^2)
2	0.05	−0.51285	—
3	0.10	−0.21861	0.42982
4	0.15	−0.09429	0.14030
5	0.20	−0.04198	0.05264
6	0.25	−0.0159	0.02608
7	0.30	−0.00913	0.00676
8	0.35	−0.00586	0.00104
9	0.40	−0.00645	0.00223
10	0.45	−0.00539	0.00065
11	0.50	−0.01091	0.00106
12	0.55	−0.02018	−0.00557
13	0.60	−0.02518	−0.00927
14	0.65	−0.02551	−0.00500
15	0.70	−0.02203	−0.00152
16	0.75	−0.02988	0.00406

根据表 9-6 可得各个时间序列可靠性变异速度的最大值与磨损直径之间的关系，如图 9-19 所示。

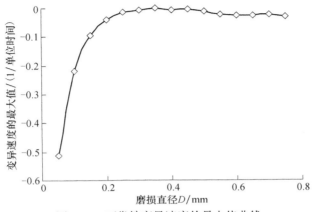

图 9-19　可靠性变异速度的最大值曲线

由图 9-19 可知，在磨损直径增大至 0.25mm 以前，轴承振动性能可靠性变异速度的最大值呈现快速减小的趋势，在磨损直径为 0.30mm 处最大值已经小于 0.01；从第 7 个时间序列（磨损直径为 0.30mm）开始，一直到第 11 个时间序列（磨损直径为 0.50mm），变异速度的最大值基本保持在 0 附近，波动不大；从第 12 个时间序列（磨损直径为 0.55mm）开始，变异速度的最大值有所增加，但波动依然很小。

同时，根据表 9-6 可得各个时间序列相对于本征序列的可靠性变异加速度的最大值与磨损直径之间的关系，如图 9-20 所示。

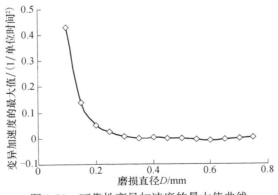

图 9-20　可靠性变异加速度的最大值曲线

由图 9-20 可知，在磨损直径增大至 0.25mm 以前，轴承振动性能可靠性变异加速度的最大值呈现快速减小的趋势，在磨损直径为 0.30mm 处最大值已经小于

0.01；从第 7 个时间序列（磨损直径为 0.30mm）开始，变异加速度的最大值基本上都小于 0.01，波动不大。

各个时间序列相对于本征序列的可靠性变异速度和变异加速度的分析结果表明，在磨损直径达到约 0.25mm 以前，轴承处于初级磨合阶段，变异速度和变异加速度的绝对值均达到最大，振动性能变异显著；磨损直径从 0.25mm 到 0.75mm 变化时，轴承振动性能处于正常退化阶段，振动性能变异不显著；磨损直径增大到 0.75mm 之后，轴承振动性能处于恶化阶段，振动性能变异显著。

结合最大熵原理和泊松过程，建立轴承振动性能可靠性变异的预测模型。实验证明，该预测模型可以计算轴承振动性能可靠性的变异概率、变异速度和变异加速度，从而对滚动轴承振动性能可靠性的内在变异趋势进行分析和预测。而且，该可靠性预测模型可以在没有概率密度函数先验信息的条件下，分析滚动轴承的振动性能可靠性的内在变异过程，预测振动性能可靠性的变异趋势，从而在振动性能失效前采取干预措施，对轴承进行维护或更换。

9.4   基于新贝叶斯方法性能保持可靠性预测

9.4.1   引言

本节在时间序列数据样本的概率密度函数未知的条件下，融合最大熵法和贝叶斯原理，建立产品性能保持可靠性评估模型。把运用最大熵法计算得到的概率密度函数视为先验信息。根据新贝叶斯原理，结合当前样本信息，获取后验样本信息。在后验信息的基础上，预测产品保持最佳振动性能状态的失效程度，从而在最佳振动性能状态失效的可能性变大之前采取干预措施，对产品进行维护或更换。

9.4.2   数学模型

1. 采集原始数据样本

在产品服役期间，对其振动加速度进行定期采样。定义时间变量为 t，随着时间 t 的进行，不断采集振动加速度数据，获得第 w 个时间序列的数据样本，用向量 $\boldsymbol{X}_w$ 表示为

$$\boldsymbol{X}_w = (x_w(1), x_w(2), \cdots, x_w(k), \cdots, x_w(N)), \quad k = 1, 2, \cdots, N \qquad (9\text{-}49)$$

式中，w 为时间序列的序号，$w = 1, 2, \cdots, r$；$\boldsymbol{X}_w$ 为第 w 个时间序列的数据样本；$x_w(k)$ 为第 w 个时间序列数据样本的第 k 个性能数据；N 为时间序列数据样本中数据的总个数。

为便于叙述，记第 1 个时间序列 $\boldsymbol{X}_1$ 为本征序列，本征序列是指产品最佳运行状态时期的时间序列。

2. 计算概率密度函数

基于时间序列数据样本 $\boldsymbol{X}_w$ 中的原始数据，运用最大熵法计算数据样本的最大熵概率密度函数，用 $f_w(x)$ 表示为

$$f_w(x) = \exp\left(c_{0w} + \sum_{i=1}^{j} c_{iw}x^i\right) \tag{9-50}$$

式中，$f_w(x)$ 为第 w 个时间序列数据样本的最大熵概率密度函数；c_{0w} 为第 w 个时间序列数据样本的首个拉格朗日乘子；c_{iw} 为第 w 个时间序列数据样本的第 $i+1$ 个拉格朗日乘子；i 为原点矩阶次，$i=1,2,\cdots,j$；j 为最高阶原点矩的阶次，一般取 $j=5$。

根据最大熵原理，最无主观偏见的概率密度函数应满足熵最大，信息熵用 $H_w(x)$ 表示为

$$H_w(x) = -\int_{\Omega_w} f_w(x) \ln f_w(x) \mathrm{d}x \rightarrow \max \tag{9-51}$$

式中，$H_w(x)$ 为第 w 个时间序列数据样本的信息熵；Ω_w 为第 w 个时间序列数据样本的可行域，$\Omega_w=[x_{\mathrm{min}w}, x_{\mathrm{max}w}]$，其中 $x_{\mathrm{min}w}$ 为第 w 个时间序列数据样本可行域的下界值，$x_{\mathrm{max}w}$ 为第 w 个时间序列数据样本可行域的上界值；$\ln f_w(x)$ 为 $f_w(x)$ 的对数。

式（9-51）应满足：

$$\int_{\Omega_w} f_w(x) \mathrm{d}x = 1 \tag{9-52}$$

$$\int_{\Omega_w} x^i f_w(x) \mathrm{d}x = m_{iw} \tag{9-53}$$

式中，m_{iw} 为第 w 个时间序列数据样本的第 i 阶原点矩，$m_{0w}=1$。

拉格朗日函数用 $L_w(x)$ 表示为

$$L_w(x) = H_w(x) + (c_{0w}+1)\left(\int_{\Omega_w} f_w(x)\mathrm{d}x - 1\right) + \sum_{i=1}^{j} c_{iw}\left(\int_{\Omega_w} x^i f_w(x)\mathrm{d}x - m_{iw}\right) \tag{9-54}$$

首个拉格朗日乘子 c_{0w} 应满足：

$$c_{0w} = -\ln\left[\int_{\Omega_w} \exp\left(\sum_{i=1}^{j} c_{iw}x^i\right)\mathrm{d}x\right] \tag{9-55}$$

其他 j 个拉格朗日乘子应满足：

$$1 - \frac{\int_{\Omega_w} x^i \exp\left(\sum_{i=1}^{j} c_{iw} x^i\right) \mathrm{d}x}{m_{iw} \int_{\Omega_w} \exp\left(\sum_{i=1}^{j} c_{iw} x^i\right) \mathrm{d}x} = 0 \qquad (9\text{-}56)$$

为了使求解收敛，通过变量替换，将原始数据区间 Ω_w 映射到区间[–e, e]中。令

$$x = a_w t + b_w \qquad (9\text{-}57)$$

式中，a_w、b_w 为第 w 个时间序列数据样本的映射参数；t 为所要变换的自变量，$t \in [-e, e]$。

最大熵概率密度函数由式（9-50）变换为

$$f_w(t) = \exp\left[c_{0w} + \sum_{i=1}^{j} c_{iw} (a_w t + b_w)^i\right] \qquad (9\text{-}58)$$

3. 求解置信区间

假设置信水平为 P，显著性水平为 α，$\alpha \in [0,1]$，则 P 可以表示为

$$P = (1 - \alpha) \times 100\% \qquad (9\text{-}59)$$

设置信水平 P 条件下性能随机变量的置信区间为[x_{Lw}, x_{Uw}]，下界值 x_{Lw} 应满足：

$$\frac{1}{2}\alpha = \int_{x_{\mathrm{min}w}}^{x_{Lw}} f_w(x)\mathrm{d}x \qquad (9\text{-}60)$$

上界值 x_{Uw} 应满足：

$$1 - \frac{1}{2}\alpha = \int_{x_{\mathrm{min}w}}^{x_{Uw}} f_w(x)\mathrm{d}x \qquad (9\text{-}61)$$

式（9-60）和式（9-61）中，x_{Lw} 为第 w 个时间序列数据样本随机变量置信区间的下界值，x_{Uw} 为第 w 个时间序列数据样本随机变量置信区间的上界值。

4. 基于新贝叶斯原理求解各个时间序列的后验概率密度函数

为了研究产品性能保持可靠性的变异过程，令最佳性能评估时间区间内获得的数据样本（本征序列数据样本）为先验样本，运用贝叶斯原理，构造各个时间序列数据样本的后验概率密度函数，用 $\mathrm{hy}f_w(x)$ 表示为

$$\mathrm{hy}f_w(x) = \frac{f_1(x)f_w(x)}{\int_{\Omega_{iw}} f_1(x)f_w(x)\mathrm{d}x} \qquad (9\text{-}62)$$

式中，$f_1(x)$为本征时间序列的概率密度函数；$f_w(x)$为第 w 个时间序列的概率密度函数；Ω_{1w} 为本征序列数据样本的可行域和第 w 个时间序列数据样本的可行域的交集。

5. 预测性能保持相对可靠度

产品保持最佳性能状态运行的可能性用产品性能保持可靠度表示，定义本征序列性能保持可靠度 $R_1=1$，第 w 个时间序列的性能保持可靠度用 R_w 表示为

$$R_w = S_{1w} = \int_{x_{L1}}^{x_{1w}} \text{hy}f_1(x)\text{d}x + \int_{x_{1w}}^{x_{2w}} \text{hy}f_w(x)\text{d}x + \int_{x_{2w}}^{x_{U1}} \text{hy}f_w(x)\text{d}x \qquad （9-63）$$

式中，S_{1w} 为第 w 个时间序列的后验概率密度函数 $\text{hy}f_w(x)$与本征时间序列的后验概率密度函数 $\text{hy}f_1(x)$重合部分的面积；x_{L1} 和 x_{U1} 分别为在置信水平 P 条件下本征时间序列的置信区间的下界值和上界值；x_{1w} 和 x_{2w} 分别为第 w 个时间序列的后验概率密度函数 $\text{hy}f_w(x)$与本征时间序列后验概率密度函数 $\text{hy}f_1(x)$交点的横坐标值，且 $x_{1w}<x_{2w}$。

定义产品各个时间序列相对于本征时间序列的性能可靠性的变异概率用 P_w 表示为

$$P_w = 1 - R_w \qquad （9-64）$$

产品保持最佳性能状态运行的失效程度，用产品性能保持相对可靠度 d_w 表示为

$$d_w = \frac{R_w - R_1}{R_1} \times 100\% \qquad （9-65）$$

式中，R_1 为产品本征时间序列的性能保持可靠度。

$d_w<0$ 表示该时间序列所对应的时间段内产品性能保持可靠度低于本征序列所对应的时间段内性能保持可靠度。d_w 越小，表示第 w 个时间序列所对应的时间段内产品性能越差，保持最佳性能状态运行的失效的可能性越大。

6. 保持最佳振动性能状态运行的失效程度预测

以显著性假设检验原理和测量理论为依据，将产品性能分为 A_1、A_2、A_3、A_4 共 4 个级别。

A_1 级：$d_w \in [-25\%, 0\%]$，即在第 w 个时间序列所对应的时间段内，产品性能达到最佳，保持最佳性能状态运行几乎没有失效的可能性。

A_2 级：$d_w \in [-50\%, -25\%)$，即在第 w 个时间序列所对应的时间段内，产品性能正常，保持最佳性能状态运行的失效程度很小。

A_3 级：$d_w \in [-75\%, -50\%)$，即在第 w 个时间序列所对应的时间段内，产品性

能正在变差，保持最佳性能状态运行的失效程度正在增大。

A_4 级：$d_w < -75\%$，即在第 w 个时间序列所对应的时间段内，产品性能变得非常差，保持最佳性能状态运行的失效程度非常大，产品性能基本上失效。

产品性能失效的临界点即 $d_w = -75\%$ 所对应的磨损状态。

9.4.3　实验研究

样本数据源于文献[35]，通过实时监测滚动轴承振动性能，获得振动加速度信号，结果如图 9-21 所示。

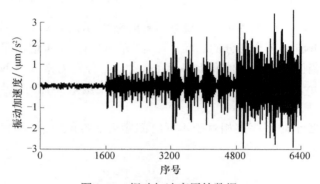

图 9-21　振动加速度原始数据

图 9-21 中，前 1600 个数据是在轴承内圈沟道磨损直径为 0mm 时获得的振动加速度数据，此时轴承振动性能平稳性较好，可以认为此时间段内该轴承振动性能处于最佳时期，记为第 1 时间序列（本征序列）；第 1601～3200 个数据是在轴承内圈沟道磨损直径为 0.1778mm 时获得的振动加速度数据，记为第 2 时间序列；第 3201～4800 个数据是在轴承内圈沟道磨损直径为 0.5334mm 时获得的振动加速度数据，记为第 3 时间序列；第 4801～6400 个数据是在轴承内圈沟道磨损直径为 0.7112mm 时获得的振动加速度数据，记为第 4 时间序列。

对于第 1 时间序列，基于最大熵法计算可得：各阶原点矩$(m_{11}, m_{21}, m_{31}, m_{41}, m_{51})=(0.1529, 0.7219, 0.2037, 1.3816, 0.3544)$；拉格朗日乘子$(c_{01}, c_{11}, c_{21}, c_{31}, c_{41}, c_{51})=(1.8056, 0.3215, -0.5604, -0.0395, -0.0362, -0.0053)$；映射参数 $a_1=13.7642$，$b_1=-0.0287$。

取显著性水平 α 为 0.01，可得置信水平 $P=99\%$ 条件下，本征序列的最大熵估计区间为$[-0.1485, 0.1507]\mu m/s^2$。

根据式（9-10），计算概率密度估计真值函数 $f_1(x)$ 如图 9-22 所示。

对于第 2 时间序列，基于最大熵法计算可得：各阶原点矩$(m_{12}, m_{22}, m_{32}, m_{42}, m_{52})=(0.0129, 0.3720, 0.0243, 0.6773, 0.0955)$；拉格朗日乘子$(c_{02}, c_{12}, c_{22}, c_{32}, c_{42},$

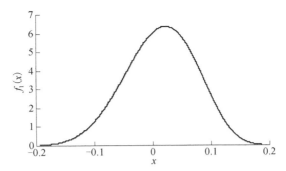

图 9-22　本征序列数据样本的概率密度函数

c_{52})=(0.4177, 0.0297, −1.9279, 0.0061, 0.1873, −0.0008)；映射参数 a_2=2.0515，b_2= −0.0232。

取显著性水平 α 为 0.01，可得置信水平 P=99%条件下，第 2 时间序列的最大熵估计区间为[−0.9224, 1.0034]$\mu m/s^2$。

对于第 3 时间序列，基于最大熵法计算可得：各阶原点矩(m_{13}, m_{23}, m_{33}, m_{43}, m_{53})=(−0.1363, 0.3456, −0.0939, 0.5654, −0.1125)；拉格朗日乘子(c_{03}, c_{13}, c_{23}, c_{33}, c_{43}, c_{53})=(−0.2009, −0.7068, −2.0671, 0.2788, 0.2028, −0.0258)；映射参数 a_3= 1.1017，b_3= −0.1707。

取显著性水平 α 为 0.01，可得置信水平 P=99%条件下，第 3 时间序列的最大熵估计区间为[−1.4752, 1.7752]$\mu m/s^2$。

对于第 4 时间序列，基于最大熵法计算可得：各阶原点矩(m_{14}, m_{24}, m_{34}, m_{44}, m_{54})=(−0.2249, 0.4740, −0.2412, 0.7088, −0.4738)；拉格朗日乘子(c_{04}, c_{14}, c_{24}, c_{34}, c_{44}, c_{54})=(−0.8306, −0.7898, −1.2790, 0.2490, 0.0585, −0.0240)；映射参数 a_4=0.7521，b_4= −0.2346。

取显著性水平 α 为 0.01，可得置信水平 P=99%条件下，第 4 时间序列的最大熵估计区间为[−2.2352, 2.5478]$\mu m/s^2$。

4 个时间序列数据样本的概率密度函数 $f_w(x)$如图 9-23 所示。

图 9-21 中实验数据表明，在不同磨损直径条件下，该轴承振动性能具有明显不同的趋势，属于概率分布未知的乏信息问题。为了研究该轴承振动性能保持可靠性的变异趋势，运用新贝叶斯原理，构造 4 个时间序列数据样本的后验概率密度函数，结果如图 9-24 所示。

计算各个时间序列后验概率密度函数与轴承振动性能状态最佳时期数据样本（本征序列数据样本）的后验概率密度函数的交集区间[x_{1w}, x_{2w}]以及交集面积 S_w，结果如表 9-7 所示。

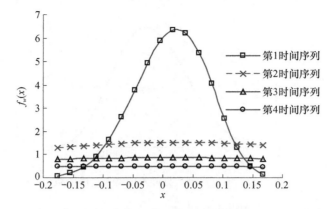

图 9-23　各个时间序列数据样本的概率密度函数

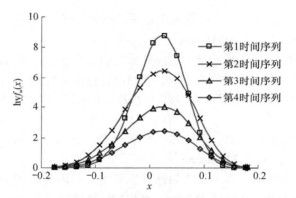

图 9-24　各个时间序列数据样本的后验概率密度函数

表 9-7　后验概率密度函数的交集区间以及重合面积

序列序号 w	磨损直径 D/mm	交集区间 $[x_{1w}, x_{2w}]/(\mu m/s^2)$	重合面积 S_w	变异概率 P_w
1	0	[−0.7570, 0.1798]	1	0
2	0.1778	[−0.0323, 0.0717]	0.7887	0.2113
3	0.5334	[−0.0639, 0.0973]	0.5840	0.4160
4	0.7112	[−0.0870, 0.1149]	0.3687	0.6313

各个时间序列的性能保持可靠度 R_w 变化如图 9-25 所示。

图 9-25 表明，各个时间序列的振动性能保持可靠度依次减小，从总体上看，减小的斜率波动不大。其中，从第 1 时间序列到第 2 时间序列，振动性能保持可靠度从 1 减小到 0.7887；从第 2 时间序列到第 3 时间序列，振动性能保持可靠度

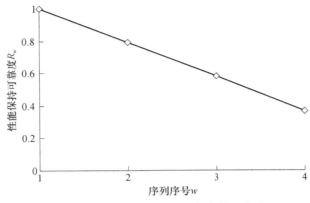

图 9-25　各个时间序列的性能保持可靠度

从 0.7887 减小到 0.5840；从第 3 时间序列到第 4 时间序列，振动性能保持可靠度从 0.5840 减小到 0.3687。

　　性能保持可靠度随磨损直径的增大而减小，具体变化关系如图 9-26 所示。

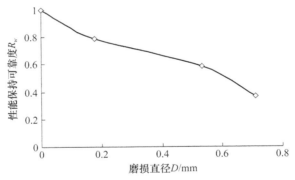

图 9-26　性能保持可靠度与磨损直径的关系

　　图 9-26 表明，该滚动轴承的振动性能保持可靠度随磨损直径的增大呈现非线性减小的趋势。当磨损直径 D 从 0mm 增加到 0.1778mm 时，性能保持可靠度从 1 减小到 0.7887，该时间段内性能保持可靠度减小的速度非常快；当磨损直径 D 从 0.1778mm 增加到 0.5334mm 时，性能保持可靠度从 0.7887 减小到 0.5840，该时间段内性能保持可靠度减小的速度相对较慢；当磨损直径 D 从 0.5334mm 增加到 0.7112mm 时，性能保持可靠度从 0.5840 减小到 0.3687，该时间段内性能保持可靠度减小的速度有所增大。

　　该滚动轴承的振动性能保持相对可靠度 d_w 随着磨损直径 D 的增大而减小，具体变化关系如图 9-27 所示。

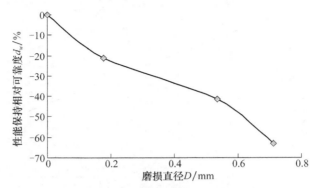

图 9-27　性能保持相对可靠度与磨损直径的关系

　　图 9-27 表明，对于第 1 时间序列，$d_1=0 \in (-25\%, 0\%]$；对于第 2 时间序列，$d_2= -21.13\% \in (-25\%, 0\%]$；对于第 3 时间序列，$d_3=-41.60\% \in (-50\%, -25\%]$，性能保持相对可靠度已经小于 -25%；对于第 4 时间序列，$d_4= -63.13\% \in (-75\%, -50\%]$，性能保持相对可靠度已经小于 -50%。从而可以预测，在第 1 时间序列和第 2 时间序列所对应的时间段内，该滚动轴承保持最佳振动性能状态运行几乎没有失效的可能性；在第 3 时间序列所对应的时间段内，该滚动轴承的振动性能正常，保持最佳振动性能状态运行的失效程度较小；在第 4 时间序列所对应的时间段内，该滚动轴承保持最佳振动性能状态运行的失效程度正在增大。

　　根据 GB/T 24607—2009《滚动轴承　寿命与可靠性试验及评定》计算可得，该深沟球轴承内圈沟道磨损直径为 0.798mm 时获得的振动加速度数据即振动性能处于失效临界点的原始数据。从图 9-27 中可以看出，磨损直径为 0.80mm 时，该轴承振动性能保持相对可靠度在 -75% 左右，从而认为该滚动轴承振动性能已经失效，与理论分析结果基本一致，说明运用最大熵法和新贝叶斯原理分析滚动轴承振动性能保持可靠性是合理的。

　　基于最大熵法和新贝叶斯原理，本节建立了轴承振动性能保持可靠性评估模型。该评估模型对时间序列数据样本的概率密度函数没有任何要求，也没有在计算中引入人为假设，从而保证了结果的准确性；并且利用了贝叶斯原理中的先验信息，使计算结果更加可靠。实验结果表明，应在该轴承内圈沟道磨损直径达到 0.80mm 之前对其进行维护或更换，从而避免发生因振动性能失效带来的安全事故。计算结果与理论分析结果基本一致，说明运用新贝叶斯原理分析滚动轴承振动性能保持可靠性是合理的。

9.5　本　章　小　结

　　本章提出了产品性能保持可靠性的新概念，将自助法、最大熵法、泊松过程进行融合，建立了产品性能保持可靠性评估模型，从而计算产品保持最佳性能状态运行的失效程度。实验证明，该可靠性评估模型无需事先设定性能阈值，通过计算乏信息条件下产品性能保持相对可靠度为−10%所对应的未来时间，即最佳性能状态变差的临界时间，在该临界时间到来之前对产品进行维护或更换。

　　提出了变异概率、变异速度和变异加速度等新概念，通过分析产品性能可靠性的变异概率、变异速度、变异加速度与产品内部损伤状态的关系，对性能可靠性的内在变异趋势进行了预测。运用最大熵原理计算数据样本的概率密度函数，根据泊松过程获得各个时间序列数据样本的变异概率，进而计算了各个时间序列性能可靠性的变异速度和变异加速度。

　　结合最大熵原理和新贝叶斯原理，建立了产品性能保持可靠性评估模型，分析了性能保持可靠性与产品的关系。运用最大熵原理计算了本征序列数据样本的概率密度函数，作为先验样本信息；将其余各个时间序列数据样本的概率密度函数作为当前样本信息；根据新贝叶斯原理，获取后验样本信息，进而预测产品保持最佳振动性能状态运行的失效程度。

第 10 章　超精密滚动轴承服役精度
保持可靠性的动态预测

本章将混沌理论、灰色系统理论和随机过程有效融合，针对超精密滚动轴承，提出一种服役精度保持可靠性的动态预测方法。以振动信号时间序列表征超精密滚动轴承服役精度的状态信息，凭借多个混沌预测模型预测出轴承未来状态下每一时间点的振动情况；基于灰自助法将每一时刻下的多个预测值抽样处理，模拟出服役精度变化的大量生成信息，在设定精度阈值条件下对此生成信息进行泊松计数，进而获得其变异强度的估计值；应用泊松过程实时预测出轴承未来状态下每一时间点的服役精度保持可靠性的动态演变过程；根据超精密滚动轴承服役精度保持相对可靠性的概念，有效预测出轴承保持最佳服役精度状态的失效程度。

10.1　概　　述

超精密滚动轴承是指速度能力区间宽、高回转精度维持性好、发热低、系统刚性高、振动与噪声低的精密滚动轴承，它是装备制造业的核心零部件，其可靠性研究随着装备制造业快速发展的需求而备受关注。超精密滚动轴承保持最佳服役精度运行势态，是主机实现最佳精度运行的基础。受众多因素的影响，超精密滚动轴承服役过程中运转精度发生非平稳退化，退化过程具有非线性动力学特征，精度衰退轨迹、精度可靠性函数等信息随运动过程动态变化，服役过程中的精度可靠性预测问题涉及内部因素与外部环境的交互影响。现有研究中，滚动轴承可靠性理论主要涉及疲劳失效与静态可靠性问题，并假设寿命数据服从 Weibull 分布或对数正态分布。然而，实际应用中，精密滚动轴承的寿命评价指标为精度而非疲劳寿命，这也就意味着轴承远未达到疲劳寿命时，精度就已经失效。现有的寿命评价体系完全不适用于超精密滚动轴承的寿命评价，更没有一套专有理论对超精密滚动轴承未来每一时间点的精度保持问题进行动态实时预测。

在产品组件可靠性预测方面，国内外学者已取得了一定的成果，却几乎没有精度可靠性方面的研究，但这又是一个亟待解决的问题，精度可靠性问题是制约超精密部件、高精尖技术发展的瓶颈。为有效解决产品组件的精度可靠性问题，本章提出超精密滚动轴承服役精度保持可靠性以及相对可靠性的新概念。

　　超精密滚动轴承服役精度保持可靠性，是指在实验或实际应用期间，超精密滚动轴承运行精度可以保持最佳服役精度状态的可能性，或者是不超过精度阈值的可能性，精度保持可靠性可以用一个函数表示，函数的具体取值称为精度保持可靠度。服役精度保持相对可靠性，是指未来时间段的精度保持可靠度相对于最佳时期精度保持可靠度的误差，用于表征超精密滚动轴承未来时间段保持最佳服役精度状态的失效程度。超精密滚动轴承最受关注的是其精度指标，为了有效评价超精密滚动轴承服役精度，应对超精密滚动轴承本身或者在精密机床设备上开展振动测试，对分析测试的数据进行预处理、特征提取等后续研究。振动数据小，说明超精密滚动轴承运转平稳，保持较为良好的回转精度；振动数据大，说明超精密滚动轴承运转平稳性低，主轴径向或轴向窜动量较大，服役精度会随之降低。所以，通过分析超精密滚动轴承振动信号，可挖掘和预测未来时间的精度参数值，进而建立振动数据驱动的精度保持可靠性的动态预测模型。

　　混沌预测模型[19,21,47,87-89]能准确实现时间序列的动态预测，提取有关系统未来演化的信息，挖掘内部存在的固有的确定性规律；灰自助法能将乏信息小样本数据转化为传统统计理论的大量数据；最大熵法可以实现样本数据的概率密度函数求取，数据量越大，所求样本矩越准确，概率密度函数越真实；泊松过程能有效记录失效事件发生概率，难点是其变异强度的求取。上述单个理论的用途比较狭窄，且局限条件多，更不能实现可靠性方面的动态预测；本章的创新点就是将以上多个理论巧妙融合，做到互补互融、环环相扣：4 个混沌预测模型的预测值仅有 4 个数据，为乏信息小样本数据；借助灰自助法转换为统计理论的大样本数据；用最大熵理论计算出真实的概率密度函数；在设定的精度阈值条件下找到大样本数据的变异强度；根据泊松过程记录系统未失效前的概率，进而实现可靠性预测。

　　基于此，首先以实验记录仪上的超精密滚动轴承振动时间序列表征其服役精度信息，基于混沌理论构建多个时间序列动态预测模型，研究超精密滚动轴承未来状态下多个趋势变化的侧面。其次借助灰自助法模拟出多个侧面信息的大量生成数据，用最大熵法构建出模拟数据的概率密度函数，进而实现对未来运行状态的真值预测，并在给定的显著性水平下进行区间估计；同时依据计数原理处理大量生成数据，获取变异强度的估计真值。再次根据泊松过程提出超精密滚动轴承服役精度保持可靠性的概念，建立其精度保持可靠性模型，实时预测出轴承精度保持可靠性的动态演变过程。最后将服役精度保持相对可靠度的新理念用于表征未来时间超精密滚动轴承运行保持最佳服役精度状态的失效程度。研究成果能为产品性能/精度可靠性保持问题的新领域提供新理念，突破传统可靠性理论局限，深化发展可靠性基础科学理论。所提方法在动态预测超精密滚动轴承未来每一时间点的精度保持可靠性的同时，还能有效预测出未来服役状态信息的真值与估计区间，且能够实时检测出未来运转精度相对最佳服役精度的失效程度。

10.2　数学模型

10.2.1　混沌预测方法

设具有某精度性能属性的原始时间序列 X 为

$$X = (x_1, x_2, \cdots, x_n, \cdots, x_N) \tag{10-1}$$

式中，n 表示原始时间序列 X 的第 n 个数据，N 为原始数据个数。

根据相空间重构原理，可获得该时间序列的相轨迹为

$$X(t) = (x(t), x(t+\tau), \cdots, x(t+(k+1)\tau), \cdots, x(t+(m-1)\tau)),$$
$$t = 1, 2, \cdots, M; k = 1, 2, \cdots, m \tag{10-2}$$

且有

$$M = N - (m-1)\tau \tag{10-3}$$

式中，t 表示第 t 个相轨迹；$x(t+(m-1)\tau)$ 表示延迟值；m 表示嵌入维数，可用 Cao 方法[89]求得；τ 表示延迟时间，可由互信息方法[90]求得；M 表示相轨迹个数。相空间重构是预测超精密滚动轴承未来精度性能演变的基础。

假设 $X(M)$ 是中心轨迹（预测开始的轨迹或者相空间轨迹中末尾的一个轨迹），与中心轨迹相似的参考轨迹有 L 个，$X(M_l)$ 是第 l 个参考轨迹，则混沌动态预测方法如下。

1. 加权零阶局域法

根据相空间重构原理，可获得精度性能属性的时间序列相轨迹为

$$X(t) = (x(t), x(t+\tau), \cdots, x(t+(m-1)\tau)), \quad t = 1, 2, \cdots, M \tag{10-4}$$

式中，M 为重构相空间点的个数，$M = N-(m-1)\tau$；N 为原始数据个数。

根据加权零阶局域法，相轨迹的演变规则为

$$X(M+1) = \frac{\sum_{l=1}^{L} X(M_l) e^{-k(d_l - d_{\min})}}{\sum_{l=1}^{L} e^{-k(d_l - d_{\min})}}, \quad L = m+1 \tag{10-5}$$

且

$$d_l = \sqrt{[x(M) - x(M_l)]^2 + [x(M+\tau) - x(M_l+\tau)]^2 + \cdots + [x(M+(m-1)\tau) - x(M_l+(m-1)\tau)]^2}$$
$$\tag{10-6}$$

式中，$X(M+1)$ 是预测结果；d_l 是 $X(M)$ 与 $X(M_l)$ 之间的欧几里得距离；d_{min} 是 d_l 的最小值；k 是预测参数，通常取 $k=1$；L 是参考轨迹的个数。

具体算法如下：

（1）将时间序列进行零均值预处理，得到序列 $x(t)$，$t=1,2,\cdots,N$；

（2）重构相空间；

（3）寻找 L 个与中心轨迹 $X(M)$ 最为邻近点的 $X_n(M) = (X(M_1), X(M_2),\cdots, X(M_L))$，可由欧几里得距离即式（10-6）求得；

（4）得到 $X(M+1)$ 的预测结果。

2. 一阶局域法

将中心轨迹 $X(M)$ 周围的邻近点 $X_n(M)$ 采用 $X^T(M+1)=aW+bX^T(M)$ 线性拟合，可表示为

$$\begin{bmatrix} X(M_1+1) \\ X(M_2+1) \\ \vdots \\ X(M_L+1) \end{bmatrix} = aW + b\begin{bmatrix} X(M_1) \\ X(M_2) \\ \vdots \\ X(M_L) \end{bmatrix} \tag{10-7}$$

式中，W 为单位列向量；点 $X(M_1), X(M_2),\cdots, X(M_L)$ 为中心轨迹 $X(M)$ 的邻近点（邻近点由欧几里得距离求得）。

应用最小二乘法求出 a、b，代入 $X^T(M+1)=aW+bX^T(M)$ 可求得 $X(M+1)$，进而分离预测值。

3. 加权一阶局域法

相对于一阶局域法，加权一阶局域法考虑了各个邻近点对中心点的影响比重，即增加了权值项。权值为

$$P_l = \frac{e^{-k(d_l-d_{min})}}{\sum\limits_{l=1}^{L} e^{-k(d_l-d_{min})}} \tag{10-8}$$

式中，k 为预测参数，通常取 $k=1$，则可得一阶局域线性拟合方程：

$$X^T(M_l+1) = aW + bX^T(M_l) \tag{10-9}$$

式中，$W=[1, 1, \cdots, 1]^T$。

应用最小加权二乘法求解 a、b：

$$\sum_{l=1}^{L} P_l(x(M_l+1) - a - bx(M_l))^2 = \min \tag{10-10}$$

对式（10-10）求导后，有

$$\begin{cases} \sum_{l=1}^{L} P_l(x(M_l+1)-a-bx(M_l))=0 \\ \sum_{l=1}^{L} P_l(x(M_l+1)-a-bx(M_l))x(M_l)=0 \end{cases}$$ （10-11）

即

$$\begin{cases} a\sum_{l=1}^{M} P_l x(M_l)+b\sum_{l=1}^{L} P_l x^2(M_l)=\sum_{l=1}^{L} P_l x(M_l)x(M_l+1) \\ a+b\sum_{l=1}^{L} P_l x(M_l)=\sum_{l=1}^{L} P_l x(M_l+1) \end{cases}$$ （10-12）

解方程组可得 a 和 b，之后即可实现混沌动态预测。

4. 修正的加权一阶局域法

该方法是对加权一阶局域法的改进，二者之间的差异是所定义的中心轨迹 $X(M)$ 与邻近点/参考轨迹 $X(M_l)$ 之间的相关性不同：加权一阶局域法是采用欧几里得距离来定义邻域点之间的相关性，而改进方法的邻域点之间的相关性是采用夹角余弦来度量的。

夹角余弦 $\cos l$ 表示为

$$\cos l = \frac{\sum_{l=1}^{L}(X(M),X(M_l))}{\sqrt{\sum_{l=1}^{L} X^2(M)}\sqrt{\sum_{l=1}^{L} X^2(M_l)}}$$ （10-13）

式中，$\cos l$ 为相点 $X(M)$ 与 $X(M_l)$ 的夹角余弦；$X(M)$ 为中心点；$X(M_l)$ 为参考轨迹。修正后的加权一阶局域法的具体算法同上述加权一阶局域法，即只需将欧几里得距离 d_l 改为夹角余弦 $\cos l$。

10.2.2　灰自助法

根据以上 4 种混沌预测方法，即加权零阶局域法、一阶局域法、加权一阶局域法、修正的加权一阶局域法，可预测出超精密滚动轴承未来状态下每一时刻的 4 个服役精度信息，用向量 Y 表示为

$$Y=(y(1),y(2),\cdots,y(u),\cdots,y(4))$$ （10-14）

式中，Y 为超精密滚动轴承每一时间点预测的精度性能数据；$y(u)$ 为 Y 中的第 u 个数据，$u=1,2,3,4$。

为满足灰预测模型 GM(1,1)关于 $y(u) \geqslant 0$ 的苛刻要求，在式（10-14）中，若有 $y(u)<0$，则人为选取一个常数 c，使得 $y(u)+c \geqslant 0$ 即可。所以，在实际分析时，Y 要表示为

$$Y = (y(u)+c), \quad u = 1,2,3,4 \tag{10-15}$$

运用自助法，从 Y 中等概率可放回地随机抽取 1 个数，共抽取 q 次，可得到 1 个自助样本 V_1，它有 q 个数据。按此方法重复执行 B 次，得到 B 个样本，可表示为

$$V_{\text{Bootstrap}} = (V_1, V_2, \cdots, V_b, \cdots, V_B) \tag{10-16}$$

式中，V_b 为第 b 个自助样本；B 为总的自助再抽样次数，也是自助样本的个数。且有

$$V_b = (v_b(1), v_b(2), \cdots, v_b(g), \cdots, v_b(q)) \tag{10-17}$$

式中，$g = 1, 2, \cdots, q$; $b=1, 2, \cdots, B$。

根据灰预测模型 GM(1,1)，设 V_b 的一次累加生成向量表示为

$$Y_b = (y_b(1), y_b(2), \cdots, y_b(g), \cdots, y_b(q))$$

$$y_b(g) = \sum_{j=1}^{g} v_b(j), \quad g = 1, 2, \cdots, q \tag{10-18}$$

灰生成模型可以描述为如下灰微分方程：

$$\frac{\mathrm{d}y_b(u)}{\mathrm{d}u} + c_1 y_b(u) = c_2 \tag{10-19}$$

式中，u 为时间变量，c_1 和 c_2 为待定系数。

用增量代替微分，表示为

$$\frac{\mathrm{d}y_b(u)}{\mathrm{d}u} = \frac{\Delta y_b(u)}{\Delta u} = y_b(u+1) - y_b(u) = v_b(u+1) \tag{10-20}$$

式中，Δu 取单位时间间隔为 1。再设均值生成序列向量为

$$Z_b = (z_b(2), z_b(3), \cdots, z_b(u), \cdots, z_b(4))$$

$$z_b(u) = 0.5 y_b(u) + 0.5 y_b(u-1), \quad u = 2,3,4 \tag{10-21}$$

在初始条件 $y_b(1)=v_b(1)$ 下，灰微分方程的最小二乘解为

$$\hat{y}_b(q+1) = (v_b(1) - c_2/c_1)\mathrm{e}^{-c_1 q} + c_2/c_1 \tag{10-22}$$

式中，待定系数 c_1 和 c_2 表示为

$$(c_1, c_2)^{\mathrm{T}} = (D^{\mathrm{T}} D)^{-1} D^{\mathrm{T}} (V_b)^{\mathrm{T}} \tag{10-23}$$

且有

$$\boldsymbol{D} = (-\boldsymbol{Z}_b, \boldsymbol{I})^{\mathrm{T}} \tag{10-24}$$

$$\boldsymbol{I} = (1, 1, \cdots, 1) \tag{10-25}$$

然后由累减生成，可得到第 b 个生成数据：

$$\hat{v}(q+1) = \hat{y}_b(q+1) - \hat{y}_b(q) - c \tag{10-26}$$

因此，B 个服役精度的生成数据，可表示为如下向量：

$$\begin{aligned}
\boldsymbol{Y}_B &= (w_1, w_2, \cdots, w_b, \cdots, w_B) \\
&= (\hat{v}_1(q+1), \hat{v}_2(q+1), \cdots, \hat{v}_b(q+1), \cdots, \hat{v}_B(q+1))
\end{aligned} \tag{10-27}$$

式中，w_b 为第 b 个生成数据。

10.2.3　最大熵原理

1. 概率密度求取

将式（10-27）服役精度生成数据 $\boldsymbol{Y}_B$ 连续化，定义最大熵的表达式为

$$H(w) = -\int_{-\infty}^{+\infty} p(w) \ln p(w) \mathrm{d}w \tag{10-28}$$

式中，$p(w)$ 为连续化后的数据序列 $\boldsymbol{Y}_B$ 的概率密度函数。

最大熵法能够对未知的概率分布做出主观偏见为最小的最佳估计。最大熵的主要思想：在所有可行解中，满足熵最大的解是最"无偏"的。令

$$H(w) = -\int_S p(w) \ln p(w) \mathrm{d}w \to \max \tag{10-29}$$

式中，S 为积分区间，即随机变量 w 的可行域。

约束条件为

$$\int_S w^j p(w) \mathrm{d}w = m_j, \quad j = 0, 1, 2, \cdots, \beta; m_0 = 1 \tag{10-30}$$

式中，m_j 为第 j 阶原点矩；β 为所有矩的阶数。

通过调整 $p(w)$ 可以使熵达到最大值，拉格朗日乘子法的解表示为

$$p(w) = \exp\left(\lambda_0 + \sum_{j=1}^{\beta} \lambda_j w^j \right) \tag{10-31}$$

式中，$\lambda_0, \lambda_1, \cdots, \lambda_\beta$ 为拉格朗日乘子，w 为服役精度的随机变量，且有

$$m_j = \frac{\int_S w^j \exp\left(\sum_{j=1}^{\beta} \lambda_j w^j\right) \mathrm{d}w}{\int_S \exp\left(\sum_{j=1}^{\beta} \lambda_j w^j\right) \mathrm{d}w}$$ （10-32）

$$\lambda_0 = -\ln\left[\int_S \exp\left(\sum_{j=1}^{\beta} \lambda_j w^j\right) \mathrm{d}w\right]$$ （10-33）

式（10-31）就是用最大熵法构建的生成序列 Y_B 的概率密度函数，根据该概率密度函数 $p(w)$ 可实现该组生成序列真值与上下界的预测。

2. 参数估计

对于随机变量 w 的概率密度函数 $p(w)$，可得序列 Y_B 的估计真值 X_0 为

$$X_0 = \int_{-\infty}^{+\infty} w p(w) \mathrm{d}w$$ （10-34）

有实数 $\alpha \in (0, 1)$ 存在，若 w_α 使概率

$$P(X < X_\alpha) = \int_{-\infty}^{w_\alpha} p(w) \mathrm{d}w = \alpha$$ （10-35）

则称 w_α 为密度函数 $p(w)$ 的 α 分位数。其中，α 称为显著性水平。

对于双侧分位数，有概率：

$$P(X < X_U) = \frac{\alpha}{2}$$ （10-36）

$$P(X \geqslant X_L) = \frac{\alpha}{2}$$ （10-37）

式中，X_U 和 X_L 分别为生成序列 Y_B 的上界值和下界值，$[X_L, X_U]$ 为 α 水平下的置信区间。

结合灰自助法与最大熵法，可将超精密滚动轴承未来状态下的每一时刻的 4 个精度信息有效融合，进而预测出其未来每一时刻的精度属性真值 X_0 与置信区间 $[X_L, X_U]$。

10.2.4　泊松过程

1. 计数过程

假设在超精密滚动轴承服役精度生成序列 Y_B，即式（10-27）中有 μ 个数据越过精度阈值 h，即落在最佳服役精度的区间 $[0, h]$ 之外，则 Y_B 的变异强度估计值 θ 表示为

$$\theta = \frac{\mu}{B} \tag{10-38}$$

变异强度是指超精密滚动轴承精度波动幅值超过最佳服役精度区间的频率，属于影响轴承运转精度变异过程的重要特征参数，且随着不同的精度阈值变化而变化。

2. 服役精度保持可靠性动态预测

任何计数过程均可用泊松过程描述：

$$Q = \exp(-\theta i)\frac{(\theta i)^e}{e!} \tag{10-39}$$

式中，i 为单位时间，i=1, 2, 3, …；θ 为变异强度；e 为失效事件发生的次数，e=0, 1, 2, 3, …，即工作服役精度变异严重可能已造成轴承失效；Q 为失效事件发生 e 次的概率。由泊松过程可以获得事件发生的可靠度 R。

在求取超精密滚动轴承服役精度保持可靠性时，令 e=0，即产品未发生失效前的概率；i=1 时为当前时间的精度保持可靠度，即当前生成序列 $\boldsymbol{Y}_B$ 的服役精度保持在最优服役精度区间[0, h]内的可能性。则根据式（10-39），可靠度可表示为

$$R(\theta) = \exp(-\theta) \tag{10-40}$$

式中，$R(\theta)$ 表示超精密滚动轴承运行期间可以保持最佳服役精度状态的可能性。

那么，服役精度生成序列 $\boldsymbol{Y}_B$ 的可靠度只是关于变异强度 θ 的函数，θ 可由式（10-38）求得。在具体实施时，若精度保持可靠度不小于 90%，则认为轴承服役精度的可靠性极好，保持最佳服役精度状态的可能性大；若可靠度低于 90%且不小于 80%，则认为轴承服役精度的可靠性一般，保持最佳服役精度状态的可能性在逐渐降低；若可靠度低于 80%且不小于 50%，则认为轴承服役精度的可靠性较差，保持最佳服役精度状态的可能性较小；若可靠度低于 50%，可视为轴承服役精度已失效。

3. 服役精度保持相对可靠度

在超精密滚动轴承服役精度处于最佳时期（一般为初始运转时间段）获得最优服役精度的变异强度 θ_1，其他时间段的服役精度的变异强度为 θ_η，η=2, 3, 4, …。根据测量理论的相对误差概念，获取超精密滚动轴承服役精度保持相对可靠度 $d(\eta)$，用于表征超精密滚动轴承不同时间段的运转精度保持最佳服役精度状态的失效程度：

$$d(\eta) = \frac{R(\theta_\eta) - R(\theta_1)}{R(\theta_1)} \times 100\% \tag{10-41}$$

式中，$R(\theta_1)$ 为超精密滚动轴承运转最佳时间段且保持最佳服役精度的可靠性；$R(\theta_\eta)$ 为超精密滚动轴承其他运转时间段保持最佳服役精度的可靠性；$d(\eta)$ 为超精密滚动轴承各个运行时间段保持最佳服役状态的失效程度。

4. 最佳服役精度状态失效程度评估

超精密滚动轴承服役精度分级的基本原理如下：

（1）根据显著性假设检验原理，若超精密滚动轴承服役精度保持相对可靠度不小于 0%，表示所评估时间区间段的精度保持可靠度不低于最佳时期的精度保持可靠度，不能拒绝超精密滚动轴承服役精度已经达到最佳状态；否则，可以拒绝轴承服役精度已经达到最佳状态。

（2）当超精密滚动轴承服役精度保持相对可靠度小于 0%、相对误差 $d(\eta)$ 的绝对值在 (0%, 10%] 区间时，表明评估值相对于最佳值的误差很小；相对误差绝对值在 (10%, 20%] 区间时，表明评估值相对于最佳值的误差逐渐变大；相对误差绝对值大于 20% 时，表明评估值相对于最佳值的误差变大。

基于此，将超精密滚动轴承服役精度分为 S_1、S_2、S_3、S_4 共 4 个级别。

S_1：超精密滚动轴承服役精度保持相对可靠度 $d(\eta) \geqslant 0\%$，即在未来时间段轴承的服役精度达到最佳，最佳精度状态几乎没有失效的可能性。

S_2：超精密滚动轴承服役精度保持相对可靠度 $d(\eta) \in [-10\%, 0\%)$，即在未来时间段轴承的服役精度正常，最佳精度状态失效的可能性小。

S_3：超精密滚动轴承服役精度保持相对可靠度 $d(\eta) \in [-20\%, -10\%)$，即在未来时间段轴承的服役精度逐渐变差，最佳精度状态失效的可能性逐渐增大。

S_4：超精密滚动轴承服役精度保持相对可靠度 $d(\eta) < -20\%$，即在未来时间段轴承的服役精度变差，最佳精度状态失效的可能性较大。

根据超精密滚动轴承服役精度的 4 个等级，预测其最佳服役精度状态失效程度的时间历程。超精密滚动轴承服役精度保持相对可靠度实际上是相对于最佳服役精度状态在未来时间段轴承精度保持可靠性的衰减程度。负值表示衰减，即该时间段轴承服役精度保持可靠度低于最佳时间段的轴承服役精度保持可靠度；正值表示不衰减。滚动轴承精度保持相对可靠度 $d(\eta)$ 越小，轴承服役精度越差，最佳服役精度状态失效的可能性越大。

对应于超精密滚动轴承服役精度保持相对可靠度 $d(\eta) = -20\%$ 的时间段，是轴承服役精度变差的临界时间，在该临界时间之前采取措施，可以避免发生因超精密滚动轴承最佳精度状态失效引起的严重安全事故。

10.2.5　建模基本思路

理论建模用到混沌预测方法、灰自助法、最大熵法、泊松过程等多种数学模型，每种模型并非单一存在，而是互补互融、环环相扣，突破了每种模型只能解决一类问题的局限，思路如下。

步骤 1：基于精度性能属性的时间序列 X，用 Cao 法求得嵌入维数 m；由互信息法求得延迟时间 τ；实现混沌理论的相空间重构。

步骤 2：相空间重构得到 X 的相轨迹，凭借加权零阶局域法、一阶局域法、加权一阶局域法、修正的加权一阶局域法实现 X 的 4 种混沌动态预测，得到轴承未来每一步有 4 个预测值，组成样本数据为 4 的小样本 Y。

步骤 3：借助灰自助法将小样本 Y 生成统计学的大样本 Y_B，以方便求出其准确的概率密度函数。

步骤 4：将大量的生成数据 Y_B 连续化，求出各阶样本矩，根据最大熵原理得到真实的概率密度函数，进而求出每一步的预测真值 X_0 与 α 水平下的区间[X_L, X_U]，实现超精密滚动轴承服役精度的准确预测。

步骤 5：在给定的精度阈值 h 条件下，找到大样本 Y_B 超出最佳服役精度区间[0, h]的个数 μ，进而得到每一步预测结果的变异强度 θ，根据泊松公式得到超精密滚动轴承未来每一步的服役精度保持可靠度。

步骤 6：根据所提的服役精度保持相对可靠度的新概念，获取超精密滚动轴承服役精度保持相对可靠度 $d(\eta)$，表征轴承未来运转精度保持最佳服役精度状态的失效程度。

10.3　实　验　研　究

这是一个超精密滚动轴承精度寿命强化实验。实验机型号为 ABLT-1A，主要由实验头、实验头座、传动系统、加载系统、润滑系统、计算机控制系统组成。实验材料为 SKF 提供的 P4 级超精密滚动轴承 H7008C，且该类轴承有一个过渡等级，尚可达到国标 P2 级的公差等级。实验在电机转速为 4950r/min、室温为26℃、湿度为 53%的环境条件下进行，所施加径向载荷为 13.2kN。实验时间及轴承振动信息由计算机控制系统自动累积显示，振动信号采集频率为 10min/次，单位为 m/s^2。从实验开始起计时，当轴承套圈或滚子组件运转精度发生明显变异甚至表面疲劳剥落时，实验机振动值明显增加，服役精度将随之降低。当振动值达到一定幅值时，电机会停止运行且实验结束。

计算机累积采集 8010 次信号，即实验共进行 8010×10min，所得超精密滚动轴承振动信号的时间序列 X 如图 10-1 所示。不难看出，随运转时间的增加，轴承振动值变大/剧烈，这意味着服役精度恶性变异越强，精度保持可靠性越低。因此，可以通过分析超精密滚动轴承振动信号来判定其内部零件潜在的服役精度演变情况，进而预测未来运行状况以及精度保持可靠性。

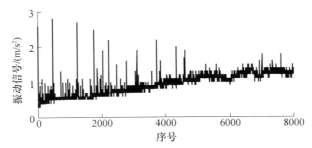

图 10-1　超精密滚动轴承振动时间序列 X

10.3.1　时间序列实现混沌预测

将时间序列 X 分为 4 个子序列，分别为 $X_1(1\sim2000)$、$X_2(2001\sim4000)$、X_3(4001$\sim$6000)、$X_4(6001\sim8000)$，再用混沌预测方法对这 4 个子序列建立相应的预测模型，预测步长为 10，然后用原始数据第 2001$\sim$2010($X_{1,0}$)、4001$\sim$4010($X_{2,0}$)、6001$\sim$6010($X_{3,0}$)、8001$\sim$8010($X_{4,0}$)个数分别验证 4 个子序列预测方法的准确可行性。

相空间参数求取：分别用互信息法和 Cao 方法求得时间序列 X_1、X_2、X_3、X_4 的时间延迟 τ 与嵌入维数 m，结果如表 10-1 所示。

表 10-1　4 个子序列的相空间参数

相空间参数	子序列			
	X_1	X_2	X_3	X_4
τ	3	1	1	2
m	16	7	9	9

时间序列的相空间参数的求取是相空间重构的基础，并为后面的混沌预测做好准备。图 10-2～图 10-5 分别为子序列 X_1、X_2、X_3、X_4 用加权零阶局域法（标记为方法 1）、一阶局域法（方法 2）、加权一阶局域法（方法 3）和修正的加权一阶局域法（方法 4）进行 10 步混沌预测的结果。

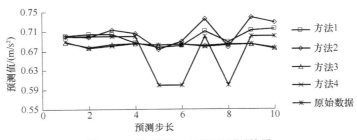

图 10-2　子序列 X_1 的混沌预测结果

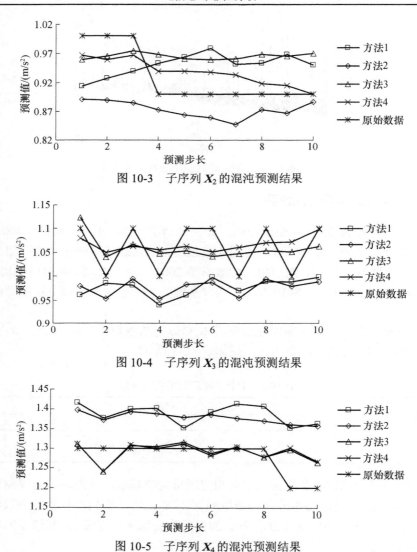

图 10-3　子序列 X_2 的混沌预测结果

图 10-4　子序列 X_3 的混沌预测结果

图 10-5　子序列 X_4 的混沌预测结果

由图 10-2 可以看出，子序列 X_1 的 4 个预测结果变化趋势相似且较为平稳，均在 0.70 左右浮动；与原始数据相差较大的在第 5、6 和 8 步，但最大差值也仅为 0.10m/s² 左右。由图 10-3 可以看出，子序列 X_2 的 4 个预测结果与原始数据相差都很小，只有一阶局域法（方法 2）的前 3 步与原始数据差值稍大，但也仅为 0.10m/s² 左右。由图 10-4 可以看出，子序列 X_3 的原始数据在 1 和 1.1 之间跳动；加权零阶局域法（方法 1）和一阶局域法（方法 2）的预测结果在 0.94～1.0m/s² 摆动；加权一阶局域法（方法 3）和修正的加权一阶局域法（方法 4）的预测结果在 1.04～1.12m/s² 摆动；表明 4 种预测结果与实际值相差均较小。由图 10-5 可以看出，子序列 X_4 的方法 1 和方法 2 的预测结果在 1.40m/s² 左右摆动；方法 3 和方法 4 的预测结果在 1.30m/s² 左右摆动；4 种预测结果与实际值的差值同样均很小。所以，4 种混沌预测方法在时间序列预测时，预测值与实际值相差均极小。

为有力说明预测结果的准确性，需计算出子序列 X_1、X_2、X_3、X_4 的各预测值与原始数据之间相对误差的绝对值，结果如图 10-6~图 10-9 所示。

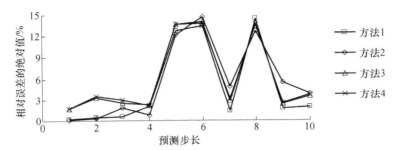

图 10-6　子序列 X_1 预测结果相对误差的绝对值

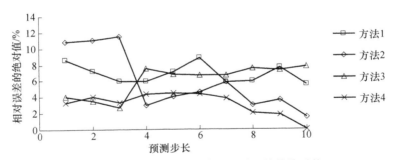

图 10-7　子序列 X_2 预测结果相对误差的绝对值

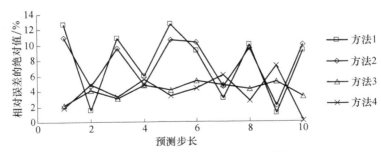

图 10-8　子序列 X_3 预测结果相对误差的绝对值

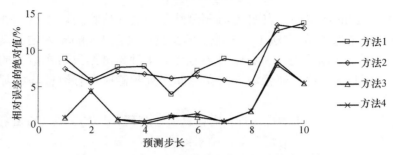

图 10-9　子序列 X_4 预测结果相对误差的绝对值

由图 10-6 不难看出，子序列 X_1 的 4 个预测结果的相对误差变化趋势十分相似，说明预测结果具有良好的一致性；最小误差出现在一阶局域法（方法 2）的第 1 步，为 0.13%，预测结果十分精确；最大误差出现在方法 2 的第 6 步，但仅为 14.68%。由图 10-7 可知，在子序列 X_2 的预测中，修正的加权一阶局域法（方法 4）的预测结果最为良好，预测误差为 0%～4.48%；一阶局域法（方法 2）的预测结果稍差且出现最大预测误差 11.43%；其他两种预测误差不超过 8.8%。由图 10-8 不难看出，子序列 X_3 的 4 个预测结果的相对误差波动较为剧烈，原因是原始数据波动剧烈（为锯齿状），表明预测方法能反映原始序列的变化趋势；最小误差出现在修正的加权一阶局域法（方法 4）中，为 0.11%；最大相对误差出现在加权零阶局域法（方法 1）中，但仅为 12.70%。由图 10-9 可知，在子序列 X_4 的预测中，加权一阶局域法（方法 3）和修正的加权一阶局域法（方法 4）的预测结果明显优于加权零阶局域法（方法 1）和一阶局域法（方法 2）的预测结果；最大相对误差出现在方法 1 中，但也仅为 13.63%。

综上，由 4 个子序列的预测结果可知，加权零阶局域法（方法 1）、一阶局域法（方法 2）、加权一阶局域法（方法 3）和修正的加权一阶局域法（方法 4）进行混沌预测的误差均很低，且小于 15%，说明 4 种预测方法均可应用于工程实际。然而，在 4 个子序列中对比 4 种预测方法，很难得出具体哪种方法最好或最坏，因为在不同子序列中，其预测方法的优劣各不相同。一种预测方法只能反映服役精度未来趋势变化的一个侧面，每一步的预测值都是其真值的一次特征实现，只有融合并挖掘多个侧面信息才能实现真实预测。现将子序列每一步的 4 个预测结果进行灰自助最大熵融合：先用灰自助法将 4 个预测结果进行抽样处理，模拟出预测值的大量生成数据；再用最大熵法对生成数据进行概率密度函数求取，进而实现真值预测，并在给定置信水平下求出预测区间。

10.3.2　真值评估与区间预测

在灰自助生成数据过程中，令抽样次数 q=4，重复执行次数 B=20000；最大熵区间预测时，置信水平 $\alpha=0$。子序列 X_1 第 1 步 4 个预测值 $X_{1,1}=$ (0.7013m/s^2, 0.6991m/s^2, 0.6878m/s^2, 0.6883m/s^2)的大量生成数据及其概率密度函数如图 10-10 和图 10-11 所示。

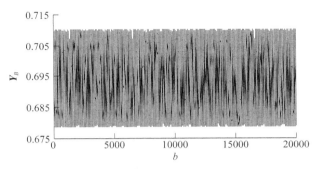

图 10-10　$X_{1,1}$ 的大量生成数据

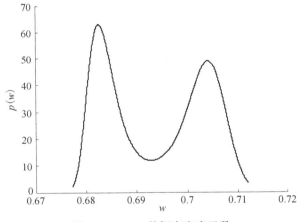

图 10-11　$X_{1,1}$ 的概率密度函数

所以，可得子序列 X_1 预测值第 1 步的估计真值 X_0=0.6937m/s^2，估计区间 $[X_L, X_U]$=[0.6677m/s^2, 0.7121m/s^2]。然后，依次得到子序列 X_1 预测值第 2～10 步的估计真值和估计区间。同理，可得到其他子序列 X_2、X_3、X_4 未来状态下 10 步的估计真值和估计区间。结果如表 10-2 和表 10-3 所示。

表 10-2　子序列未来每一步的估计真值 X_0(单位：m/s^2)

预测步长	子序列			
	X_1	X_2	X_3	X_4
第 1 步	0.6937	0.9318	1.0387	1.3585
第 2 步	0.6871	0.9336	1.0046	1.3136

续表

预测步长	子序列			
	X_1	X_2	X_3	X_4
第 3 步	0.6953	0.9387	1.0289	1.3550
第 4 步	0.6907	0.9307	0.9988	1.3471
第 5 步	0.6780	0.9277	1.0136	1.3418
第 6 步	0.6841	0.9283	1.0192	1.3371
第 7 步	0.7018	0.9184	1.0084	1.3487
第 8 步	0.6815	0.9265	1.0252	1.3331
第 9 步	0.7068	0.9266	1.0222	1.3269
第 10 步	0.6981	0.9264	1.0343	1.3166

表 10-3　子序列未来每一步的估计区间$[X_L, X_U]$(单位：m/s^2)

预测步长	子序列			
	X_1	X_2	X_3	X_4
第 1 步	[0.6677, 0.7121]	[0.8308, 1.0281]	[0.8296, 1.2551]	[1.2267, 1.4982]
第 2 步	[0.6528, 0.7254]	[0.8302, 1.0249]	[0.8770, 1.1254]	[1.1340, 1.4847]
第 3 步	[0.6526, 0.7398]	[0.8156, 1.0439]	[0.9121, 1.1348]	[1.2325, 1.4740]
第 4 步	[0.6673, 0.7222]	[0.7984, 1.0429]	[0.8487, 1.1463]	[1.2192, 1.4813]
第 5 步	[0.6656, 0.6893]	[0.7836, 1.0441]	[0.8788, 1.1448]	[1.2566, 1.4347]
第 6 步	[0.6738, 0.6944]	[0.7632, 1.0744]	[0.9342, 1.1045]	[1.1931, 1.4819]
第 7 步	[0.6326, 0.7795]	[0.7579, 1.0499]	[0.8698, 1.1459]	[1.2153, 1.5019]
第 8 步	[0.6685, 0.6949]	[0.7979, 1.0433]	[0.9256, 1.1340]	[1.1741, 1.5105]
第 9 步	[0.6383, 0.7825]	[0.7867, 1.0495]	[0.9059, 1.1459]	[1.2446, 1.4123]
第 10 步	[0.6312, 0.7700]	[0.8202, 1.0357]	[0.9029, 1.1856]	[1.1871, 1.4417]

由表 10-2 可知，每个子序列预测 10 步，即预测超精密滚动轴承在未来 10×10min 内的运行态势。子序列 X_1、X_2、X_3、X_4 未来 10×10min 内的振动性能分别在 0.69m/s^2、0.93m/s^2、1.01m/s^2、1.33m/s^2 左右波动，表明单个子序列未来 10 步的预测结果具有良好的一致性。由表 10-3 可知，各个子序列每一步的估计区间上下界的差值均较小，说明预测区间较为精确可靠；同时参考图 10-2～图 10-5 各子序列的原始数据，估计区间$[X_L, X_U]$全部将原始数据包络起来，即所提出的预测方法能够较好地描述超精密滚动轴承服役精度的波动范围，可实现轴承组件的在线动态性能监控，区间预测可靠性达到(1−0/15)×100=100%。为验证融合后的真值能更全面地反映轴承的未来态势且能够更加准确地进行预测，现计算出融合真值与实际值的误差，结果如图 10-12 所示。

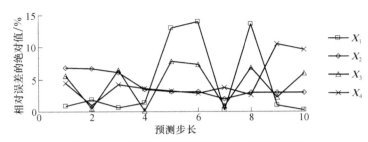

图 10-12　各子序列估计真值 X_0 的预测误差

由图 10-12 不难得出，将每一步的 4 个预测值融合为 1 个预测真值后，预测精度相当可靠，子序列 X_1 的平均误差为 4.68%；融合真值的最大误差仅为 14.02%，出现在第 6 步，而融合之前的最大误差为 14.68%。子序列 X_2 的平均误差为 4.01%，其真值的最大误差仅为 6.82%，出现在第 1 步，而之前的最大误差已达到 11.43%。子序列 X_3 的平均误差为 4.36%，其真值的最大误差仅为 7.85%，出现在第 5 步，而之前的最大误差高达 12.70%。子序列 X_4 的平均误差为 4.61%，其真值的最大误差仅为 10.58%，出现在第 9 步，而之前的最大误差为 13.63%。显然，灰自助最大熵融合后，各子序列真值的预测误差明显有所降低，表明融合后的真值 X_0 更能反映轴承未来服役精度的变化趋势，预测结果更加精确可行，可较好地应用于工程实际。

10.3.3　服役精度保持可靠性的动态预测

超精密滚动轴承未来状态下每一步的精度真值与区间已实现准确预测，在此基础上若实现每一步的精度保持可靠性预测，需借助泊松过程：首先，各个子序列每一步的 4 个预测值均有 20000 个灰自助生成数据 Y_B；然后，设定精度阈值 $h=1.0\text{m/s}^2$ 进行泊松计数（阈值 h 的取值依据主轴系统对轴承服役精度的要求，后面会详细分析），得到每一步的 20000 个生成数据落在最佳服役精度区间[0, 1.0]之外的个数 μ，由式（10-38）得到其变异强度 θ，结果如表 10-4 所示；再由式（10-40）便可实现每一步的精度保持可靠性动态预测，结果如表 10-5 所示。

表 10-4　生成数据超出阈值的个数 μ 与变异强度 θ

预测步长	X_1		X_2		X_3		X_4	
	μ	θ	μ	θ	μ	θ	μ	θ
第 1 步	0	0	3066	0.1533	11213	0.5607	20000	1
第 2 步	0	0	2661	0.1331	11060	0.5530	20000	1
第 3 步	0	0	3821	0.1911	11474	0.5737	20000	1
第 4 步	0	0	3007	0.1504	10065	0.5033	20000	1

预测步长	X_1		X_2		X_3		X_4	
	μ	θ	μ	θ	μ	θ	μ	θ
第5步	0	0	2989	0.1495	10557	0.5279	20000	1
第6步	0	0	3730	0.1865	11705	0.5853	20000	1
第7步	0	0	3488	0.1744	10879	0.5440	20000	1
第8步	0	0	3153	0.1577	11530	0.5765	20000	1
第9步	0	0	3925	0.1963	11104	0.5552	20000	1
第10步	0	0	2550	0.1275	12091	0.6046	20000	1

表 10-5　子序列未来每一步的精度保持可靠度（单位：%）

预测步长	子序列			
	X_1	X_2	X_3	X_4
第1步	100	85.79	57.08	36.79
第2步	100	87.54	57.52	36.79
第3步	100	82.60	56.34	36.79
第4步	100	86.04	60.45	36.79
第5步	100	86.11	58.98	36.79
第6步	100	82.99	55.69	36.79
第7步	100	84.00	58.04	36.79
第8步	100	85.41	56.19	36.79
第9步	100	82.18	57.40	36.79
第10步	100	88.03	54.63	36.79

由表 10-4 不难看出，就单个子序列而言，未来 10 步超出阈值的个数 μ 相差较小甚至相等，对于子序列 X_1 和 X_4，前者全部落在最佳服役精度区间范围内，后者全部超出最佳区间；对于子序列 X_2 和 X_3，前者落在规定最佳服役精度区间内的个数在 2550～3925 浮动，后者在 10065～12091 摆动。同样，每一步变异强度 θ 的差值极小，其中子序列 X_1 每一步的变异强度均为 0，说明轴承运转状况十分稳定，未发生一丝恶性变异，保持最佳服役精度的状态良好；X_4 每一步的变异强度为 1，说明轴承运转状况极其恶劣，轴承可能已发生精度失效；X_2 的变异强度在 0.1275～0.1963 变化，表明轴承已开始发生变异，轴承运转状况从此逐渐变差，保持最佳服役精度状态的可能性已开始逐渐降低，此时间点可为在线健康监控提供参考点；X_3 的变异强度在 0.5033～0.6046 变化，表明轴承变异严重，运转状况已很差，为避免恶性事故发生，应及时采取维修措施。所以，对于单个子序列，预测结果统一性良好。同时，子序列 X_1、X_2、X_3、X_4 代表该超精密滚动轴承服役期间不同的运转阶段，这也说明随运转时间的增加，变异强度会逐渐增加，

恶性变化程度会愈加剧烈，进而造成超精密滚动轴承的精度保持可靠性降低。

由表 10-5 可知，子序列 X_1 未来 10 步的精度保持可靠性可达到 100%，这是因为时间序列 X_1 为实验进行的初始阶段，轴承振动幅值极小且主轴窜动量小，服役精度极高，运转状况十分安全可靠。子序列 X_2 未来 10 步的可靠度处于 80%～90%，说明此时该超精密滚动轴承服役精度保持可靠性一般，保持最佳服役精度状态的可能性逐渐降低，轴承已逐渐开始发生恶性变异且内部已发生潜在的精度变质。子序列 X_3 未来 10 步的可靠度处于 50%～80%，说明此时该超精密滚动轴承服役精度保持可靠性较差，轴承恶性变异较为严重，应及时采取补救措施。子序列 X_4 未来 10 步的可靠度均低于 50%，说明此时该超精密滚动轴承已十分不可靠，轴承内部可能已发生精度失效甚至严重磨损。

通过分析总时间序列 X 的不同子时间段 X_1、X_2、X_3、X_4 的变异强度及精度保持可靠性，可很好地识别出超精密滚动轴承服役精度的动态演变状况。与总的服役时长 80010×10min 相比，未来 10 步的预测点可看成一个瞬时，该瞬时点的可靠度为 10 步预测值的均值，作为各子序列临尾时的精度保持可靠度，结果如图 10-13 所示。

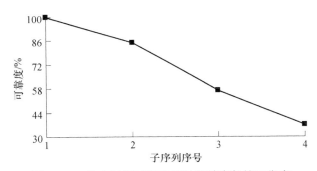

图 10-13　各个时间区间临尾时的精度保持可靠度

由图 10-13 可知，各个子时间序列临尾时的可靠性取值能够很好地描述出超精密滚动轴承服役精度的变异趋势：子时间序列 X_1 临尾时，精度保持可靠性取值很大，表明轴承保持最佳服役精度状态的可能性极大，服役精度极高；X_2 临尾时，可靠性取值开始减小，说明轴承保持最佳服役精度状态的可能性逐渐降低，服役精度也开始缓慢降低；X_3 临尾时，可靠性取值开始快速减小，说明轴承服役精度迅速降低；X_4 临尾时，可靠性取值已达到最小，表明轴承服役精度已丧失，也很可能已发生疲劳失效。

由表 10-4、表 10-5 和图 10-13 可以看出，精度阈值 h 决定着超精密滚动轴承未来每一步服役精度的变异强度，进而影响每一步的可靠度，阈值 h 取值的大小取决于实际应用中机床、电机等系统对超精密滚动轴承服役精度要求的苛刻程度。

表 10-6～表 10-9 为不同子时间段 X_1、X_2、X_3、X_4 在不同精度阈值下的每一步精度保持可靠度（h=0.6m/s², 0.8m/s², 1.0m/s², 1.2m/s², 1.4m/s²）。

表 10-6　子序列 X_1 在不同阈值下精度保持可靠度（单位：%）

预测步长	h=0.6m/s²	h=0.8m/s²	h=1.0m/s²	h=1.2m/s²	h=1.4m/s²
第 1 步	36.79	100	100	100	100
第 2 步	36.79	100	100	100	100
第 3 步	36.79	100	100	100	100
第 4 步	36.79	100	100	100	100
第 5 步	36.79	100	100	100	100
第 6 步	36.79	100	100	100	100
第 7 步	36.79	100	100	100	100
第 8 步	36.79	100	100	100	100
第 9 步	36.79	100	100	100	100
第 10 步	36.79	100	100	100	100

表 10-7　子序列 X_2 在不同阈值下精度保持可靠度（单位：%）

预测步长	h=0.6m/s²	h=0.8m/s²	h=1.0m/s²	h=1.2m/s²	h=1.4m/s²
第 1 步	36.79	36.79	85.79	100	100
第 2 步	36.79	36.79	87.54	100	100
第 3 步	36.79	36.79	82.60	100	100
第 4 步	36.79	36.79	86.04	100	100
第 5 步	36.79	39.59	86.11	100	100
第 6 步	36.79	39.62	82.99	100	100
第 7 步	36.79	40.69	84.00	100	100
第 8 步	36.79	36.79	85.41	100	100
第 9 步	36.79	37.86	82.18	100	100
第 10 步	36.79	36.79	88.03	100	100

表 10-8　子序列 X_3 在不同阈值下精度保持可靠度（单位：%）

预测步长	h=0.6m/s²	h=0.8m/s²	h=1.0m/s²	h=1.2m/s²	h=1.4m/s²
第 1 步	36.79	36.79	57.08	90.56	100
第 2 步	36.79	36.79	57.52	100	100
第 3 步	36.79	36.79	56.34	100	100
第 4 步	36.79	36.79	60.45	100	100

续表

预测步长	h=0.6m/s^2	h=0.8m/s^2	h=1.0m/s^2	h=1.2m/s^2	h=1.4m/s^2
第 5 步	36.79	36.79	58.98	100	100
第 6 步	36.79	36.79	55.69	100	100
第 7 步	36.79	36.79	58.04	100	100
第 8 步	36.79	36.79	56.19	100	100
第 9 步	36.79	36.79	57.40	100	100
第 10 步	36.79	36.79	54.63	100	100

表 10-9　子序列 X_4 在不同阈值下精度保持可靠度（单位：%）

预测步长	h=0.6m/s^2	h=0.8m/s^2	h=1.0m/s^2	h=1.2m/s^2	h=1.4m/s^2
第 1 步	36.79	36.79	36.79	36.79	65.20
第 2 步	36.79	36.79	36.79	53.14	67.62
第 3 步	36.79	36.79	36.79	36.79	65.38
第 4 步	36.79	36.79	36.79	36.79	68.21
第 5 步	36.79	36.79	36.79	36.79	80.41
第 6 步	36.79	36.79	36.79	36.79	70.08
第 7 步	36.79	36.79	36.79	36.79	62.19
第 8 步	36.79	36.79	36.79	39.46	65.26
第 9 步	36.79	36.79	36.79	36.79	92.70
第 10 步	36.79	36.79	36.79	37.65	82.21

　　由表 10-6～表 10-9 中不同精度阈值 h 下的精度保持可靠性预测值序列可以看出，在每一个子序列精度保持可靠性动态预测过程中，精度阈值越小，未来每一步可靠性越低；反之，可靠性越高。阈值的大小反映出主轴系统对轴承服役精度的敏感程度。因此，在工程实际中，应根据具体主轴系统对超精密滚动轴承服役精度的要求，事先设计出相应的精度阈值 h，持续对超精密滚动轴承的精度信息进行实时监测并获取相应的可靠性预测值，便可以及时发现失效隐患，避免恶性事故的发生。

10.3.4　服役精度保持相对可靠度

　　由表 10-6～表 10-9 不难看出，在相同阈值条件下，X_1 时间区间的可靠性预测值在 4 个子序列中均是最大的。所以，超精密滚动轴承保持最佳服役精度的最佳时期为 X_1 时间区间，其精度保持可靠性取值为 $R(\theta_1)$，则子序列 X_2、X_3、X_4 对应的精度保持可靠度分别为 $R(\theta_2)$、$R(\theta_3)$、$R(\theta_4)$。现以 h=1.0m/s^2 和 h=1.2m/s^2 为例进行服役精度保持相对可靠度的分析，当 h=1.0m/s^2 时，分别求出各子序列未来 10 步可靠度预测值的均值，得到 $R(\theta_1)=100\%$，$R(\theta_2)=85.07\%$，$R(\theta_3)=57.23\%$，$R(\theta_4)=36.79\%$；当 $h=1.2\text{m/s}^2$ 时，$R(\theta_1)=100\%$，$R(\theta_2)=100\%$，$R(\theta_3)=99.06\%$，$R(\theta_4)=38.78\%$。根据式（10-41）可求出超精密滚动轴承不同服役时间段的运转精度保持最佳服役精度状态的失效程度 $d(\eta)$，结果如图 10-14 所示。

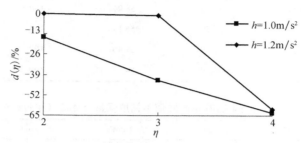

图 10-14　超精密滚动轴承服役精度保持相对可靠度

由图 10-14 可知，在精度阈值为 $h=1.0\text{m/s}^2$ 下，$\eta=2$ 时，即子序列 X_2 的相对可靠度 $d(\eta)=0\%$，表明所评估时间区间段 X_2 的轴承服役精度的可靠度不低于最佳时期的精度可靠度，不能拒绝该时间段的超精密滚动轴承服役精度已经达到最佳状态；$\eta=3$ 时，即子序列 X_3 的相对可靠度 $d(\eta)=-0.94\%\in[-10\%, 0\%]$，$d(\eta)$ 的值接近 0%，表明在该时间段轴承的服役精度正常，最佳精度状态失效的可能性很小，服役精度接近最佳状态；$\eta=4$ 时，即子序列 X_4 的相对可靠度 $d(\eta)=-61.22\%<-20\%$，表明在该时间段轴承的服役精度很差，最佳精度状态失效的可能性极大，超精密滚动轴承服役精度可能已失效。在精度阈值为 $h=1.2\text{m/s}^2$ 下，$\eta=2$ 时，即子序列 X_2 的相对可靠度 $d(\eta)=-14.93\%\in[-20\%, -10\%]$，表明在该时间段轴承的服役精度逐渐变差，最佳精度状态失效的可能性逐渐增大；$\eta=3$ 时，即子序列 X_3 的相对可靠度 $d(\eta)=-42.77\%<-20\%$；$\eta=4$ 时，即子序列 X_4 的相对可靠度 $d(\eta)=-63.21\%<-20\%$，表明时间段 X_3、X_4 轴承的服役精度很差，最佳精度状态失效的可能性极大，超精密滚动轴承服役精度极可能已失效。服役精度保持相对可靠 $d(\eta)=-20\%$ 的时间段，是轴承服役精度变差的临界时间。工程实践中，在该临界时间之前及时检查维修并采取相应的补救措施，可以避免超精密滚动轴承相对最佳精度状态失效引起的严重安全事故。精度阈值 h 的取值不同，会造成精度保持可靠性的预测值不同。所以，在实践中，应根据产品系统对轴承服役精度的具体要求，事先准确地定位精度阈值。

综上，首先在时间序列混沌预测过程中，加权零阶局域法、一阶局域法、加权一阶局域法和修正的加权一阶局域法均是准确可行的，最大预测误差不超过 15%，满足工程实际的一般预测要求；其次结合灰自助法和最大熵原理将每一步的 4 个预测值有效融合，得到超精密滚动轴承未来工作状态下的精度属性真值与估计区间；再次由灰自助的生成数据，借助泊松过程实现超精密滚动轴承每一时间点的服役精度保持可靠性的动态预测，预测结果可以有效监控轴承服役精度的变异状况；最后提出超精密滚动轴承精度保持相对可靠性的新概念，可以有效预测出轴承保持最佳服役精度状态的失效程度。

10.4　本 章 小 结

本章将混沌预测方法融入灰自助最大熵原理，预测出超精密滚动轴承未来每一时间点的精度性能真值与波动区间，每个子序列预测值真值与实际值一致性很好且误差很小，最大相对误差仅为 14.02%。

再将灰自助原理融入泊松过程，提出了超精密滚动轴承服役精度保持可靠性的动态预测方法，可以实现轴承未来每一时间点的精度保持可靠性预测，并揭示出运转时长对精度可靠性演变过程的影响机制。

根据不同时间区间服役精度保持可靠性的变化曲线，以及精度阈值对可靠性分析的影响，实时预测出超精密滚动轴承精度可靠性的一般演变规律，及时发现失效隐患并避免恶性事故的发生。

依据超精密滚动轴承服役精度保持可靠性的新概念，有效预测出轴承保持最佳服役精度状态的可能性和失效程度，可以在超精密滚动轴承最佳服役精度失效的可能性变大之前及时采取干预措施，对轴承进行维护或更换。

所提出的模型不仅能实现超精密滚动轴承服役精度每一时间点的精度保持可靠性的动态预测，还能实现其精度属性真值与区间的估计。

参 考 文 献

［1］ 蒋仁言, 左明健. 可靠性模型与应用. 北京: 机械工业出版社, 1999.

［2］ Johnson L G. Theory and Technique of Variation Research. New York: Elsevier, 1970.

［3］ Nelson W. Accelerated Testing: Statistical Models, Test Plans, and Data Analysis. New York: John Wiley & Sons, 1990.

［4］ Kaplan E L, Meier P. Nonparametric estimation from incomplete observations. Journal of American Statistical Association, 1958, J53: 457-481.

［5］ 王中宇, 夏新涛, 朱坚民. 非统计原理及其工程应用. 北京: 科学出版社, 2005.

［6］ 费业泰. 误差理论与数据处理. 北京: 机械工业出版社, 2000.

［7］ Bureau of the Census. Twelfth Census of the United States. Taken in the Year 1900. Vital Statistics. Part I. Analysis and Ratio Tables. Census Reports. Volume III. Washington: Bureau of the Census, 1902.

［8］ Bureau of Mines. Part I of the Ontario Bureau of Mines Report. Toronto: Bureau of Mines, 1904.

［9］ 茆诗松. 贝叶斯统计. 北京: 中国统计出版社, 1999.

［10］ Galenson W. Russian labor productivity statistics. Santa Monica: RAND Corporation, 1950.

［11］ Brown G W. The future of mathematical statistics and quality control. Santa Monica: RAND Corporation, 1949.

［12］ Seitz F, Mueller D W. Statistics of luminescent counter systems. Oak Ridge: Technical Information Service Extension (AEC), 1950.

［13］ Marcum J I. A statistical theory of target detection by pulsed radar. Santa Monica: RAND Corporation, 1947.

［14］ Sullivan J F, Hurlich A. Statistical basis for revision of a ballistic specification for acceptance of helmet steel. Watertown: Watertown Arsenal Labs, 1945.

［15］ 张湘平. 小子样统计推断与融合理论在武器系统评估中的应用研究. 长沙: 国防科学技术大学博士学位论文, 2003.

［16］ Efron B. Bootstrap methods. The Annals of Statistics, 1979, 7: 1-36.

［17］ 唐雪梅, 张金槐, 邵凤畅. 武器装备小子样试验分析与评估. 北京: 国防工业出版社, 2001.

［18］ 韩明. 无失效数据的可靠性分析. 北京: 中国统计出版社, 1999.

［19］ 夏新涛, 章宝明, 徐永智. 滚动轴承性能与可靠性乏信息变异过程评估. 北京: 科学出版

社, 2013.

[20] 夏新涛, 刘红彬. 滚动轴承振动与噪声研究. 北京: 国防工业出版社, 2015.

[21] 夏新涛, 朱坚民, 吕陶梅. 滚动轴承摩擦力矩的乏信息推断. 北京: 科学出版社, 2010.

[22] 夏新涛. 滚动轴承乏信息试验评估方法及其应用技术研究. 上海: 上海大学博士学位论文, 2007.

[23] 夏新涛, 陈晓阳, 张永振, 等. 滚动轴承乏信息试验分析与评估. 北京: 科学出版社, 2007.

[24] Xia X T, Qin Y Y, Jin Y P, et al. The reliability test assessment of three-parameter Weibull distribution of material life by Bayesian method. Scientific Research and Essays, 2014, 9(9): 357-361.

[25] Xia X T, Chen X Y, Zhang Y Z, et al. Grey bootstrap method of evaluation of uncertainty in dynamic measurement. Measurement, 2008, 41(6): 687-696.

[26] Xia X T, Meng Y Y, Qin Y Y. Evaluation of variation coefficient of slewing bearing starting torque using Bootstrap maximum-entropy method. Research Journal of Applied Sciences, Engineering and Technology, 2013, 6(12): 2213-2220.

[27] 夏新涛, 秦园园, 邱明. 基于灰自助最大熵法的机床加工误差的调整. 中国机械工程, 2014, 25(17): 2273-2277.

[28] 夏新涛, 秦园园, 邱明. 基于灰关系的制造过程稳定性评估. 航空动力学报, 2015, 3(30): 762-768.

[29] 夏新涛, 王中宇, 朱坚民, 等. 制造系统的非统计调整与误差预测. 机械工程学报, 2005, 41(1): 135-139, 171.

[30] Xia X T, Gao L L, Chen J F. Fusion method for true value estimation based on information poor theory. Journal of Computers, 2012, 7(2): 554-562.

[31] 夏新涛, 朱文换, 陈士忠. 基于乏信息融合技术的机床加工误差的调整方法. 中国机械工程, 2016, 27(13): 1802-1809.

[32] Xia X T, Wang Z Y, Gao Y. Estimation of non-statistical uncertainty using fuzzy-set theory. Measurement Science and Technology, 2000, 11(4): 430-435.

[33] Xia X T, Chen J F. Fuzzy hypothesis testing and time series analysis of rolling bearing quality. Journal of Testing and Evaluation, 2011, 39(6): 1144-1151.

[34] Xia X T, Lv T M, Meng F N. Gray chaos evaluation model for prediction of rolling bearing friction torque. Journal of Testing and Evaluation, 2010, 38(3): 291-300.

[35] 夏新涛, 孟艳艳, 邱明. 用灰自助泊松方法预测滚动轴承振动性能可靠性的变异过程. 机械工程学报, 2015, 51(9): 97-103.

[36] Xia X T, Meng Y Y, Qin M. Dynamical Bayesian testing for feature information of time series with poor information using phase-space reconstruction theory. Information Technology

Journal, 2013, 12(20): 5713-5718.

［37］ Xia X T, Meng Y Y, Shi B J, et al. Bootstrap forecasting method of uncertainty of rolling bearing vibration performance based on GM(1,1). The Journal of Grey System, 2015, 27(2): 78-92.

［38］ 夏新涛, 徐永智. 滚动轴承质量的乏信息评估. 北京: 科学出版社, 2016.

［39］ 夏新涛, 徐永智. 滚动轴承性能变异的近代统计学分析. 北京: 科学出版社, 2016.

［40］ Xia X T, Jin Y P, Shang Y T, et al. Evaluation for confidence interval of reliability of rolling bearing lifetime with type I censoring. Research Journal of Applied Sciences, Engineering and Technology, 2013, 6(5): 835-843.

［41］ Harris T A. Rolling Bearing Analysis. 3rd ed. New York: John Wiley & Sons, 1991.

［42］ Liu C H, Chen X Y, Gu J M, et al. High-speed wear lifetime analysis of instrument ball bearings. Proceedings of the Institution of Mechanical Engineers, Part J: Journal of Engineering Tribology, 2009, 223(3): 497-510.

［43］ Xia X T, Jin Y P, Xu Y Z. Hypothesis testing for reliability with a three-parameter Weibull distribution using minimum weighted relative entropy norm and Bootstrap. Journal of Zhejiang University—Science C (Computers & Electronics), 2013, 14(2): 143-154.

［44］ Xia X T, Jin Y P, Shang Y T, et al. Improved relative-entropy method for eccentricity filtering in roundness measurement based on information optimization. Research Journal of Applied Sciences, Engineering and Technology, 2013, 5(19): 4649-4655.

［45］ 金银平. 三参数威布尔分布的可靠性研究. 洛阳: 河南科技大学硕士学位论文, 2014.

［46］ 夏新涛, 徐永智, 金银平, 等. 用自助加权范数法评估三参数威布尔分布可靠性最优置信区间. 航空动力学报, 2013, 28(3): 481-488.

［47］ Xia X T. Forecasting method for product reliability along with performance data. Journal of Failure Analysis and Prevention, 2012, 12(5): 532-540.

［48］ Luxhoy T J, Shyur H J. Reliability curve fitting for aging helicopter components. Reliability Engineering and System Safety, 1995, 48: 1-8.

［49］ Duffy S F, Palko J L, Gyekenyesi J P. Structural reliability analysis of laminated CMC components. Journal of Engineering for Gas Turbines and Power, 1993, 11(1): 103-108.

［50］ 赵新攀, 吕震宙, 王维虎, 等. 基于概率加权矩的三参数 Weibull 分布母体百分位值和可靠度置信限估计的新方法. 西北工业大学学报, 2010, 28(3): 470-475.

［51］ 白阳. GCr15轴承材料失效寿命及可靠性的评估方法研究. 洛阳: 河南科技大学硕士学位论文, 2016.

［52］ 夏新涛, 白阳, 孙立明, 等. GCr15 轴承钢材料可靠性模型的探讨. 轴承, 2016, (3): 30-33.

［53］ 赵宇, 陈莉, 艾亮. GCr15 钢碳化物细化处理工艺及对其性能的影响. 轴承, 2006, (2): 24-27.

［54］ 夏新涛, 马伟, 颉谭成, 等. 滚动轴承制造工艺学. 北京: 机械工业出版社, 2007.

［55］ 于洋. 对数正态分布的几个性质及其参数估计. 廊坊师范学院学报 (自然科学版), 2011, 11(5): 8-11.

［56］ 陈元方, 沙志贵, 顾圣华, 等. 可考虑历史洪水对数正态分布线性矩法的研究. 河海大学学报(自然科学版), 2003, 31(1): 80-83.

［57］ 张明, 柏少光. 对数正态分布参数估计的积分变换矩法应用. 人民长江, 2011, (19): 21-23.

［58］ 孟艳艳. 机械产品可靠性乏信息试验分析. 洛阳: 河南科技大学硕士学位论文, 2015.

［59］ 夏新涛, 朱文换, 孟艳艳, 等. 基于乏信息失效数据的可靠性评估方法. 航空动力学报, 2016, 31(4): 974-985.

［60］ Xia X T. Reliability evaluation of failure data with poor information. Journal of Testing and Evaluation, 2012, 42(5): 565-569.

［61］ Xia X T. Reliability analysis of zero-failure data with poor information. Quality and Reliability Engineering International, 2012, 28(8): 981-990.

［62］ 孙亮, 徐廷学, 王冬梅. 某型导弹无失效数据的处理方法. 战术导弹技术, 2004, (3): 29-32.

［63］ 王维. 轴承疲劳寿命的小样本可靠性分析. 洛阳: 河南科技大学硕士学位论文, 2007.

［64］ 韩明. 基于无失效数据的可靠性参数估计. 北京: 中国统计出版社, 2005.

［65］ 夏新涛, 朱文换, 孙立明, 等. 基于自助最大熵法的滚动轴承无失效数据可靠性评估. 轴承, 2016, (7): 32-36.

［66］ 夏新涛, 叶亮, 李云飞, 等. 基于多层自助最大熵法的可靠性评估. 兵工学报, 2016, 37(7): 1317-1329.

［67］ 叶亮. 基于乏信息的滚动轴承性能可靠性分析. 洛阳: 河南科技大学硕士学位论文, 2017.

［68］ 茆诗松, 夏剑锋, 管文琪. 轴承寿命试验中无失效数据的处理. 应用概率统计, 1993, 9(3): 326-331.

［69］ 孙建中. 机电设备无失效数据的可靠性评估. 舰船科学技术, 2006, 28(1): 50-53.

［70］ 柳剑. 制造系统运行可靠性分析与维修保障策略研究. 重庆: 重庆大学博士学位论文, 2014.

［71］ 秦园园. 滚动轴承制造过程中的乏信息工艺验证. 洛阳: 河南科技大学硕士学位论文, 2015.

［72］ Xia X T, Zhu W H, Liu B. Reliability evaluation for the running state of the manufacturing system based on poor information. Mathematical Problems in Engineering, 2016: 7627641.

［73］ 朱文换. 基于乏信息的滚动轴承磨削过程可靠性评估. 洛阳: 河南科技大学硕士学位论文, 2017.

［74］ Xia X T, Zhu W H, Liu B. Prediction of manufacturing system using improved Infomax method based on poor information. International Journal of New Technology and Research, 2016, 2(6): 95-100.

［75］ Xia X T, Zhu W H, Liu B. Fuzzy norm method for evaluation of uncertainty in vibration performance of rolling bearing. International Journal of New Technology and Research, 2016, 2(6): 101-108.

［76］ Xia X T, Zhu W H, Ye L, et al. Reliability evaluation for adjusting manufacturing system. International Conference on Mechanical Science and Mechanical Design, 2015: 464-470.

［77］ Xia X T, Zhu W H, Liu B. Evaluation method for stability of manufacturing process based on fuzzy norm method. Proceedings of the International Conference on Electronics, Mechanics, Culture and Medicine (Part 1), 2016, 45: 94-98.

［78］ Xia X T, Zhu W H, Chang Z. Prediction experiments for reliability of machine tool by product performance data. Proceedings of the International Conference on Electronics, Mechanics, Culture and Medicine (Part 3), 2016, 45: 398-402.

［79］ Xia X T, Zhu W H. Evaluation for the stability variation of the manufacturing process based on fuzzy norm method. The 12th International Conference on Natural Computation, Fuzzy Systems and Knowledge Discovery, 2016: 101-108.

［80］ 尚艳涛. 滚动轴承质量乏信息评估方法研究. 洛阳: 河南科技大学硕士学位论文, 2014.

［81］ 夏新涛, 尚艳涛, 金银平, 等. 基于多权重法的机械产品品质实现可靠性分析. 中国机械工程, 2013, 24(22): 3003-3009.

［82］ Xia X T, Shang Y T, Jin Y P, et al. An assessment of the quality-achieving reliability of mechanical products based on information-poor theory. Journal of Testing and Evaluation, 2015, 43(3): 694-701.

［83］ Dong X J, Chen Y W, Li M, et al. A spacecraft launch organizational reliability model based on CSF. Quality and Reliability Engineering International, 2013, 29(7): 1041-1054.

［84］ 董学军, 陈英武. 基于补偿和不可替代因素合成的人因可靠性分析方法. 系统工程理论与实践, 2012, 32(9): 2077-2096.

［85］ 夏新涛, 叶亮, 孙立明, 等. 滚动轴承性能保持可靠性预测. 轴承, 2016, (6): 28-34.

［86］ 夏新涛, 叶亮, 常振, 等. 乏信息条件下滚动轴承振动性能可靠性变异过程预测. 振动与冲击, 2017, 36(8): 105-112.

［87］ Huang F, Huang J, Jiang S, et al. Landslide displacement prediction based on multivariate chaotic model and extreme learning machine. Engineering Geology, 2017, 218: 173-186.

［88］ Heydari G, Vali M A, Gharaveisi A A. Chaotic time series prediction via artificial neural square fuzzy inference system. Expert Systems with Applications, 2016, 55: 461-468.

［89］ Cao L. Practical method for determining the minimum embedding dimension of a scalar time series. Physica D—Nonlinear Phenomena, 1997, 110(1-2): 43-50.

[90] Wen F, Wan Q. Time delay estimation based on mutual information estimation. International Congress on Image and Signal Processing, 2009, 1-9: 3857-3861.